vieweg studium
Grundkurs Chemie

Diese Reihe wendet sich an den Studenten der mathematischen, naturwissenschaftlichen und technischen Fächer. Ihm — und auch dem Schüler der Sekundarstufe II — soll die Vorbereitung auf Vorlesungen und Prüfungen erleichtert und gleichzeitig ein Einblick in die Nachbarfächer geboten werden. Die Reihe wendet sich aber auch an den Mathematiker, Naturwissenschaftler und Ingenieur in der Praxis und an die Lehrer dieser Fächer.

Zu der Reihe gehören folgende Abteilungen:

Basiswissen, Grundkurs und Aufbaukurs
Mathematik, Physik, Chemie, Biologie

Peter Paetzold

Einführung in die Allgemeine Chemie

2., durchgesehene Auflage

Mit 33 Bildern

Friedr. Vieweg & Sohn
Braunschweig/Wiesbaden

Dr. Peter Paetzold ist o. Professor am Institut für Anorganische Chemie
der Rheinisch-Westfälischen Technischen Hochschule Aachen

(Eine Kurzbiographie des Autors steht auf Seite 184)

1.–10. Tausend September 1974
11.–14. Tausend August 1979

Satz: Friedr. Vieweg & Sohn, Braunschweig

ISBN 978-3-528-17205-3   ISBN 978-3-322-99174-4 (eBook)
DOI 10.1007/978-3-322-99174-4

Inhaltsverzeichnis

Vorwort

Der „klassische" Studiengang für Chemie an den wissenschaftlichen Hochschulen unseres Landes konfrontiert den Studienanfänger hauptsächlich mit einer deskriptiven, nach den stofflichen Gegebenheiten systematisierten Darbietung der Chemie, wobei für die allgemeinen, die stofflichen Gegebenheiten verknüpfenden Gesetzmäßigkeiten vielfach nur in Zwischenkapiteln Raum bleibt. Das Anwachsen des Stoffs sollte der Anlaß für eine pädagogisch vertretbare Abwendung von der klassischen Verfahrensweise sein. Im Sinne eines Optimums an rationaller Zeiteinteilung kommt es nämlich am Studienanfang darauf an, die Sprache der Chemie zu lehren, und dies geschieht am besten dadurch, daß die Grundbegriffe der Chemie in sauber definierter Form dargeboten, zu einfachen, physikalisch durchschaubaren Modellen geordnet und auf ausgewählte Beispiele angewendet werden. In späteren Semestern wird es unerläßlich sein, zum einen in das Gebäude der deskriptiven Chemie so weit einzudringen, wie es die Zeit erlaubt, zum anderen den theoretischen Überbau nach Kräften zu erarbeiten und zum dritten anhand der Geschichte der Chemie, vor allem der neueren und neuesten Geschichte, begreifen zu lernen, mit welchen Methoden es zum heutigen Stand unserer Wissenschaft gekommen ist.

Das Bedürfnis nach *Allgemeiner Chemie* am Studienanfang birgt eine Gefahr in sich, nämlich daß sich aus wissenschaftstheoretischem Purismus heraus ein Totalitätsanspruch durchsetzt, der zum einen die Bedeutung der Chemie als einer vorwiegend experimentell betriebenen Wissenschaft falsch akzentuiert und der zum anderen die Fähigkeiten der Studienanfänger überfordert. Ganz speziell ist diese Gefahr dann gegeben, wenn versucht wird, dem Studienanfänger die Gesetze der Chemie als eine Folge der Quantenmechanik darzustellen. Auf einen Totalitätsanspruch dieser Art verzichtet der vorliegende Leitfaden von vornherein. Im Sinne einer *Einführung* in die Chemie werden quantenmechanische Begriffe bewußt vermieden, und die Begriffe der Thermodynamik werden nur so weit behandelt, wie sie zur Beschreibung von Reaktionen aus elementarer Sicht unerläßlich sind.

Es handelt sich beim vorliegenden Leitfaden um das Manuskript einer Vorlesung über Chemie für Studienanfänger an der Technischen Hochschule Aachen. Besonderes Augenmerk habe ich darauf gelegt, den Leitfaden als eine Art *chemische Sprachlehre* zu gestalten; stoffliche Einzelheiten werden nur exemplarisch erörtert, und von einer Darlegung der experimentellen Methoden der Chemie habe ich fast vollständig abgesehen. Die begriffliche Abstraktion und die Knappheit der Darstellung sind an manchen Stellen so weit getrieben, daß der Student eine zusätzliche Anleitung in Form der Vorlesung und der dazugehörigen Übungen braucht, um der Darstellung folgen zu können. Dabei bin ich von der heute nicht mehr selbstverständlichen Überzeugung ausgegangen, daß eine allzu bildhafte und anschauliche Darstellung – und zwar

ebenso im buchstäblichen wie im übertragenen Sinne — das Verständnis nur scheinbar fördert und daß wissenschaftliche Sätze platterdings nur unter Zuhilfenahme
sprachlicher Abstraktionen verstanden werden können. Die Unbequemlichkeit wurde
in diesem Sinne als eine offenbar notwendige Voraussetzung für ein Optimum an
Rationalität und letztenendes auch für den didaktischen Erfolg der Darstellung in
Kauf genommen. Mithin ist der vorliegende Leitfaden vor allem als das Repetitorium
einer mit ihm korrespondierenden Grundvorlesung über Chemie anzusehen, das zwar
den Besuch der Vorlesung nicht ersetzt, wohl aber ihre Mitschrift erspart.

Sofern im folgenden Begriffe und Gesetze der Physik erscheinen, werden diese als
bekannt vorausgesetzt und müssen gegebenenfalls in Parallelstudien erarbeitet werden, während Grundkenntnisse der Chemie nicht erforderlich sind; diese Verfahrensweise wird in Grenzfällen notwendigerweise verwaschen. Die verwendeten Maßein-
heiten entsprechen fast durchweg dem als bekannt vorausgesetzten internationalen
Einheitensystem (*SI-Einheiten*).

Aachen   *P. Paetzold*

Einleitung

Es ist vielfach üblich, die Chemie als die Lehre von den Stoffen und den Stoffände-
rungen zu definieren und sie dabei insbesondere von der Physik als der Lehre von
den Zuständen und den Zustandsänderungen abzugrenzen. Allein, was heißt *Stoff*
und was heißt *Zustand*? Manche versuchen, die Definition der Chemie durch Beispiele zu verdeutlichen, etwa von der Art: Ein Magnesiumdraht verbrennt beim
Erhitzen an der Luft zu einem neuen *Stoff* namens Magnesiumoxid, während ein
Platindraht beim Erhitzen in den neuen *Zustand* der Rotglut übergeht, so daß wir
den ersteren Vorgang *chemisch*, den letzteren *physikalisch* nennen. Es ist jedoch
leicht einzusehen, daß man zur vollständigen Definition der Chemie alle bekannten
Beispiele zitieren müßte. Unterlassen wir also den Versuch einer Definition in einem
Satz und begreifen wir als Chemie den Inhalt aller guten, einschlägigen Lehrbücher!

1. Das Atom

1.1. Das einfachste Atommodell

Die Physiker kennen experimentelle Beweise für die Existenz von weit über 100.
verschiedenen Elementarteilchen, z.B. den Protonen, Antiprotonen, Neutronen,
Elektronen, Positronen, Neutrinos, Mesonen usw.; diese Teilchen sind die Grundlage aller beobachtbaren materiellen Erscheinungen. Man ringt heute in Theorie
und Experiment um das Ur-Teilchen, von dem sich alle Elementarteilchen ableiten
lassen.

Für das Verständnis der Chemie sind 3 Elementarteilchen von fundamentaler Bedeutung, nämlich das Proton, das Neutron und das Elektron, deren für uns wichtigste
Eigenschaften ihre Masse und ihre elektrische Ladung sind. Als Symbole dieser
3 Teilchen verwendet man die kleinen Buchstaben p, n und e. Die Masse m und
die Ladung q dieser Teilchen betragen:

	m [kg]	m [u]	q [C]
p	$1{,}67252 \cdot 10^{-27}$	$1{,}007277$	$1{,}6021 \cdot 10^{-19}$
n	$1{,}67482 \cdot 10^{-27}$	$1{,}008665$	0
e	$9{,}1091 \cdot 10^{-31}$	$0{,}0005486$	$-1{,}6021 \cdot 10^{-19}$

Das positiv geladene Proton und das neutrale Neutron sind ungefähr gleich schwer,
das negativ geladene Elektron etwa 1840 mal leichter. Die für den Bereich der
Elementarteilchen eingeführte Masseneinheit u heißt *atomare Masseneinheit*
(1 u = $1{,}660531 \cdot 10^{-27}$ kg). Ein aus Z Protonen und $A-Z$ Neutronen aufgebautes
kugelförmiges Knäuel nennt man den Atomkern; die ganze Zahl Z heißt aus durchsichtigen Gründen *Kernladungszahl* oder auch *Ordnungszahl*, die ganze Zahl A
repräsentiert die Summe aus der Zahl der Protonen und Neutronen und heißt
Massenzahl; die Massenzahl liegt größenmäßig stets in der Nähe der Maßzahl der
Masse des Atomkerns, gemessen in atomaren Masseneinheiten u, jedoch hat man
zwischen beiden wohl zu unterscheiden. Der Radius der Atomkerne hängt von A
ab und liegt in der Größenordnung 10^{-14} m.

Atomkerne mit gleichem Z, aber verschiedenem A (also mit verschiedener Neutronenzahl) nennt man *Isotope*, Atomkerne mit gleichem A, aber verschiedenem Z
heißen *Isobare*.

Ein Atom kann man sich aus einem positiv geladenen Kern und aus einer negativ
geladenen *Hülle* von Z locker gepackten Elektronen um den Kern herum vorstellen,
ohne daß man sich bei dieser einfachen Vorstellung zunächst um die zwischen den
Teilchen wirksamen Kräfte kümmert. Im Gegensatz zu den elektroneutralen Atomen

stehen die geladenen *Ionen,* die als positiv geladene *Kationen* vorliegen, wenn weniger als Z Elektronen den Kern umgeben, während im Falle der negativ geladenen *Anionen* die Zahl der Elektronen die der Protonen übersteigt.

Die lockere Packung der Elektronen manifestiert sich im Radius des Atoms, der in der Größenordnung von 10^{-10} m liegt und damit um 4 Größenordnungen größer ist als der Radius des Kerns; oft wird der Radius von Atomen und Ionen in der Einheit *Ångström* angegeben, die durch $1\text{Å} = 10^{-10}$ m $= 100$ pm gegeben ist, aber keine SI-Einheit darstellt. Der Hauptteil der Masse eines Atoms oder Ions findet sich also im Atomkern auf engstem Raum konzentriert. Es ist die Struktur der Elektronenhülle und deren Veränderung, auf der letztlich alle jene Phänomene beruhen, die Gegenstand der Chemie sind.

Von allen für die Chemie relevanten Eigenschaften eines Atoms ist seine Elektronenzahl Z die fundamentalste. Es nimmt daher nicht wunder, daß man für jede durch Z charakterisierte Atomsorte einen eigenen Namen eingeführt hat, das sind für die heute bekannten Atome von $Z = 1$ fortlaufend bis $Z = 105$ insgesamt 105 Namen samt den dazugehörigen 105 aus einem oder zwei Buchstaben bestehenden *Elementsymbolen.* Die nach laufender Kernladungszahl geordneten Symbole sind im sog. *Periodensystem der Elemente* (PSE) zusammengefaßt (Bild 4).

Grundsätzlich kann man jene Stoffe, die nur aus Atomen der gleichen Kernladungszahl aufgebaut sind, von allen anderen unterscheiden und nennt diese Stoffe *chemische Elemente* oder kurz *Elemente.* Der Name eines Elements und der es rekrutierenden Atomsorte sind miteinander identisch. Das Symbol eines Elements bedeutet entweder ein Atom des Elements oder aber die ganze Sorte; diese sprachliche Verwaschenheit braucht nicht ausgemerzt zu werden, da sie nie zu logischen Schwierigkeiten führt. Bei den meisten Elementsymbolen handelt es sich um den oder die ersten Buchstaben des Elementnamens, oft in dessen lateinischer Form.

Von den 105 bekannten Elementen trifft man in der Natur nur auf 92, die anderen 13 lassen sich künstlich gewinnen. Die Elemente mit $Z = 43, Z = 61$ sowie $Z > 83$ sind nicht beliebig lange haltbar, vielmehr erleidet ihr Atomkern nach mehr oder weniger langer Zeit einen Zerfall und geht dabei in einen Kern anderer Kernladungszahl über; man nennt diesen Zerfall *radioaktiv.* Eine charakteristische Kenngröße dieses Zerfalls ist die sog. *Halbwertzeit,* das ist die Zeit, nach der die Hälfte einer bestimmten Menge einer Atomsorte zerfallen ist; die Halbwertzeiten können kleiner als 1 Sekunde und größer als 1 Million Jahre sein.

Definitionsgemäß haben Atome, die zueinander im Verhältnis der Isotopie stehen, das gleiche Elementsymbol. Man unterscheidet sie, indem man die Massenzahl dem Elementsymbol als linkes Superskript anfügt; z. B. stehen die beiden Symbole ^{35}Cl und ^{37}Cl für die beiden wichtigsten Chlor-Isotope ($Z = 17$). Lediglich beim Element Wasserstoff gebraucht man für die schwereren Isotope eigene Namen; ^{1}H ist der normale Wasserstoff oder *Protium,* ^{2}H nennt man auch *Deuterium* (Sondersymbol: D) und ^{3}H *Tritium* (Sondersymbol: T).

Z	Symbol	Name	Z	Symbol	Name
1	H	Wasserstoff oder Hydrogen	52	Te	Tellur
2	He	Helium	53	I	Iod
3	Li	Lithium	54	Xe	Xenon
4	Be	Beryllium	55	Cs	Cäsium
5	B	Bor	56	Ba	Barium
6	C	Kohlenstoff oder Carbon	57	La	Lanthan
7	N	Stickstoff oder Nitrogen	58	Ce	Cer
8	O	Sauerstoff oder Oxygen	59	Pr	Praseodym
9	F	Fluor	60	Nd	Neodym
10	Ne	Neon	61	Pm	Promethium
11	Na	Natrium	62	Sm	Samarium
12	Mg	Magnesium	63	Eu	Europium
13	Al	Aluminium	64	Gd	Gadolinium
14	Si	Silicium	65	Tb	Terbium
15	P	Phosphor	66	Dy	Dysprosium
16	S	Schwefel oder Sulfur	67	Ho	Holmium
17	Cl	Chlor	68	Er	Erbium
18	Ar	Argon	69	Tm	Thulium
19	K	Kalium	70	Yb	Ytterbium
20	Ca	Calcium	71	Lu	Lutetium
21	Sc	Scandium	72	Hf	Hafnium
22	Ti	Titan	73	Ta	Tantal
23	V	Vanadium	74	W	Wolfram
24	Cr	Chrom	75	Re	Rhenium
25	Mn	Mangan	76	Os	Osmium
26	Fe	Eisen (lat. ferrum)	77	Ir	Iridium
27	CO	Cobalt	78	Pt	Platin
28	Ni	Nickel (lat. niccolum)	79	Au	Gold (lat. aurum)
29	Cu	Kupfer (lat. cuprum)	80	Hg	Quecksilber (lat. mercurius, hydrargyrum)
30	Zn	Zink (lat. zincum)	81	Tl	Thalium
31	Ga	Gallium	82	Pb	Blei (lat. plumbum)
32	Ge	Germanium	83	Bi	Bismut
33	As	Arsen	84	Po	Polonium
34	Se	Selen	85	At	Astat
35	Br	Brom	86	Rn	Radon
36	Kr	Krypton	87	Fr	Francium
37	Rb	Rubidium	88	Ra	Radium
38	Sr	Strontium	89	Ac	Actinium
39	Y	Yttrium	90	Th	Thorium
40	Zr	Zirconium	91	Pa	Protactinium
41	Nb	Niob	92	U	Uran
42	Mo	Molybdän	93	Np	Neptunium
43	Tc	Technetium	94	Pu	Plutonium
44	Ru	Ruthenium	95	Am	Americium
45	Rh	Rhodium	96	Cm	Curium
46	Pd	Palladium	97	Bk	Berkelium
47	Ag	Silber (lat. argentum)	98	Cf	Californium
48	Cd	Cadmium	99	Es	Einsteinium
49	In	Indium	100	Fm	Fermium
50	Sn	Zinn (lat. stannum)	101	Md	Mendelevium
51	Sb	Antimon (lat. antimonium, stibium)	102	No	Nobelium
			103	Lr	Lawrencium
			104	Ku	Kurchatovium
			105	Ha	Hahnium

Nur 20 Elemente kommen in der Natur *isotopenrein,* also nur in Form einer einzigen Isotopensorte, vor, die übrigen 72 Elemente treten als Isotopengemische auf. Insgesamt hat man in der Natur 334 sich durch Z oder A bzw. Z und A unterscheidende Atomsorten aufgefunden; 262 dieser 334 Atomsorten erleiden keinen radioaktiven Zerfall. Die weit über tausend künstlich hergestellten Atomsorten sind alle radioaktiv.

Es fällt auf, daß die Protonenzahl Z und die Neutronenzahl $A-Z$ viel häufiger gerade als ungerade sind; so weisen von den 262 nicht radioaktiven Isotopen 155 ein gerades Z und ein gerades $A-Z$ auf, bei 53 Isotopen ist Z gerade und A ungerade, bei 49 Isotopen Z und A ungerade (d. h. die Neutronenzahl gerade) und nur bei 5 Isotopen ist die Protonen- und die Neutronenzahl ungerade. Versteht man unter der *Stabilität* eines Isotops die Energie, die bei seiner Bildung aus bestimmten Elementarteilchen frei wird, so stellt sich heraus, daß Isotope mit gleichen und geradzahligen Protonen- und Neutronenzahlen besonders stabil sind; als Beispiele seien angeführt: ^4_2He, $^{12}_6\text{C}$, $^{16}_8\text{O}$ und $^{40}_{20}\text{Ca}$ (das linke Subskript stellt noch einmal Z dar, obgleich Z schon im Elementsymbol enthalten ist).

Für isobare Kerne (oder gleichbedeutend: isobare Elemente) gilt der Satz, daß ein Paar Isobarer nur stabil ist, wenn der Unterschied in Z größer als 1 ist (*Mattauchsche Isobarenregel*). Ein Beispiel hierfür ist die Stabilität von $^{40}_{18}\text{Ar}$ und $^{40}_{20}\text{Ca}$ einerseits und die Instabilität von $^{40}_{19}\text{K}$ andererseits. Ein anderes Beispiel ergibt sich aus der Instabilität des in der Natur nicht auftretenden Elements Technetium $^A_{43}\text{Tc}$: Alle infragekommenden Massenzahlen A gehören bereits zu stabilen Isotopen von $^A_{42}\text{Mo}$ bzw. $^A_{44}\text{Ru}$, und für das künstliche Element Promethium gilt ähnliches.

Von den 92 in der Natur auftretenden Elementen kommen nur 9 zu mehr als 1 Gew. % im uns zugänglichen Teil der Erde vor, nämlich:

O	50,5 %	Fe	3,4 %	Na	2,1 %
Si	27,5 %	Ca	2,8 %	Mg	1,3 %
Al	7,3 %	K	2,6 %	H	1,0 %

Die im PSE (Bild 4) angegebenen Atommassen beziehen sich auf das natürliche Isotopengemisch. Man könnte zunächst meinen, daß man die Atommassen isotopenreiner Elemente bei bekanntem Z und A durch Summieren über die Massen aller Protonen und Neutronen gewinnen könnte; man kommt dabei aber stets zu größeren Massen als sie in Bild 4 angegeben sind; die Differenz zwischen berechnetem und gemessenem Wert heißt *Massendefekt.* Man kann z. B. für das Helium ^4_2He leicht einen Massendefekt Δm von 0,0304 u ermitteln.

Den Massendefekt kann man verstehen, wenn man bedenkt, daß nach einer von Einstein postulierten Grundbeziehung Masse und Energie einander äquivalent sind, und zwar gilt für die Umformung von Masse in Energie die Proportionalität $E = mc^2$ mit dem Quadrat der Lichtgeschwindigkeit c als Proportionalitätsfaktor. Den Massendefekt kann man sich nun bei der hypothetischen Bildung der Atomkerne aus Protonen und Neutronen dadurch entstanden denken, daß eine bestimmte Masse als die zum Zusammenhalt der (ja z. T. gleichnamig geladenen) Kernbausteine notwendige Energie verlorengeht. Für ein Heliumatom errechnet sich demnach aus dem Massendefekt von 0,0304 u eine Kernbindungsenergie von $4,55 \cdot 10^{-12}$ J. (Man beachte, daß die Energie in atomaren Systemen häufig nicht in Joule, sondern in der dem SI-System nicht angehörenden Einheit Elektronenvolt eV angegeben wird, wobei 1 eV = $1,6021917 \cdot 10^{-19}$ J!)

In der Chemie spielt die physikalische Grundgröße der *Stoffmenge* (Symbol: *n*) eine besondere Rolle: Zwei Stoffe haben die gleiche Stoffmenge, wenn sie aus gleich vielen Elementarteilchen bestehen; als Elementarteilchen können in diesem Zusammenhang Atome, Ionen, Moleküle (s. u.), Elektronen, aber auch im Rahmen eines sehr weiten Stoffbegriffs Photonen usw. angesehen werden. Die Stoffmenge ist also durch eine Teilchenzahl charakterisiert. Ihre Einheit wird definiert als die Zahl von Atomen, die in 0,01200 kg des Kohlenstoff-Isotops ^{12}C enthalten ist. Diese Zahl beträgt (nach neuesten Messungen) $6,022169 \cdot 10^{23}$ (*Loschmidtsche Zahl* oder *Avogadro-Konstante* L). Die Einheit heißt 1 mol; 1 mol bedeutet also eine Zahl von L Teilchen. (Man beachte, daß speziell für Atome als Teilchen noch die mit der Moleinheit übereinstimmende veraltete Einheit des *Grammatoms* gebräuchlich ist!) Ein wichtiger Folgebegriff der Stoffmenge ist die Molmasse, also die Masse von 1 mol eines Stoffes; z. B. beträgt die Molmasse von isotopenreinem Kohlenstoff ^{12}C 0,012 kg mol^{-1}.

Nach dieser Definition wird der Gebrauch der atomaren Masseneinheit u verständlich! Sie ist so gewählt, daß 1 Atom des Kohlenstoffisotops ^{12}C genau die Masse 12 u aufweist. Die Zweckmäßigkeit der atomaren Masseneinheit u besteht darin, daß die Masse eines Atoms in Einheiten u sich vom ganzzahligen Wert der Massenzahl *A* nur um einen meist kleinen Betrag unterscheidet, der mit dem Massendefekt zusammenhängt. Für überschlägige Rechnungen braucht man also nur die dem Chemiker gut bekannten Werte von *A* aufzusuchen und sie als Maßzahl für die Atommasse – unter Vernachlässigung des Massendefekts – einzusetzen. Unkorrekt kann diese Verfahrensweise dann werden, wenn man – was praktisch immer der Fall ist – mit einer makroskopische Vielzahl von Atomen eines Elements (d. h. einer Zahl in der Größenordnung von L) zu tun hat und wenn diese Atome aus mehreren Isotopen des betreffenden Elements gemischt sind; die mittlere Atommasse eines solchen Elements kann dann einen Wert annehmen, der von der Ganzzahligkeit weit entfernt ist. So können z. B. Rechnungen mit dem Element Kohlenstoff, das in der Natur aus einem Gemisch von sehr viel ^{12}C und sehr wenig ^{13}C der mittleren Atommasse 12,011 u besteht, näherungsweise mit dem Wert 12 u durchgeführt werden, während z. B. das aus ^{35}Cl und ^{37}Cl zusammengesetzte Chlor mit seiner mittleren Atommasse von 35,453 u eine Rechnung mit einer ganzzahligen Atommasse nicht zuläßt.

Vielfach ist es in der Chemie üblich, mit relativen Atommassen zu operieren, die als der Quotient Atommasse/1 u definiert sind; es entspricht zwar keiner Übereinkunft, aber doch dem Sprachgebrauch, diese dimensionslosen, relativen Atommassen als *Atomgewichte* zu bezeichnen, zumal man zwischen den Größen Masse und Gewicht heute kaum mehr einen Unterschied macht. Das Atomgewicht von Kohlenstoff beträgt demnach 12,011 und das von Chlor 35,453 usw.

1.2. Das Bohrsche Atommodell

Das im letzten Abschnitt entwickelte Bild des Atoms gestattete eine Klassifizierung der Atomsorten und damit eine Definition der Begriffe *Element, Isotop, Isobar, Stoffmenge* usw. Um aber darüberhinaus die für die Chemie relevanten Eigenschaften des Atoms kennenzulernen, ist es erforderlich, die zwischen dem Kern und der Hülle wirksamen Kräfte quantitativ zu beschreiben.

Ein mit der Wirklichkeit übereinstimmendes, in sich weitgehend geschlossenes theoretisches Modell für eine solche Beschreibung liefert die Quantenmechanik, deren Darstellung jedoch den Rahmen dieses Leitfadens sprengen würde. Glücklicherweise kann man ein grobes Verständnis der Chemie auch ohne die ihr zugrundeliegende allgemeine Theorie erhalten. Ein Meilenstein auf dem historischen Weg zu einem solchen Verständnis war die Entwicklung eines Atommodells, zunächst des einfachsten Atoms, also des Wasserstoffatoms, durch den dänischen Physiker *N. Bohr* im Jahre 1913. Wenn auch die Quantenmechanik eine genauere und theoretisch geschlossenere Beschreibung des H-Atoms gestattet als das Bohrsche Atommodell, so beweist dieses doch heute noch seinen heuristischen Wert vermöge seiner Klarheit und Einfachheit.

Das Wasserstoffatom läßt sich nach diesem Modell als ein System ansehen, das aus einem punktförmigen Proton und einem um das Proton kreisenden punktförmigen Elektron besteht, wobei die Kreisbewegung dadurch in ein Gleichgewicht gelangt, daß sich die Zentrifugalkraft und die elektrostatische Anziehungskraft die Waage halten. Diese Gleichgewichtsbedingung erinnert an die Bewegung der Planeten, bei denen statt der elektrostatischen Kräfte Gravitationskräfte wirksam sind. Ist m die Masse des Elektrons, v seine Geschwindigkeit und r sein Abstand zum Kern und bezeichnet man mit e jene Elementarladung, die dem Proton mit positivem und dem Elektron mit negativem Vorzeichen zukommt, so ergibt sich für die Zentrifugalkraft des Elektrons bei der Drehung um den als ruhend angenommenen Kern (nach den Gesetzen der Mechanik) und für die elektrostatische Anziehungskraft zwischen den beiden Teilchen (nach dem 1. Coulombschen Gesetz mit $\epsilon_0 = 8{,}854 \cdot 10^{-12} \ \mathrm{kg}^{-1} \ \mathrm{m}^{-3} \ \mathrm{s}^4 \ \mathrm{A}^2$) die folgende Gleichheit:

$$\frac{mv^2}{r} = \frac{e^2}{4\pi\epsilon_0 r^2}$$

Aufgrund der Planckschen Hypothese vom allgemeinen Wirkungsquantum ($h = 6{,}626 \cdot 10^{-34} \ \mathrm{J\,s}$) und aufgrund ausgedehnter spektroskopischer Erfahrung war es naheliegend anzunehmen, daß die sich über eine volle Kreisbahn erstreckende, aus dem Impuls p des Elektrons und dem zurückgelegten Weg $r\,\mathrm{d}\varphi$ zusammengesetzte Wirkung ein ganzzahliges Vielfaches von h sein soll:

$$\oint pr\,\mathrm{d}\varphi = nh = 2\pi rmv$$

Nunmehr kann man v eleminieren und nach r auflösen:

$$r = \frac{\epsilon_0 n^2 h^2}{\pi m e^2} = 5{,}30 \cdot 10^{-11} \ n^2 \ \mathrm{m}$$

Aus dieser Formel errechnet sich für $n = 1$ (*Grundzustand* des H-Atoms) der kleinste Radius zu $5{,}30 \cdot 10^{-11}$ m (*Bohrscher Radius* des H-Atoms). Die Kugelflächen, deren diskreter Radius durch n bestimmt wird, heißen auch *Kugelschalen* und das Bohrsche Modell danach auch das *Schalenmodell des Atoms*. Die einzelnen Schalen bezeichnet man als die K-Schale ($n = 1$), L-Schale ($n = 2$), M-Schale ($n = 3$) usw.

Für die Summe aus kinetischer und potentieller Energie ergibt sich (wieder unter Zuhilfenahme des 1. Coulombschen Gesetzes)

$$E = E_{\text{kin}} + E_{\text{pot}} = \frac{mv^2}{2} - \frac{e^2}{4\pi\epsilon_0 r}$$

und, indem man dem ersten Gleichgewichtsansatz oben mv^2 entnimmt und dann den für r berechneten Wert einsetzt,

$$E = \frac{e^2}{8\pi\epsilon_0 r} - \frac{e^2}{4\pi\epsilon_0 r} = -\frac{e^2}{8\pi\epsilon_0 r} = -\frac{me^4}{8\epsilon_0^2 n^2 h^2}$$

Das Charakteristische an den Ausdrücken für r und E ist das Auftreten der *Quantenzahl n,* die festlegt, welche diskreten Werte der betreffenden Eigenschaften nur vorliegen dürfen. Man veranschaulicht sich das Auftreten *gequantelter Energien* häufig in einem *Termschema,* das ist eine vertikale Energieskala, auf der die möglichen Werte der Energie durch horizontale Striche markiert sind (Bild 1).

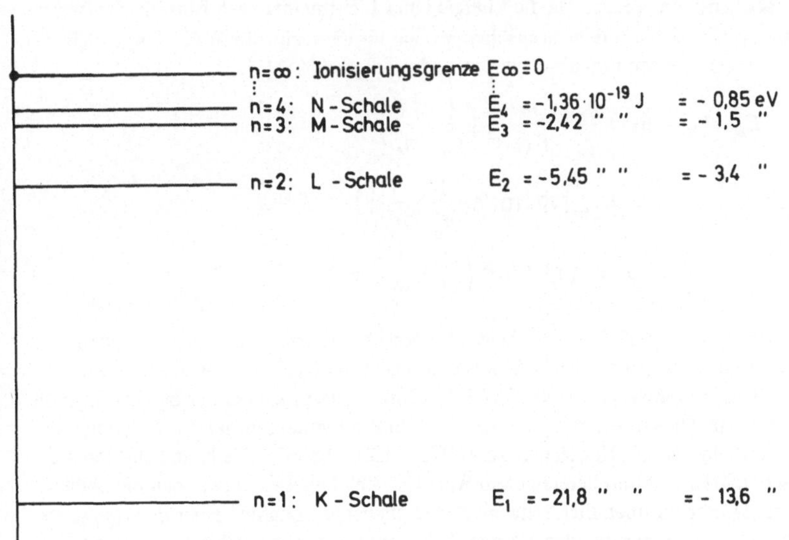

Bild 1. Termschema des H-Atoms

Während die Schalenradien proportional zu n^2 ansteigen, sinken die Absolutwerte der entsprechenden Energien proportional zu n^{-2} ab, die Abstände zwischen den Energiewerten werden damit zunehmend kleiner, und bei $n = \infty$ rücken die Linien des Termschemas beliebig dicht aneinander. Für $E > 0$ bestehen keine Quantenvorschriften, und das Elektron kann kontinuierlich beliebige Energiewerte annehmen; es ist naheliegend, ein solches Elektron als losgelöst vom Kern anzusehen und demnach den Energiewert $E = 0$ als die *Ionisierungsgrenze* des H-Atoms und die Energiedifferenz zwischen E_∞ ($n = \infty$) und E_1 ($n = 1$) als die *Ionisierungsenergie* des H-Atoms aufzufassen.

Die Stärke des Bohrschen Modells des H-Atoms liegt außer in seiner Anschaulichkeit in der richtigen Beschreibung der beobachteten Linienspektren, das sind Serien scharfer Frequenzen elektromagnetischer Wellen, die das H-Atom ausstrahlt, wenn man ihm thermische Energie zuführt (*Emission*), oder die in einem kontinuierlichen Spektrum elektromagnetischer Wellen fehlen, wenn die Wellen durch ein aus H-Atom bestehendes Gas geleitet werden (*Absorption*); die emittierten und die absorbierten Frequenzen stimmen dabei überein.

Die gemessenen Frequenzwerte lassen sich quantitativ beschreiben, wenn man annimmt, daß die Emission eines Lichtquants dadurch zustandekommt, daß ein durch Energiezufuhr auf eine höhere Schale gehobenes Elektron auf eine energetisch tiefere Schale zurückfällt und dabei die Energiedifferenz zwischen den Schalen als Lichtquant ausstrahlt, und daß die Absorption eines Lichtquants aus einem kontinuierlichen Spektrum dann erfolgt, wenn die Energie des Lichtquants gerade der Energiedifferenz zwischen der Schale, in der sich das Elektron befindet, und einer höheren Schale, in die das Elektron gehoben wird, entspricht. Da die Energie eines Lichtquants nach Einstein den Wert $h\nu$ hat, ergibt sich aus dem Bohrschen Modell für die reziproke Wellenlänge $\bar{\nu}$ (*Wellenzahl*) des emittierten und absorbierten Lichts folgendes:

$$E_a - E_b = h\nu = \frac{hc}{\lambda} = \frac{me^4}{8\,\epsilon_0^2\,h^2}\left(\frac{1}{n_b^2} - \frac{1}{n_a^2}\right)$$

$$= 2{,}179 \cdot 10^{-18}\left(\frac{1}{n_b^2} - \frac{1}{n_a^2}\right)\text{J}$$

$$\frac{1}{\lambda} = \bar{\nu} = 1{,}097 \cdot 10^7\left(\frac{1}{n_b^2} - \frac{1}{n_a^2}\right)\text{m}^{-1}$$

Die Größe $R = 1{,}097 \cdot 10^7$ m^{-1} heißt *Rydberg-Konstante*. Aus den gemessenen λ-Werten des Spektrums des H-Atoms ergibt sich die Rydberg-Konstante als ein neunziffriger Meßwert zu 10967757,6 $\pm$ 1,2 m^{-1}. Setzt man bei der Berechnung von R die Werte der Konstanten m, e, ϵ_0 und h in ihrer vollen, bis jetzt bekannten Genauigkeit ein, dann ergibt sich R zu 10973731,2 $\pm$ 0,8 m^{-1}. Die kleine Diskrepanz zwischen Meßwert und berechnetem Wert läßt sich beheben, wenn man die oben gemachte, nur für unendlich schwere Kerne plausible Annahme einer Bewegung des Elektrons um einen ruhenden Kern aufhebt und die Ansätze dahingehend modifiziert, daß sich beide Teilchen um einen gemeinsamen Schwerpunkt bewegen; die

Kleinheit der Diskrepanz entspricht der Größe des Massenunterschieds zwischen Proton und Elektron.

Um den Zusammenhang zwischen den experimentell beobachteten Linienspektren und ihrer atomtheoretischen Deutung nach Bohr noch einmal zu illustrieren, ist in Bild 2 ein Film mit 3 beobachteten Linienserien Linie für Linie dem der jeweiligen Linie entsprechenden Schalenübergang des Elektrons für den Fall der Emission gegenübergestellt. Man beachte, daß als Energiemaßstab oben die Größe $\bar{\nu}$ horizontal aufgetragen ist, während die Energieskala unten vertikal verläuft; daraus ergibt sich, daß die den Übergang des Elektrons andeutenden Pfeile in einem zur Ordinate proportionalen Maße von links nach rechts größer werden müssen.

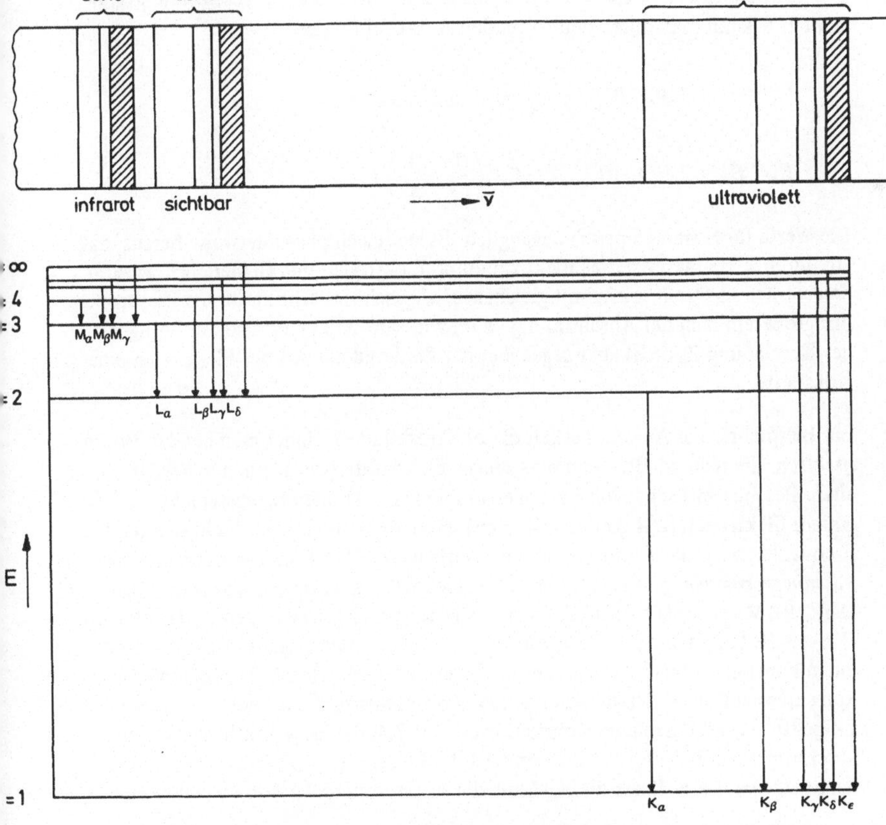

Bild 2. Linienspektrum des H-Atoms und seine Deutung nach dem Bohrschen Atommodell

Jede der 3 dargestellten Serien hat rechts eine sog. Seriengrenze, wo die einzelnen
Übergänge beliebig dicht beieinander liegen und die Linien nicht mehr aufgelöst
werden können. Die Zusammengehörigkeit der Serien bezüglich der in jeder Serie
am tiefsten liegenden Energieniveaus rechtfertigt die Bezeichnung der Linien als
K-, L-, M-Linien usw.; die weitere Indizierung der Linien mit griechischen Buchstaben ist durchsichtig.

Das Bohrsche Atommodell ist natürlich auch leistungsfähig, wenn ein Elektron
im Felde eines Z-fach geladenen Kerns beschrieben werden soll. Gravierende
Schwierigkeiten ergeben sich jedoch, wenn man Einelektronenteilchen wie H, He^+
oder Li^{2+} verläßt und den Normalfall mehrerer Elektronen behandeln will. Immerhin kann man auch dann in bestimmten Fällen die Energiedifferenzen für den Übergang eines Elektrons in ein anderes Niveau näherungsweise ausrechnen, wenn man
die Wirkungsweise der anderen Elektronen darin erblickt, daß sie die Kernladung
$Z \cdot e$ vor dem einen Elektron *abschirmen.* Die dimensionslosen Abschirmungskon-
stanten S kann man durch den folgenden Ansatz einführen:

$$r = 5{,}30 \cdot 10^{-11} \, \frac{n^2}{Z - S} \, \text{m} \quad \text{und}$$

$$E_a - E_b = 2{,}179 \cdot 10^{-18} \, (Z - S)^2 \left(\frac{1}{n_b^2} - \frac{1}{n_a^2} \right) \text{J}$$

Die Werte für S sind emprisch zugänglich. Es stellt sich plausiblerweise heraus, daß
ein durch n charakterisiertes Elektron durch Elektronen mit kleinerem n wesentlich stärker als durch solche mit gleichem n abgeschirmt wird, während Elektronen
mit größerem n in der Abschirmung kaum wirksam sind. S ist also nur bezüglich
der Kernladung Z, nicht aber gegenüber der Zahl und der Art der Elektronen eine
Konstante.

Ein Beispiel für die Anwendbarkeit dieser Vorstellungen findet man bei den *Röntgen-
spektren,* die man erhält, wenn man *innere* Elektronen (mit kleinen n-Werten) durch
einen Beschuß mit schnellen Kathodenstrahlen aus Metallen herausschießt, so daß
äußere Elektronen (mit großen n-Werten) unter Abstrahlung von Lichtquanten im
Frequenzbereich der Röntgenstrahlen auf die leeren Plätze stürzen können. (Das
Fassungsvermögen der Schalen für Elektronen wird im nächsten Abschnitt abge-
Handelt.) Man beobachtet ähnlich strukturierte, jedoch kurzwelligere Serien als beim
H-Atom (Bild 2). Für das K-Spektrum ($n_b = 1$) findet man unabhängig von Z und n_a
einen konstanten Wert S = 1.0, der im wesentlichen durch die abschirmende Wirkung eines auf der K-Schale sitzenden zweiten Elektrons (s. u.) bedingt ist. Bei den
L-Spektren findet man eine Konstante von S = 7.4, die im wesentlichen von der
abschirmenden Wirkung von 2 K- und 7 L-Elektronen (s. u.) herrührt. Man kann
leicht zeigen, daß z. B. für die K_α-Linie die sog. *Moseleysche Formel* gelten muß:

$$\bar{\nu}(K_\alpha) = 1{,}097 \cdot 10^7 \cdot \tfrac{3}{4} \, (Z - 1{,}0)^2 \, \text{m}^{-1}$$

Trotz seinen quantitativen Erfolgen beim H-Atom und seinem qualitativen Wert bei
höheren Atomen hat das Bohrsche Atommodell heute nur noch heuristischen und
historischen Wert; denn der Wissenschaft steht mit der Quantenmechanik ein In-
strument zur Verfügung, mit dem man im Prinzip auch die höheren Atome mit
mehreren Elektronen und vor allem auch die für die Chemie wichtigen Eigenschaften
der Atome, nämlich ihre Bindungsbeziehungen, quantitativ versteht. Das Bestechen-
de an der Quantenmechanik ist überdies noch ihre allgemeine Gültigkeit für die Behandlung der Eigenschaften beliebiger Teilchen, wobei sich die klassische Mechanik
als Grenzfall der Quantenmechanik darstellen läßt.

Dem Bohrschen Atommodell haftet noch ein grundsätzlicher Mangel an: Nach den
Gesetzen der Elektrodynamik müßte eine bewegte Ladung wie das Elektron elektromagnetische Wellen abstrahlen, dabei kinetische Energie verlieren und damit
seine stationäre Kreisbahn verlassen und in den Kern hineinfallen; das Bohrsche
Modell impliziert also das Außerkraftsetzen eines physikalischen Grundgesetzes
im atomaren Bereich, eine Implikation, die zu machen die Quantenmechanik nicht
nötig hat. Dennoch: Zum Verständnis der Grundbegriffe der Chemie hat das
Bohrsche Modell seinen Wert!

1.3. Das Periodensystem der Elemente

Aus der quantenmechanischen Behandlung des Mehrelektronenatoms ergibt sich, daß
man das Elektron nicht nur — wie beim einfachen Bohrschen Atommodell — durch
eine, sondern durch vier Quantenzahlen zu charakterisieren hat, nämlich durch die
Hauptquantenzahl n, die Nebenquantenzahl l, die magnetische Quantenzahl m
und die Spinquantenzahl s. Für diese vier Quantenzahlen gelten wichtige Bedingungen:

Hauptquantenzahl n: n hat ganzzahlige positive Werte, also 1, 2, 3, 4 …

Nebenquantenzahl l: l kann die Werte 0, 1, 2, 3 usw. bis maximal n-1 annehmen,
das sind bei gegebenem n insgesamt n Werte. Statt der Zahlenwerte für l haben sich
auch Buchstabensymbole eingebürgert, die den Zahlenwerten gemäß der folgenden
Reihe entsprechen:

    0 1 2 3 4 …

    s p d f g …

Magnetische Quantenzahl m: Für m gilt ein Wertebereich von $+l$ bis $-l$, das sind
die $2l + 1$ Werte: $l, l - 1, l - 2, … -l + 2, -l + 1, -l$.

Spinquantenzahl s: s kann nur die Werte $+ 1/2$ oder $- 1/2$ annehmen.

Die Quantenmechanik gestattet es, aus einer fundamentalen Eigenschaft der Elektronen, nämlich ihrer sog. *Antimetrie*, ein Prinzip herzuleiten, das nach dem Physiker
Pauli benannt ist: Kein Elektron eines Atoms darf mit einem anderen Elektron
desselben Atoms in allen vier Quantenzahlen übereinstimmen! Hieraus ergibt sich,

daß es nur $2n^2$ Elektronen zu jeder Hauptquantenzahl geben kann, wie für die Hauptquantenzahlen 1, 2, 3 und 4 tabellarisch erläutert sei!

n	l			m				s	Zahl der Elektronen	
1	0			0				$\pm 1/2$	2	
2	0			0				$\pm 1/2$	2	8
	1		1	0	-1			$\pm 1/2$	6	
3	0			0				$\pm 1/2$	2	18
	1		1	0	-1			$\pm 1/2$	6	
	2	2	1	0	-1	-2		$\pm 1/2$	10	
4	0			0				$\pm 1/2$	2	32
	1		1	0	-1			$\pm 1/2$	6	
	2	2	1	0	-1	-2		$\pm 1/2$	10	
	3	3	2	1	0	-1	-2 -3	$\pm 1/2$	14	

Es gibt also zu jeder Hauptquantenzahl zwei s-Elektronen, zu jeder Hauptquantenzahl ab $n = 2$ sechs p-Elektronen, zu jeder Hauptquantenzahl ab $n = 3$ zehn d-Elektronen und zu jeder Hauptquantenzahl ab $n = 4$ vierzehn f-Elektronen.

Die Quantenmechanik lehrt, daß die Energie der Elektronen im freien Atom nur von n und l der einzelnen Elektronen sowie von ihrer Gesamtzahl abhängt, wobei unter *frei* verstanden wird, daß das Atom nicht unter dem Einfluß äußerer elektrischer oder magnetischer Felder stehen soll. Die 2 s-, die 6 p-, die 10 d- und die 14 f-Elektronen haben also jeweils die gleiche Energie, sofern sie zur selben Hauptquantenzahl gehören. Läßt man auf die Elektronen Kräfte von außen einwirken, so gilt dies nicht mehr. Die Quantenmechanik lehrt auch, daß im Sonderfall des H-Atoms – in Übereinstimmung mit dem Bohrschen Modell – die Energie des Elektrons nur von n abhängt.

Die Höhe der Energieniveaus der Elektronen lassen sich zu einem Termschema ordnen, das für eine beliebige Elektronenzahl qualitative Gültigkeit hat (Bild 3). Der vertikale Energiemaßstab in Bild 3 ist nicht linear, sonst müßten die Energieniveaus nach oben näher zusammenrücken. Das Schema kann deswegen nur qualitativ gelten, weil der Abstand der Terme von der Zahl der vorhandenen Elektronen abhängt; für den Grenzfall nur eines Elektrons (H-Atom) ist dies besonders augenfällig, da in diesem Fall die Niveaus zum gleichen n-Wert für alle l-Werte auf

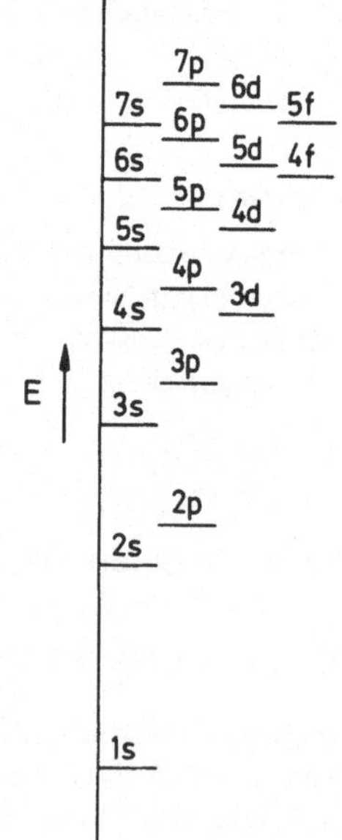

Bild 3. Energieniveauschema höherer Atome

gleicher Höhe liegen! Die Gültigkeit des Schemas ist bei bestimmten Elektronenzahlen so weit eingeschränkt, daß sich sogar die Reihenfolge gewisser Terme umkehrt (s. u.).

Als Grundzustand des freien Atoms sei der Zustand definiert, in dem den Elektronen die kleinste Gesamtenergie zukommt. Damit läßt sich für jedes freie Atom im Grundzustand bei gegebenem Z unter Zuhilfenahme des Pauli-Prinzips und des Termschemas von Bild 3 ein ganz bestimmtes Arrangement der Quantenzahlen n und l der Z Elektronen angeben: Man hat lediglich jedem Term in Bild 3 von unten nach oben fortlaufend so viele Elektronen zuzuordnen, wie es der Wert von l erlaubt, also 2 Elektronen jedem s-Term, 6 Elektronen jedem p-Term und 10 Elektronen jedem d-Term, bis endlich die Z Elektronen untergebracht sind. Das dieser Verfahrensweise zugrundeliegende Prinzip nennt man das *Aufbauprinzip*.

Das jedem Element im Grundzustand zukommende Elektronenarrangement heißt seine *Elektronenkonfiguration*, die man in der Form symbolisieren kann, daß man erst das Elementsymbol schreibt und dahinter in runden Klammern die Symbole der besetzten Terme und ihre Besetzung in fortlaufender Folge angibt, wobei in jedem Termsymbol der Wert von n, der Wert von l (in Buchstabensymbolen) und als rechtes Superskript die Zahl der Elektronen in diesem Term geschrieben werden. Für die ersten 10 Elemente lauten die Elektronenkonfigurationen wie folgt:

$H(1s^1)$	$C(1s^2\,2s^2\,2p^2)$
$He(1s^2)$	$N(1s^2\,2s^2\,2p^3)$
$Li(1s^2\,2s^1)$	$O(1s^2\,2s^2\,2p^4)$
$Be(1s^2\,2s^2)$	$F(1s^2\,2s^2\,2p^5)$
$B(1s^2\,2s^2\,2p^1)$	$Ne(1s^2\,2s^2\,2p^6)$

Eine *abgeschlossene Schale* liegt vor, wenn die zur Nebenquantenzahl p gehörigen Elektronen jeweils alle untergebracht sind; im Falle $n = 1$ nennt man auch die Elektronenkonfiguration $1s^2$ *abgeschlossen*. Die Elektronen der äußeren, nicht abgeschlossenen Schale heißen *Valenzelektronen*, jedoch bezieht man die d-Elektronen dann nicht in die Valenzelektronen mit ein, wenn die d-*Unterschale* mit 10 Elektronen voll besetzt ist. Die Valenzelektronen haben für die Chemie eine fundamentale Bedeutung (s. u.). Die Symbole für die Elektronenkonfiguration bleiben eindeutig, wenn man zur Verkürzung der Schreibarbeit nur die Valzenzelektronen notiert; nur bei den Elementen ohne Valenzelektronen, also He und Ne unter den ersten 10 Elementen, wird die verkürzte Schreibweise bedeutungslos.

Das für die Chemie überaus aufschlußreiche *Periodensystem der Elemente* (PSE) besteht in der Regel aus einem rechteckigen Schema der Elementsymbole, dessen Zeilen (*Perioden*) die abgeschlossenen Schalen numerieren und dessen Spalten (*Gruppen*) mit der Zahl der Valenzelektronen zusammenhängen. Es gibt auch nichtrechteckige Periodensysteme, und unter den rechteckigen kennt man mehrere Anordnungsmöglichkeiten, deren instruktivste wohl das *Langperiodensystem* ist (Bild 4).

Perioden-nummer	1A	2A	3A		4A	5A	6A	7A	8A			1B	2B	3B	4B	5B	6B	7B	8B
1	1,008 H 1																		4,00260 He 2
2	6,94 Li 3	9,01218 Be 4												10,81 B 5	12,011 C 6	14,0067 N 7	15,9994 O 8	18,9984 F 9	20,18 Ne 10
3	22,9898 Na 11	24,305 Mg 12												26,9815 Al 13	28,086 Si 14	30,9738 P 15	32,06 S 16	35,453 Cl 17	39,948 Ar 18
4	39,102 K 19	40,08 Ca 20	44,9559 Sc 21		47,90 Ti 22	50,941 V 23	51,996 Cr 24	54,9380 Mn 25	55,847 Fe 26	58,9332 Co 27	58,71 Ni 28	63,546 Cu 29	65,37 Zn 30	69,72 Ga 31	72,59 Ge 32	.74,9216 As 33	78,96 Se 34	79,904 Br 35	83,80 Kr 36
5	85,468 Rb 37	87,62 Sr 38	88,9059 Y 39		91,22 Zr 40	92,9064 Nb 41	95,94 Mo 42	98,9062 Tc 43	101,07 Ru 44	102,9055 Rh 45	106,4 Pd 46	107,868 Ag 47	112,40 Cd 48	114,82 In 49	118,69 Sn 50	121,75 Sb 51	127,60 Te 52	126,9045 I 53	131,30 Xe 54
6	132,9055 Cs 55	137,34 Ba 56	138,9055 La 57	Lantha-noiden	178,49 Hf 72	180,948 Ta 73	183,85 W 74	186,2 Re 75	190,2 Os 76	192,22 Ir 77	195,09 Pt 78	196,9665 Au 79	200,59 Hg 80	204,37 Tl 81	207,2 Pb 82	208,9806 Bi 83	(209) Po 84	(210) At 85	(222) Rn 86
7	(223) Fr 87	(226) Ra 88	(227) Ac 89	Acti-noiden	Ku 104	Ha 105													

Lantha-noiden	138,9055 La 57	140,12 Ce 58	140,9077 Pr 59	144,24 Nd 60	(145) Pm 61	150,4 Sm 62	151,96 Eu 63	157,25 Gd 64	158,9254 Tb 65	162,50 Dy 66	164,9303 Ho 67	167,26 Er 68	168,9342 Tm 69	173,04 Yb 70	174,97 Lu 71
Acti-noiden	(227) Ac 89	232,0381 Th 90	231,0359 Pa 91	238,029 U 92	237,0482 Np 93	(244) Pu 94	(243) Am 95	(247) Cm 96	(247) Bk 97	(251) Cf 98	(254) Es 99	(257) Fm 100	(256) Mv 101	(254) No 102	(256) Lr 103

Bild 4. Periodensystem der Elemente

Im Langperiodensystem stehen die Elemente, bei denen eine bestimmte Zahl von s-, p- bzw. d-Elektronen die Valenzelektronen darstellen, untereinander. Die Elemente mit f-Elektronen als Valenzelektronen werden dabei zunächst noch nicht berücksichtigt. Die Anordnung folgt in besonders durchsichtiger Weise dem Aufbauprinzip. Man nennt die Elemente, die keine d-Elektronen als Valenzelektronen haben oder bei denen die d-Unterschale abgeschlossen ist und p-Valenzelektronen vorhanden sind, die *Hauptgruppenelemente* und die Gruppen, in denen diese Elemente stehen, die *Hauptgruppen*. Die Elemente mit s- und d-, aber ohne p-Elektronen als Valenzelektronen heißen *Nebengruppenelemente*, *Übergangselemente* oder *d-Elemente* und die Gruppen, in denen sie stehen, heißen *Nebengruppen*. Es ist auch gebräuchlich, die Zeilen im kleineren Rechteckschema der d-Elemente als die 1., 2. bzw. 3. *Nebenperiode* zu bezeichnen; wenn man von der Zahl einer Periode spricht, bezieht man sich im allgemeinen nur auf die Hauptgruppenelemente, so daß in diesem Fall die Periodenzahl eines Elements mit der Hauptquantenzahl seiner Valenzelektronen übereinstimmt.

Es ist zweckmäßig und weithin üblich, die 8 Hauptgruppen mit arabischen Zahlzeichen und den Buchstaben A bzw. B zu bezeichnen. Die Elemente der Gruppe 1A mit einem Valenzelektron heißen (mit Ausnahme des Elements Wasserstoff) *Alkalimetalle*, die Elemente der Gruppe 2A mit 2 Valenzelektronen *Erdalkalimetalle*, die Elemente der Gruppen 3B, 4B und 5B mit 3, 4 bzw. 5 Valenzelektronen kann man als *Triele*, *Tetrele* bzw. *Pentele* bezeichnen, und die Elemente der Gruppen 4B und 7B mit 6 bzw. 7 Valenzelektronen nennt man *Chalkogene* bzw. *Halogene*. Die Elemente mit abgeschlossener Schale heißen *Edelgase*; man kann sie als die Gruppe 8B auffassen oder als die 0. Gruppe, je nachdem, ob man ihre äußeren Elektronen als Valenzelektronen ansieht oder nicht; beide Verfahrensweisen haben zunächst nur formalen Charakter und werden geübt, zu beiden kann aber auch die mit den Edelgasen gemachte chemische Erfahrung Veranlassung geben.

Die Nebengruppen sollte man eigentlich von 3A bis 12 durchnumerieren, jedoch ist es üblich (und vor einem breiten Hintergrund chemischer Erfahrung auch plausibel), die Übergangselemente mit 6, 7 und 8 d-Elektronen in der Gruppe 8A oder auch — wenn man die Edelgase in die Gruppe 0 steckt — in der Gruppe 8 zusammenzufassen und die Elemente mit 9 und 10 d-Elektronen zu den Gruppen 1B bzw. 2B zu rechnen.

Die Stellung der Elemente mit f-Elektronen als Valenzelektronen im PSE kann man mit dem ja nur qualitativ gültigen Termschema von Bild 3 nicht ableiten. Vielmehr stellt sich heraus, daß nach dem Einbau von 57 Elektronen beim Lanthan das 58. Elektron nicht in ein 5d-, sondern in ein 4f-Niveau eingebaut wird, und Analoges gilt für alle 14 auf das Lanthan folgenden Elemente, die man als die *Lanthanoide* bezeichnet. Ähnlich folgt auf das Actinium im PSE nicht ein Übergangselement der 3. Übergangsperiode, sondern es folgen die 14 *Actinoide*, ebenfalls mit f-Elektronen in der *Valenzschale*. Die Lanthanoide und Actinoide sind in Bild 4 dem PSE in seiner Langform gesondert beigefügt, von ihnen zusammen spricht man auch als von den f-*Elementen*.

Ein überaus wichtiges Prinzip ist es, daß vollbesetzte, aber auch halbbesetzte Unterschalen energetisch besonders tief liegen oder — wie man auch sagt — besonders *stabil* sind. Als Folge davon führt es gelegentlich zu Fehlern, wenn man die Elektronenkonfigurationen im Grundzustand gewisser d- und f-Elemente unter Anwendung des Aufbauprinzips schematisch nach dem Termschema von Bild 3 aufsucht. Als Beispiel hierfür können die Elektronenkonfigurationen der 1B-Elemente herangezogen werden, nämlich $Cu(3d^{10}4s^1)$, $Ag(4d^{10}5s^1)$ und $Au(5d^{10}6s^1)$, aus denen plausibel wird, daß man von nur einem Valenzelektron sprechen kann und warum man diesen Elementen die Gruppennummer 1 zuweist; in analoger Weise ist es plausibel, den 2B-Elementen nur 2 Valenzelektronen zuzubilligen und damit ihre Gruppennummer zu rechtfertigen.

Die Stabilität halbbesetzter Unterschalen entspricht der 1. Hundschen Regel, die (in vereinfachter Form) aussagt, daß Elektronen mit der gleichen Hauptquantenzahl n und der gleichen Nebenquantenzahl l dann besonders energiearm sind, wenn möglichst viele der Elektronen in der Spinquantenzahl s übereinstimmen. Ein Maximum von Elektronen mit gleichem s wird gerade bei der Halbbesetzung von Unterschalen, also etwa bei 3 p-, 5 d- oder 7 f-Elektronen, erreicht. Die Art der Verteilung der Quantenzahl s auf die 7 Elektronen drückt man häufig dadurch aus, daß man Elektronen mit $s = 1/2$ durch aufwärts und Elektronen mit $s = -1/2$ durch abwärts gerichtete Pfeile symbolisiert und mit diesen Pfeilen ein Termschema auffüllt. Dies sei für die Atome C, O und V im Grundzustand aufgezeichnet.

Kohlenstoff $C(1s^2 2s^2 2p^2)$ Sauerstoff $O(1s^2 2s^2 2p^4)$ Vanadin $V(1s^2 2s^2 2p^6 3s^2 3p^6 3d^3 4s^2)$

Ein Beispiel für das Prinzip der Stabilität halbbesetzter d-Schalen stellen die Elektronenkonfigurationen der ersten beiden der IVa-Elemente im Grundzustand dar: $Cr(3d^5 4s^1)$, $Mo(4d^5 5s^1)$, aber: $W(5d^4 6s^2)$.

1.4. Periodizität einiger Eigenschaften

1.4.1. Ionisierungsenergie

Die Energie, die man mindestens aufwenden muß, um unter Abspaltung von einem
Elektron ein freies Atom im Grundzustand in ein freies Kation im Grundzustand
überzuführen, heißt 1. Ionisierungsenergie I_1; das Attribut *frei* hat die oben schon
beschriebene Bedeutung und heißt praktisch, daß man sich auf Atome und einfach
geladene Kationen in der idealen Gasphase bezieht. Die Bedingung des Grundzu-
standes impliziert, daß das abgespaltene Elektron das energiereichste Elektron des
Atoms ist. Die m-te Ionisierungsenergie I_m ist in ganz analoger Weise für die Abspaltung eines Elektrons aus einem $(m\text{-}1)$fach ionisierten Kation definiert. Man
beachte, daß die Ionisierungsenergie als eine Energie, die man dem Atom zuführen
muß, nach der internationalen Vorzeichenkonvention ein positives Vorzeichen hat.

Der Übergang in den energietiefsten Kationzustand kann eine Umgruppierung in
der Elektronenkonfiguration zur Folge haben, wie am Beispiel von I_1 für Vanadin
gezeigt sei:
$$V\,(3d^3\,4s^2) \rightarrow V^+\,(3d^4) + e$$
Interessanterweise macht man keinen zu großen Fehler, wenn man die aus dem
Bohrschen Atommodell folgende Energieformel (s. Seite 10) für I_1 ansetzt
$(n_a = \infty,\ n_b = n,\ E_a = 0,\ E_b = -I_1)$:
$$I_1 = 2{,}179 \cdot 10^{-18} \cdot (Z - S)^2/n^2 \ \mathrm{J}$$
Da innerhalb einer Periode n konstant bleibt und S nicht im selben Maße zu-
nimmt wie Z, steigen die I_1-Werte von den Alkalimetallen zu den Edelgasen hin
stark an. Das Bohrsche Modell ist allerdings nicht die geeignete Grundlage, um
auch die aus Bild 5 hervorgehenden Maxima von I_1 bei den Erdalkalimetallen
und den Elementen der 5B-Gruppe zu beschreiben, vielmehr stehen diese Maxima
mit dem Prinzip der Stabilität einer vollbesetzten s- bzw. einer halbbesetzten
p-Unterschale in Übereinstimmung.

Der Gang von I_1 innerhalb der Gruppen wird verständlich, wenn man bedenkt, daß
zwar Z stärker ansteigt als n, daß aber auch die Abschirmung durch die inneren
Elektronen in einer den Anstieg von Z überwiegenden Weise größer wird. Der Gang
von I_1 in den Nebenperioden ist mit einfachen Mitteln nicht zu beschreiben.

Aus naheliegenden Gründen steigen die I_m-Werte mit größer werdendem m stark
an. Ganz besonders stark wird der Sprung von I_m nach I_{m+1} dann, wenn das
m-fach positive Elementkation eine Edelgaskonfiguration hat; beispielsweise ist
I_2 bei Be nur um das Doppelte größer als I_1 (14,9 und $29{,}2 \cdot 10^{-19}$ J), bei Li dagegen um das 14fache (8,6 und $121 \cdot 10^{-19}$ J). Die Prinzipien von der Stabilität
halb- und vollbesetzter Unterschalen wird bei den Lanthanoiden besonders augenfällig: Relativ günstig ist bei ihnen allgemein die Abspaltung der beiden 6s- und
des einen 5d-Elektrons, aber außer den dabei entstehenden dreifach positiven
Kationen Ln^{3+} bilden sich besonders leicht noch die Kationen Ce^{4+} (Xe-Kon-
figuration), Eu^{2+} und Tb^{4+} (f^7-Konfiguration) sowie Yb^{2+} (f^{14}-Konfiguration).

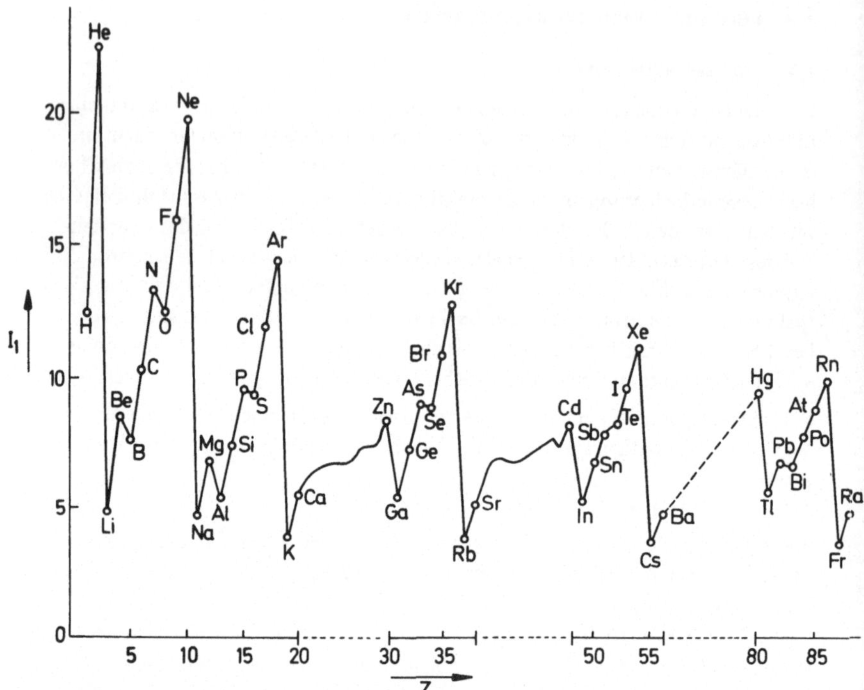

Bild 5. Gang der Ionisierungsenergien I_1 (in eV) mit Z

1.4.2. Elektronenaffinität

Unter der Elektronenaffinität A versteht man diejenige Energie, die verbraucht oder
die frei wird, wenn man ein Elektron aus der Gasphase in die energietiefste Elek-
tronenbahn eines Atoms in der Gasphase einbaut. Dem Bild 6 entnimmt man, daß
bei der Bildung einfach geladener Anionen dann am meisten Energie frei wird, wenn —
wie bei den Halogenen — die Edelgaskonfiguration erreicht wird. Die Gegenüber-
stellung der A-Werte der Alkali- und der Erdalkalimetalle lehrt aber auch, daß die
Vollbesetzung der s-Unterschale begünstigt ist, das positive Vorzeichen der A-Werte
von Be und Mg bedeutet, daß hier Energie aufgewendet werden muß, um ein Elektron in die entsprechenden p-Unterschalen einzubringen.

H $-1,20$				
Li $-0,87$	Be $+1,0$	...	O $-2,36$	F $-5,52$
Na $-1,19$	Mg $+0,5$		S $-3,32$	Cl $-5,78$
				Br $-5,38$
(Au $-3,5$)				I $-4,90$

Bild 6. Elektronenaffinitäten A (in 10^{-19} J) einiger Elemente

Das 1B-Element Au paßt sich der 1A-Reihe gut an. Bei den Elementen O und S wird
durch Aufnahme eines Elektrons keine Edelgaskonfiguration erreicht, daher sind
die A-Werte auch weniger negativ als bei den Halogenen; immerhin ist der Gang in
A von der Gruppe 2A zur Gruppe 6B wieder ein Indiz dafür, daß – ähnlich wie bei
den Ionisierungsenergien – die Kernladung innerhalb einer Periode stärker ansteigt
als die Abschirmungskonstante. Der Gang von A innerhalb der Gruppen ist nicht
regelmäßig.

Die 2. Elektronenaffinitäten, also die zur Zuführung eines 2. Elektrons nötigen
Energien, sind aus durchsichtigen elektrostatischen Gründen durchwegs von hohem
positivem Betrag. Bei den 6B-Elementen spricht man oft von Elektronenaffinitäten
schlechthin und meint dabei aber die Summe aus 1. und 2. Elektronenaffinität; ob-
wohl die 6B-Elemente durch die Aufnahme zweier Elektronen die Edelgaskonfiguration erhalten, sind hierfür hohe Energien aufzubringen, nämlich 11,7 und
$5{,}51 \cdot 10^{-19}$ J für das O- bzw. das S-Atom.

1.4.3. Atom- und Ionenradien

Der Bohrsche Radius des H-Atoms ist oben definiert worden. In der Sprache der
Quantenmechanik übrigens entspricht diesem Radius der Radius einer Kugelschale
differentieller Dicke, in welcher ein Maximum an Elektronenladung vorliegt. Ein
theoretischer Zugang zu höheren Atomen kann auf der Basis des Bohrschen Modells
gesucht werden, aber weder auf diesem Wege berechnete noch mit dem Formalismus
der Quantenmechanik definierte und errechnete Radien sind im allgemeinen mit
real gemessenen Werten vergleichbar, da man zum Zwecke der Messung *idealer*
Radien entweder gasförmige Atome im Grundzustand in eine Meßapparatur einbringen oder aber Atome im Grundzustand so zu einem in seiner Struktur vermeßbaren
Festkörperverband anordnen müßte, daß die Elektronenhüllen der Atome nicht in
einer den Radius deformierenden Wechselwirkung miteinander stehen. Bei den Edelgasen gelingen solche Messungen, bei den anderen Elementen bleiben die idealen
wahren Atomradien, die man aus Gründen, die weiter unten erhellen, auch die
van der Waals-Radien nennt, hypothetische Größen.

Die experimentell zugänglichen und tabellierten *realen* Atomradien beziehen sich
nicht auf die freien, *ungestörten* Atome, sondern auf Atome, die mit ihresgleichen
in *kovalenter* bzw. *metallischer* Wechselwirkung (s. Abschnitt 2) stehen. Diese sog.
kovalenten bzw. *metallischen Atomradien* sind durchweg kleiner als die van der
Waals-Radien und ihre Größe hängt überdies noch von der Zahl nächster Nachbarn
im Molekül bzw. im Festkörper ab (*Koordinationszahl*). Die Werte für die
metallischen Atomradien in Bild 7 (links bzw. unterhalb des Trennstrichs) beziehen
sich auf die Koordinationszahl 12 und sind in den Fällen, in denen diese Koordinationszahl nicht realisierbar ist, auf sie umgerechnet (s. auch Abschnitt 3!). Die
kovalenten Atomradien in Bild 7 (rechts bzw. oberhalb des Trennstrichs) entsprechen Meßwerten für die Koordinationszahlen 4 (Gruppe 3B und 4B),
3 (Gruppe 5B), 2 (Gruppe 6B) bzw. 1 (Gruppe 7B) und gelten nur für den Fall,
daß die Bindigkeit (s. u.) mit der Koordinationszahl übereinstimmt. Da längs einer

Periode die Zunahme der Kernladung die Zunahme der Abschirmung überwiegt, sinken die auf die gleiche Koordinationszahl bezogenen metallischen Atomradien im allgemeinen von links nach rechts im PSE, während das ebenfalls aus Bild 7 abzulesende Absinken der kovalenten Atomradien von links nach rechts wegen der verschiedenen Koordinationszahlen für Vergleichszwecke irrelevant ist. Innerhalb einer Gruppe steigen die Atomradien erwartungsgemäß von oben nach unten. Die Atomradien der d- und f-Elemente zeichnen sich nicht durch einen stetigen Gang aus; bemerkenswert sind in den Nebenperioden die Minima der metallischen Radien bei den Elementen der Gruppe 8A sowie in der Lanthanoidenreihe bei allgemein fallender Tendenz (*Lanthanoidenkontraktion*) die Maxima bei Eu und Yb, ferner ist (als Folge der Lanthanoidenkontraktion) die Ähnlichkeit der metallischen Radien der Gruppennachbarn in der 2. und 3. Nebenperiode von Bedeutung.

H 37						
Li 157	Be 112	B 88	C 77	N 74	O 74	F 72
Na 191	Mg 160	Al 143	Si 117	P 110	S 104	Cl 99
K 235	Ca 197	Ga 153	Ge 139	As 121	Se 117	Br 114
Rb 250	Sr 215	In 167	Sn 158	Sb 161	Te 137	I 133
Cs 272	Ba 224	Tl 171	Pb 175	Bi 182	Po 140	At 140

Bild 7. Kovalente bzw. metallische Atomradien der Hauptgruppenelemente (in pm)

Ebenso wie bei den Atomen ist auch bei den Kationen und Anionen eine Messung ihres Radius in der freien Ionenform nicht möglich, vielmehr ist man auf Messungen an Ionenkristallen (s. Abschnitt 3) angewiesen. Vergleichbare und auf gleichartige Umgebungsverhältnisse standardisierbare Meßwerte gewinnt man vorzugsweise nur an Ionenkristallen mit sehr hohem Ionenbindungsanteil, wie sie besonders von den Hauptgruppenelement-Ionen gebildet werden, wenn sie eine Edelgaskonfiguration aufweisen, also besonders von den einfach positiven Alkali- und den zweifachen positiven Erdalkali-Kationen sowie den einfach negativen Halogen- und den zweifach negativen Chalkogen-Anionen. Für die dreifach und vierfach positiven Kationen der Gruppen 3B bzw. 4B sowie die dreifach negativen Anionen der Gruppe 5B mit ihrer edelgasartigen Elektronenkonfiguration ist die Angabe eines Ionenradius schon fragwürdig, da in den von ihnen gebildeten Kristallen der Ionenbindungscharakter vielfach nicht mehr überwiegt, und von den hypothetischen Edelgas-analog konfigurierten Ionen von B, C, Si, Ge, As, Sb und Bi lassen sich keine Ionenkristalle und daher auch keine Meßwerte für Ionenradien gewinnen.

						H^- 154
Li^+ 68	Be^{2+} 30	B	C	N^{3-} 171	O^{2-} 145	F^- 133
Na^+ 98	Mg^{2+} 65	Al^{3+} 45	Si	P^{3-} 212	S^{2-} 190	Cl^- 181
K^+ 133	Ca^{2+} 94	Ga^{3+} 60	Ge	As	Se^{2-} 202	Br^- 196
Rb^+ 148	Sr^{2+} 110	In^{3+} 81	Sn^{4+} 71	Sb	Te^{2-} 222	I^- 219
Cs^+ 167	Ba^{2+} 129	Tl^{3+} 91	Pb^{4+} 81	Bi	Po (?)	At (?)

Bild 8. Radien von Ionen der Hauptgruppenelemente mit Edelgaskonfiguration bzw. edelgasähnlicher Konfiguration, bezogen auf die Koordinationszahl 6, zum größten Teil nach Angaben von *Goldschmidt* (in pm)

Die in Bild 8 als Kationen auftretenden Elemente (ausgenommen: Ga) gehören zusammen mit den d- und f-Elementen zu den Metallen, die als Anionen bezeichneten Elemente von Bild 8 gehören zusammen mit dem Kohlenstoff zu den *Nichtmetallen,* die übrigen Elemente, also B, Ga, Si, Ge, As, Sb und Bi (oft auch noch Se und Te) rechnet man zu den *Halbmetallen.* Diese den Begriff des Metalls und des Nichtmetalls definierende Eigenschaft der Elemente, Kationen bzw. Anionen zu bilden, hängt mit der zur Definition der Metalle häufiger herangezogenen Eigenschaften der elektrischen Leitfähigkeit in einem physikalischen Zusammenhang, der sich quantenmechanisch ableiten läßt. Aus Bild 8 geht in Übereinstimmung mit der Erwartung hervor, daß sowohl die Kation- als auch die Anionradien im PSE von rechts nach links und von oben nach unten steigen. Ein Vergleich mit Bild 7 lehrt — wieder in Übereinstimmung mit der Erwartung —, daß sich die Atome bei der Kationbildung verkleinern, bei der Anionbildung vergrößern. Bei den Hauptgruppenmetallen kennt man auch Kationen mit abgeschlossener s^2-Unterschale, nämlich Tl^+, Sn^{2+} und Pb^{2+}. Bei den d-Metallen ist — im Gegensatz zu den Hauptgruppenmetallen — das Auftreten mehrerer Ionisierungsstufen nicht die Ausnahme, sondern die Regel. Die zweifach und die dreifach ionisierten Kationen können am häufigsten beobachtet werden; sie entstehen durch die Abspaltung der beiden energiereichsten äußeren s-Elektronen und gegebenenfalls noch eines d-Elektrons.

Der Gang der Radien zweifach ionisierter d-Kationen zeichnet sich bei einer — wie üblich — fallenden Gesamttendenz durch ein Maximum bei der d^5-Halbbesetzung (also bei Mn^{2+}, Tc^{2+} und Re^{2+}) aus. Die Radien der dreifach ionisierten Kationen der d- und der f-Elemente fallen längs der Perioden monoton ab; im Falle der Lanthanoiden spricht man — wie bei den Atomradien — von der *Lanthanoidenkontraktion.*

Es versteht sich, daß der Radius eines Kations umso kleiner wird, je höher man es ionisiert. Als Folge der Lanthanoidenkontraktion ist es auch klar, daß die Ionen der 2. und der 3. Übergangsperiode bei gleicher Ionisierungsstufe ähnliche Radien haben.

1.5. Reaktionen des Atomkerns

Die stofflichen Veränderungen, von denen die Chemie handelt, beruhen auf Veränderungen im Elektronengefüge der Atome. Die Veränderungen im Kerngefüge, die in der Regel mit so starken Energieumsätzen einhergehen, daß sie auch Veränderungen im Elektronengefüge nach sich ziehen, sind Gegenstand der *Kernphysik.* Insoweit derartige Veränderungen in Elementumwandlungen bestehen, haben sie einen Bezug zur Chemie und sollen im folgenden kurz erörtert werden.

Um die Kernveränderungen, die sog. *Kernreaktionen,* formal beschreiben zu können, ist es nötig, die wichtigsten Begriffe über die *Reaktion* im Sinne der Chemie einzuführen! Unter einer Reaktion versteht man, daß ν_1 Partikeln der Sorte A_1, ν_2 Parti-

keln der Sorte A_2 usw. so miteinander verquickt werden, daß sie in ν_k Partikeln
der Sorte A_k, ν_{k-1} Partikeln der Sorte A_{k-1} usw. übergehen:

$$\nu_1 A_1 + \nu_2 A_2 + \ldots \rightarrow \ldots \nu_{k-1} A_{k-1} + \nu_k A_k$$

Die Partikeln A nennt man die *Reaktanden* oder *Reaktionskomponenten*, A_1, $A_2\ldots$
speziell auch die *Edukte* und $\ldots A_{k-1}$, A_k die *Produkte;* die Zahlen ν_i heißen die
stöchiometrischen Zahlen. Bei wohldefinierten Reaktionen stehen die stöchiometrischen Zahlen in einer konstanten Proportion zueinander, die man in der Regel so
normiert, daß die kleinstmöglichen ganzzahligen Werte vorliegen. Es gilt das Prinzip
der Massenerhaltung, das besagt, daß — von relativistischen oder durch Energieumsatz bedingten Massenänderungen abgesehen — die Gesamtmasse des verbrauchten
Materials gleich der des gebildeten Materials sein muß.

Jede chemische Reaktion (s. auch Abschnitt 4) und jede Kernreaktion ist mit einem
Energieumsatz, der sog. *Wärmetönung* verknüpft, den man auf den *Formelumsatz*
normieren kann, das ist die Energie, die verbraucht oder die frei wird, wenn so viele
Mole der Edukte in so viele Mole der Produkte übergehen, wie es dem normierten
Satz stöchiometrischer Zahlen entspricht; im Falle von Kernreaktionen normiert
man die Wärmetönung meist auf den Umsatz so vieler Partikeln, wie es die stöchiometrischen Zahlen angeben. Wird Wärme verbraucht, so spricht man von einer *endo-
thermen* Reaktion mit positiver Wärmetönung, im umgekehrten Fall von einer
exothermen Reaktion mit negativer Wärmetönung; naturgemäß kehrt sich das Vorzeichen der Wärmetönung um, wenn sich die Richtung der Reaktionen umkehrt.

Es gilt meist das (in Abschnitt 4 schärfer zu fassende) Prinzip, daß exotherme Reaktionen bei tiefer, endotherme bei hoher Temperatur bevorzugt ablaufen; handelt
es sich bei den Reaktanden nur um feste Stoffe, so gibt es bei gegebenem, auf den
Reaktanden lastenden Druck eine bestimmte Temperatur, bei der sich die Reaktionsrichtung umkehrt. Außer der Reaktionsrichtung hängt auch die *Reaktionsgeschwindigkeit,* d. i. in der Zeiteinheit gebildete Stoffmenge an Produkten, von der Temperatur
ab. Zumal in der Kernchemie laufen viele exotherme Reaktionen erst bei sehr hoher
Temperatur mit meßbarer Geschwindigkeit ab. Man nennt die Energie, die bereit-
stehen muß, um eine Reaktion mit bestimmter Geschwindigkeit in Gang zu halten,
die *Aktivierungsenergie.*

Nach dieser allgemeinen Einführung des Reaktionsbegriffs können wir die Kernreaktion klassifizieren, müssen aber zunächst noch einige Partikelbegriffe aus der
Kernphysik definieren! Ein zweifach positiver ^{4}He-Kern heißt α-*Teilchen.* Bei Kernreaktionen auftretende, aus Elektronen bestehende Strahlen nennt man β^--*Strahlung*
oder kurz β-*Strahlung,* während die Strahlen aus Positronen (d. s. die *Antiteilchen*
der Elektronen: gleiche Masse und gleich große, aber mit entgegengesetztem Vorzeichen versehene Ladung) β^+-*Strahlung* heißen. Die bei exothermen Kernreaktionen
frei werdende Energie kann z. T. auch als kurzwellige elektromagnetische Strahlung,
die sog. γ-*Strahlung,* emittiert werden. Bei einer Kernreaktion freiwerdende α-, β-
oder γ-Strahlung kann man in einer Reaktionsgleichung dadurch angeben, daß man
die Symbole α, β oder γ über dem Reaktionspfeil notiert.

1.5.1. Natürliche Kernreaktionen

Die aus den Massendefekten ermittelten und durch die Division mit der Massenzahl A auf einen Kernbaustein normierten sog. *Kernbindungsenergien* sind für die
Elemente der 4. Periode und der 1. Übergangsperiode und hier wieder speziell für
gewisse Isotope von Fe, Co und Ni am größten, so daß diese Kerne sich aus anderen
Kernen unter Freisetzung gewaltiger Energiemengen von selbst bilden sollten und
zwar entweder aus leichteren Kernen durch die sog. *Kernverschmelzung* oder aus
schwereren Kernen durch die sog. *Kernspaltung.* Glücklicherweise braucht man für
derartige Kernreaktionen Aktivierungsenergien, die erst bei einer Temperatur von
über 10^9 K erreicht werden, einer Temperatur, die zumindest im Sonnensystem
nicht vorkommt. Die auf der Sonne, einem relativ kalten Stern, vorliegende Temperatur von ca. 10^7 K reicht immerhin aus, um einfachere Kernverschmelzungen zu
gestatten, vor allem den zu ^{4}He führenden *Proton-Proton-Zyklus,* den man sich aus
3 Teilreaktionen aufgebaut denkt:

$$2\,p \xrightarrow{\;\beta^+\;} {}^2\mathrm{H}^+$$

$$p + {}^2\mathrm{H}^+ \xrightarrow{\;\gamma\;} {}^3\mathrm{He}^{2+}$$

$$2\,{}^3\mathrm{He}^{2+} \longrightarrow {}^4\mathrm{He}^{2+} + 2\,p$$

$$\overline{\phantom{2\,{}^3\mathrm{He}^{2+} \longrightarrow {}^4\mathrm{He}^{2+} + 2\,p\;\;}}$$

$$4\,p \xrightarrow{\;\beta^+,\,\gamma\;} {}^4\mathrm{He}^{2+}$$

Man beachte, daß man zur Gesamtreaktion kommt, indem man die 3 Teilgleichungen zusammenaddiert und vorher die Koeffizienten der 1. und 2. Gleichung mit 2
multipliziert. Die abgestrahlten Positronen bzw. γ-Quanten symbolisiert man in der
angegebenen Weise. Die Wärmetönung der Reaktion beträgt $-3{,}96 \cdot 10^{-12}$ J pro
^{4}He-Kern, das sind $-2{,}38 \cdot 10^{11}$ J pro Mol ^{4}He.

Unter irdischen Bedingungen beobachtet man einen von selbst ablaufenden Kernzerfall bei den radioaktiven Elementen. Man unterscheidet die *natürliche Radioaktivität,* die bei den 72 in der Natur gefundenen instabilen Isotopen (s. o.) auftritt,
von der *künstlichen Radioaktivität,* die als von selbst ablaufender Prozeß bei den
weit über tausend Isotopen beobachtet wird, die man künstlich hergestellt hat (s.
Abschnitt 1.5.2).

Beim *natürlichen radioaktiven Zerfall* gibt es nur 2 Typen von Kernreaktionen,
nämlich (mit „E" als Symbol für Elemente):

$$^{A}_{Z}\mathrm{E} \xrightarrow{\;\alpha\;} {}^{A-4}_{Z-2}\mathrm{E}$$

$$^{A}_{Z}\mathrm{E} \xrightarrow{\;\beta\;} {}^{A}_{Z+1}\mathrm{E}$$

Die α-*Strahler* unter den radioaktiven Elementen gehen also in ein Element mit
einer um 2 kleineren Ordnungszahl Z über. Die β-*Strahler* wandeln sich dagegen in
Isobare der nächst größeren Ordnungszahl um, was darauf zurückzuführen ist, daß

sich ein Neutron eines β-Strahlers in ein im Kern verbleibendes Proton und ein abgestrahltes Elektron verwandelt. Außer α- bzw. β-Strahlen werden stets auch γ-Strahlen emittiert. Da Änderungen in A nur jeweils um 4 Einheiten erfolgen, kann man sich 4 Zerfallsreihen denken, von denen 3 in der Natur beobachtet werden, die 4. Zerfallsreihe wurde erst nach der künstlichen Herstellung von $^{237}_{93}$Np zugänglich. Im folgenden sind nur die ersten Glieder der 3 natürlichen und der einen künstlichen Zerfallsreihe sowie das jeweils stabile Endprodukt dargestellt; die Halbwertszeit in Sekunden ist unter den Elementsymbolen angegeben:

Actinium-
Zerfallsreihe:
$$^{235}_{92}\text{U} \xrightarrow{\alpha} {}^{231}_{90}\text{Th} \xrightarrow{\beta} {}^{231}_{91}\text{Pa} \xrightarrow{\alpha} {}^{227}_{89}\text{Ac} \xrightarrow{\beta} {}^{227}_{90}\text{Th} \xrightarrow{\alpha} \dots {}^{207}_{82}\text{Pb}$$
$$2,2 \cdot 10^{16} \quad 9,2 \cdot 10^{4} \quad 1,1 \cdot 10^{12} \quad 6,9 \cdot 10^{8} \quad 1,6 \cdot 10^{6} \quad \infty$$

Uran-
Zerfallsreihe:
$$^{238}_{92}\text{U} \xrightarrow{\alpha} {}^{234}_{90}\text{Th} \xrightarrow{\beta} {}^{234}_{91}\text{Pa} \xrightarrow{\beta} {}^{234}_{92}\text{U} \xrightarrow{\alpha} {}^{230}_{90}\text{Th} \xrightarrow{\alpha} \dots {}^{206}_{82}\text{Pb}$$
$$1,4 \cdot 10^{17} \quad 2,1 \cdot 10^{6} \quad 7,1 \cdot 10^{2} \quad 7,8 \cdot 10^{12} \quad 2,4 \cdot 10^{12} \quad \infty$$

Thorium-
Zerfallsreihe:
$$^{232}_{90}\text{Th} \xrightarrow{\alpha} {}^{228}_{88}\text{Ra} \xrightarrow{\beta} {}^{228}_{89}\text{Ac} \xrightarrow{\beta} {}^{228}_{90}\text{Th} \xrightarrow{\alpha} {}^{224}_{88}\text{Ra} \xrightarrow{\alpha} \dots {}^{208}_{82}\text{Pb}$$
$$4,4 \cdot 10^{17} \quad 1,8 \cdot 10^{8} \quad 2,2 \cdot 10^{4} \quad 6,0 \cdot 10^{7} \quad 3,1 \cdot 10^{5} \quad \infty$$

Neptunium-
Zerfallsreihe:
$$^{237}_{93}\text{Np} \xrightarrow{\alpha} {}^{233}_{91}\text{Pa} \xrightarrow{\beta} {}^{233}_{92}\text{U} \xrightarrow{\alpha} {}^{229}_{90}\text{Th} \xrightarrow{\alpha} {}^{225}_{88}\text{Ra} \xrightarrow{\beta} \dots {}^{209}_{83}\text{Bi}$$
$$6,7 \cdot 10^{13} \quad 2,4 \cdot 10^{6} \quad 5,1 \cdot 10^{12} \quad 2,3 \cdot 10^{11} \quad 1,6 \cdot 10^{6} \quad \infty$$

In Wirklichkeit sind die Zerfallsreihen infolge von Verzweigungen komplizierter, die sich ergeben, wenn Glieder der Reihen sowohl einen α- als auch einen β-Zerfall erleiden; z. B. zerfällt in der Actinium-Zerfallsreihe das Glied ^{227}Ac auch zu 1,2 % als α-Strahler. Wie man sieht, sind einige Glieder der Zerfallsreihe schon nach wenigen Stunden zur Hälfte zerfallen, andere erst nach vielen Milliarden Jahren.

Der *künstliche radioaktive Zerfall* ergibt Reihen, denen außer α- und β^--Strahlern auch noch β^+-Strahler angehören können, bei denen infolge der Umwandlung eines Protons in ein Neutron und ein Positron ein Isobar der nächst kleineren Ordnungszahl entsteht:

$$^A_Z\text{E} \xrightarrow{\beta^+} {}_{Z-1}^A\text{E}$$

Der Zerfall der künstlichen Isotope sollte im Prinzip in eine der 4 angegebenen Reihen einmünden, sofern er von einem genügend schweren Isotop ausgeht. Bei den leichteren künstlichen Isotopen entstehen meist schon nach 1 oder 2 Zerfallsschritten stabile Endprodukte.

1.5.2. Künstliche Kernreaktionen

Kernreaktionen lassen sich durchführen, indem man geeignete Kerne mit Elementarteilchen beschießt. Haben diese Elementarteilchen eine beschränkte kinetische Energie, so ereignen sich bei den leichteren Kernen im allgemeinen einfache Kernreaktionen, bei schweren Kernen können daneben auch Kernspaltungen auftreten, während ein Beschuß von Kernen mit Teilchen sehr hoher Energie zur Kernzersplitterung führen kann.

Einfache Kernreaktionen werden durch Beschuß von Atomen mit Neutronen, Protonen, Deuteronen (d. s. $^2_1$H-Kerne), α-Teilchen, höheren Kernen oder γ-Strahlen erzwungen, wobei das Beschußmaterial entweder beim radioaktiven Zerfall direkt anfällt (α-Teilchen, γ-Strahlen) oder aus einer einfachen Kernreaktion bzw. einem radioaktiven Zerfall bezogen, gegebenenfalls in einem Elementarteilchenbeschleuniger (*Cyclotron, Synchrotron, Omnitron* usw.) auf die passende kinetische Energie gebracht und dann zum Beschuß eingesetzt wird.

Das Ergebnis der einfachen Kernreaktion ist die Umwandlung eines Elements in ein anderes Isotop des Elements oder in ein leichteres oder schwereres anderes Element. Die geglückte Elementumwandlung stellt die prinzipielle Erfüllung des alchimistischen Wunschtraumes der künstlichen Gewinnung von Gold aus billigen Metallen dar. Durch die Möglichkeit der Variationen der beschossenen Elemente, der Art des Beschußmaterials und seiner Energie hat man eine breite Mannigfaligkeit der verschiedensten Kernreaktionen in Händen, von denen man heute Tausende kennt. Die einfache Kernreaktion ist die Methode, mit der die bisher bekannten 13 künstlichen Elemente und die zahlreichen radioaktiven Isotope der natürlichen und künstlichen Elemente dargestellt wurden. Die Produkte einfacher Kernreaktionen haben enorme Bedeutung in Wissenschaft und Technik.

Bei den einfachen Kernreaktionen werden außer den eigentlichen Produktkernen noch Elementarteilchen wie Protonen, Neutronen oder α-Teilchen oder zumindest γ-Strahlen frei; man symbolisiert einfache Kernreaktionen vielfach in der Weise, daß man anstelle des Reaktionspfeils eine runde Klammer setzt, in die man die Beschußteilchen und das Nebenprodukt-Teilchen schreibt. Im folgenden ist für jeden Typ der einfachen Kernreaktion ein Beispiel aus jeweils Dutzenden oder Hunderten bekannter Reaktionen angegeben:

Neutronenbeschuß:	$^{14}_7\text{N}(\text{n}, \text{p})^{14}_6\text{C}$	α-Beschuß:	$^9_4\text{Be}(\alpha, \text{n})^{12}_6\text{C}$
	$^6_3\text{Li}(\text{n}, \alpha)^3_1\text{H}$		$^{14}_7\text{N}(\alpha, \text{p})^{17}_8\text{O}$
Protonenbeschuß:	$^{19}_9\text{F}(\text{p}, \gamma)^{20}_{10}\text{Ne}$	Beschuß mit höheren Kernen:	$^{12}_6\text{C}(^{11}_5\text{B}, 3\text{n})^{20}_{11}\text{Na}$
	$^{65}_{29}\text{Cu}(\text{p}, \text{n})^{38}_{17}\text{Cl} + ^{27}_{13}\text{Al}$	γ-Beschuß:	$^9_4\text{Be}(\gamma, \text{n})\,2^4_2\text{He}$
	$^7_3\text{Li}(\text{p}, \alpha)^4_2\text{He}$		$^{11}_5\text{B}(\gamma, 3\text{p})^8_2\text{He}$
Deuteronenbeschuß:	$^9_4\text{Be}(\text{d}, \text{n})^{10}_5\text{B}$		
	$^2_1\text{H}(\text{d}, \text{p})^3_1\text{H}$		
	$^6_3\text{Li}(\text{d}, \alpha)^4_2\text{He}$		

Schon das für eine (p, n)-Reaktion angegebene Beispiel stellt im eigentlichen Sinne des Wortes eine *Kernspaltung* dar. Von Kernspaltungen im engeren Sinne spricht man, wenn man die Spaltung schwerer Kerne, wie z. B. $^{233}_{92}\text{U}$, $^{235}_{92}\text{U}$, $^{239}_{94}\text{Pu}$ oder $^{241}_{94}\text{Pu}$, durch meist langsame Neutronen induziert. Im bekanntesten Fall des Uran-Isotops $^{235}_{92}U$ ereignet sich dabei zunächst ein Übergang in $^{236}_{92}U$, das spontan unter ungeheurer Wärmeentwicklung in 2 Bruchstücke zerfällt, z. B. nach der Gleichung

$$^{236}_{92}U \rightarrow {}^{92}_{36}Kr + {}^{142}_{56}Ba + 2\,n \quad \text{oder} \quad {}^{236}_{92}U \rightarrow {}^{90}_{38}Sr + {}^{143}_{54}Xe + 3\,n$$

oder auf anderen Wegen. Die überaus große Bedeutung dieser Kernspaltung beruht darauf, daß bei ihr pro verbrauchtem Neutron 2 bis 3 Neutronen in Freiheit gesetzt werden, die ihrerseits weitere Kernspaltungen induzieren können, so daß die wachsende Neutronenzahl ein sprunghaftes und schließlich explosionsartiges Anwachsen der Elementarzerfälle zur Folge hat (*Atombombe*); man nennt Reaktionen dieses Typs *Kettenreaktionen*. Durch eine geeignete experimentelle Anordnung, die hier nicht weiter erläutert werden soll, kann man die Uranspaltung auch so lenken, daß sie in technologisch ausnutzbarer Weise Energie liefert (*Uran-Kernreaktor*).

Beim Beschuß von Atomkernen mit sehr energiereichen Partikeln kann man einen Zerfall in mehr als 2 Kerne erzielen und spricht dann von *Kernzersplitterung*. Wie schon einige der obigen Beispiele lehren, wird die Grenze zwischen der einfachen Kernreaktion und der Kernzersplitterung nicht immer ganz scharf gezogen.

2. Das Molekül

Oben war von der *Bindung* zwischen den Protonen und den Neutronen im Atomkern und von der mit dieser Bindung einhergehenden Energie die Rede, ohne daß diese Bindungen näher beschrieben worden wären. Während die Bindungen zwischen den Kernbausteinen Gegenstand der Kernphysik sind, machen die Bindungen zwischen Atomen das Wesen der Chemie aus und müssen im folgenden unter die Lupe genommen werden. Die Bindungen zwischen den Atomen werden dabei durch die Elektronenhüllen der beteiligten Atome determiniert. Bestehen feste Bindungen zwischen einer endlichen, wohldefinierten Zahl von Atomen, so nennt man die Gesamtheit der aneinander gebundenen Atome ein *Molekül*, handelt es sich dagegen um beliebig viele aneinander gebundene Atome, so spricht man von ihrer Gesamtheit als von einem *Festkörper*. Vom systematischen und vom methodischen Standpunkt aus ist es sinnvoll, die Chemie in die *Molekülchemie* und in die *Festkörperchemie* zu unterteilen. Der hier entwickelte Festkörperbegriff bedarf insofern der Ergänzung, als eine Ansammlung von Molekülen bei genügend tiefer Temperatur jedenfalls auch einen festen Körper bildet, in welchem die Moleküle durch sehr viel schwächere Bindungskräfte zusammengehalten werden, als sie dem Molekül selbst innewohnen; indem wir die zwischenmolekularen Wechselwirkungen in einem aus Molekülen aufgebauten festen Körper als Gegenstand der Festkörperchemie, die

Moleküle selbst dagegen als Gegenstand der Molekülchemie ansehen, haben wir die Begriffe *Molekül-* und *Festkörperchemie* in vorerst ausreichender Weise gegeneinander abgegrenzt. (Natürlich gibt es zur Unterteilung des Oberbegriffs *Chemie* eine Reihe weiterer Standpunkte; beispielsweise ist vom wissenschaftstheoretischen Standpunkt aus als oberste Unterteilungsmöglichkeit eine Unterteilung in *Theoretische Chemie* und in *Experimentalchemie* sinnvoll.)

Die Molekülmasse bzw. die Festkörpermasse läßt sich mit experimentell beliebiger Genauigkeit als die Summe der Atommassen darstellen, es ist also kein Massendefekt wie bei den Atomkernen beobachtbar. Daraus folgt, daß die im Molekül oder im Festkörper ruhenden Bindungsenergien von erheblich kleinerer Größenordnung sind als beim Atomkern. Die Molekülmasse kann man in den atomaren Masseneinheiten u angeben. Vielfach üblich ist es, ein in völliger Analogie zum Atomgewicht definiertes, dimensionsloses, als die Summen der Atomgewichte errechenbares *Molekulargewicht* zu benutzen. Da auch die Moleküle als Partikeln im Sinne des Stoffmengenbegriffs anzusehen sind, ist eine *Molmasse* als die Masse von 1 mol einer Molekülsorte wohldefiniert, naturgemäß aber nur dann, wenn der betreffende Stoff ausschließlich aus Molekülen einer Sorte besteht. Einen solchen Stoff nennt man ein *Element,* wenn die ein Molekül konstituierenden Atome von derselben Sorte sind, ansonsten eine *Verbindung.* Wenn ein Molekül aus a Atomen A, b Atomen B, c Atomen C usw. aufgebaut ist, so benutzt man die Schreibweise $A_a B_b C_c \ldots$ als Formelsymbol für das Molekül (*Molekularformel*), aber auch für die Verbindung (*Substanzformel*).

Bei Festkörpern sind die Begriffe Molekülmasse und Molekulargewicht undefiniert. Wenn Festkörper aus den Elementen A, B, C... so zusammengesetzt sind, daß die Zahlen der Atome von A, B, C... im Festkörper in der ganzzahligen, auf kleinste Zahlen normierten Proportion $a:b:c\ldots$ stehen, dann definiert man jedoch eine die Zusammensetzung des Festkörpers angebende Formel $A_a B_b C_c \ldots$ (*Substanzformel*) und ein *Formelgewicht,* das man aus der Formel so errechnet, als würde sie ein Molekül repräsentieren; man sollte vermeiden, der häufig geübten Verwischung der Begriffe *Formelgewicht* und *Molekulargewicht* zu folgen. Für Festkörper, bei denen ein Formelgewicht definiert ist, läßt sich auch die Molmasse formal angeben. Festkörper, deren Zusammensetzung (*Stöchiometrie*) schwankt und sich im allgemeinen nicht durch eine ganzzahlige Proportion $a:b:c\ldots$ darstellen läßt, heißen *nichtdaltonide Verbindungen* oder *Berthollide* oder *nichtstöchiometrische Verbindungen;* für sie ist ein Formelgewicht nicht definiert.

Ein die Bindung in Molekülen quantitativ beschreibendes physikalisches Modell liefert die Quantenmechanik. Ein so einfaches, in beschränktem Rahmen auch quantitativ gültiges Modell wie das Bohrsche Atommodell existiert bei Molekülen nicht. Eine quantenmechanisch zu rechtfertigende, grobe Vorstellung über die Bindung in Molekülen ist die, daß ein Teil der Valenzelektronen die beteiligten Atome zusammenkettet: *kovalente Bindung.* Diese Vorstellung läßt sich mit Hilfe einfacher Regeln in einer Weise schematisieren, die für die Chemie die allergrößte Bedeutung hat.

2.1. Die kovalente Bindung zwischen Nichtmetallen der 1. oder 2. Periode

Für Verbindungen aus Elementen der 1. oder 2. Periode lassen sich die sog. *Valenzstrichformeln* in der Weise gewinnen, daß man die Valenzelektronen paarweise in bindende, 2 Atomen gemeinsame und in freie Elektronen einteilt und um die Atome so verteilt, daß jedes Atom 4 Elektronenpaare, also das *Elektronenoktett* des Edelgases Ne, um sich herum hat: *Oktettregel von Lewis und Langmuir.* Im Falle der Beteiligung von H-Atomen gilt eine analoge, sich auf das Edelgas He beziehende *Dublettregel.* Symbolisiert man ein Elektronenpaar als einen Strich, den sog. *Valenzstrich,* so erhält man beispielsweise für die erfahrungsgemäß 2-atomigen Moleküle H_2, N_2, O_2 und F_2 folgende Valenzstrichformeln:

$$ H\text{–}H \qquad |\overline{F}\text{–}\overline{F}| \qquad \overline{O}\text{=}\overline{O} \qquad |N\text{≡}N| $$

Wir haben also bei H_2 1 bindendes und kein freies, bei N_2 3 bindende und 2 freie, bei O_2 2 bindende und 4 freie und bei F_2 1 bindendes und 6 freie Elektronenpaare. Man nennt diese Art von kovalenter Bindung die *Elektronenpaarbindung* oder die *Atombindung.* Nach der Zahl der die 2 Atome verknüpfenden Elektronenpaare spricht man von *Einfach-, Doppel-* und *Dreifachbindung.*

Es ist klar, daß man beim Aufstellen der Oktettregel die Stabilität der Edelgas-Konfiguration von den Atomen auf die Moleküle übertrug. Erstaunlich ist es jedoch, daß ein so einfaches Modell, wie es in der Oktettregel zum Ausdruck kommt, die Bindungsstärken richtig wiedergibt: Man kann experimentell und theoretisch zeigen, daß der Einfach-, Doppel- und Dreifachbindung in dieser Richtung stark ansteigende Bindungsenergien zugrundeliegen.

Im Sinne der Oktettregel ließe sich auch ein Molekül $C≡C$ konstruieren, für das es jedoch weder theoretische noch experimentelle Beweise gibt. Daher ist die Oktettregel einzuschränken: Zwischen Elementen der 2. Periode gibt es keine Vierfachbindungen! Das Kohlenstoffatom kann aber dadurch in den Genuß eines Oktetts kommen, daß es 4 Einfachbindungen zu benachbarten Kohlenstoffatomen eingeht, die ebenfalls an 4 Nachbaratome gebunden sind usw., so daß insgesamt ein Festkörper entsteht.

Die Oktettregel gestattet die Voraussage, welche Kombination bestimmter Elemente *stabile* Moleküle, also Moleküle, in denen die Oktettregel für alle Atome erfüllt ist, ergeben. Exerzieren wir zunächst die Kombination von H mit den Elementen der 2. Periode durch!

2.1.1. Kombinationen der Elemente der 2. Periode mit Wasserstoff

Ne bildet mit H keine Verbindung, da Ne schon als freies Atom ein Oktett besitzt; in der Tat sind die Edelgase die einzigen Elemente, die bei Raumtemperatur in Form freier Atome stabil sind.

Die Kombination von F mit H läßt 2 Kombinationen zu, wenn man auch Molekül-ionen in die Betrachtung einschließt:

Ein Ion wird dabei durch die Angabe der gesamten Ionenladung rechts oben hinter der in eckigen Klammern stehenden Valenzstrichformel symbolisiert. Man beachte, daß in der Valenzstrichformel die oben eingeführte *Molekularformel* enthalten ist (hier: HF bzw. H_2F^+). In den in diesem Abschnitt aufgezeichneten Valenzstrichformeln wird stets der räumliche Bau des betreffenden Moleküls oder Molekülions angedeutet, der in Abschnitt 2.8 systematisch behandelt wird.

Warum sind nicht auch die mit der Oktettregel in Übereinstimmung zu bringende Molekülionen H_3F^{2+} und H_4F^{3+} existent? Die Ursache liegt darin, daß mehrfach geladene Molekülionen immer dann leicht in Bruchstücke zerfallen, wenn die Bruchstücke mit der Oktettregel übereinstimmen und gleichnamig geladen sind. Im vorliegenden Fall läßt sich z. B. für H_3F^{2+} (und analog für H_4F^{3+}) erwarten, daß es in H_2F^+ und H^+ zerfällt; die beiden positiven Fragmentionen stoßen sich ab.

In diesem Sinne sind folgende Kombinationen von H mit O möglich; die angegebenen Namen sind sog. *Trivialnamen*, die nicht aus Regeln systematisch abzuleiten sind.

Hydroxid-Anion   **Wasser**   **Hydronium-Kation**   **Wasserstoff-peroxid**   **Hydroperoxid-Anion**

Daß die mit der Oktettregel zu vereinbarende Aneinanderreihung von mehr als 2 O-Atomen zu einer sog. *Kette* experimentell nicht beobachtet wird, kann man qualitativ verstehen, wenn man die abstoßende Wirkung der freien Elektronenpaare der aneinander gebundenen O-Atome in Rechnung stellt; schon das Molekül H_2O_2 enthält aus diesem Grund eine ziemlich schwache O—O-Bindung. Man kann auch einsehen, daß die mit der Oktettregel ebenfalls übereinstimmende Valenzstrich-formel

für H_2O_2 sehr ungünstig ist, wenn man die Formel in Bezug auf ihre *formale Ladung* analysiert.

Um die *formale Ladung* der Atome einer Valenzstrichformel festzustellen, verteilt man die Elektronen jeder Bindung zu gleichen Teilen an die beiden Partner (das ist eine fiktive *homolytische Bindungsöffnung*) und vergleicht die Zahl der jetzt auf ein Atom in der Formel treffenden Elektronen mit der Zahl seiner Valenzelektronen im neutralen Atom; die sich ergebende, vorzeichenbehaftete Differenz heißt *formale Ladung* und wird der Elektronenstrichformel am besten als Plus- bzw. Minuszeichen in einem kleinen Kreis nahe dem betroffenen Atom beigefügt. Schreibt man die Elektronenstrichformel eines Molekülions unter Beifügung der formalen Ladung auf, dann kann man sich die eckigen Klammern und die Angabe der Gesamtionenladung sparen, da diese sich aus durchsichtigen Gründen als die Summe der Formalladungen ergibt. Es gilt die wichtige und mit elektrostatischen Argumenten leicht einsehbare Regel, daß von 2 verschiedenen Valenzstrichformeln eines Moleküls der gleichen Summenformel im allgemeinen diejenige Valenzstrichformel der stabileren Anordnung der Atome und Elektronen entspricht, die weniger Formalladungen aufweist. Die ohne Formalladung schreibbare Formel von H_2O_2 ist daher die mit dem Experiment übereinstimmende.

Für H und N sind sehr viele Formeln mit der Oktettregel in Übereinstimmung zu bringen, u. a. die folgenden experimentell nachweisbaren Spezies (jetzt in der Schreibweise mit Formalladungen):

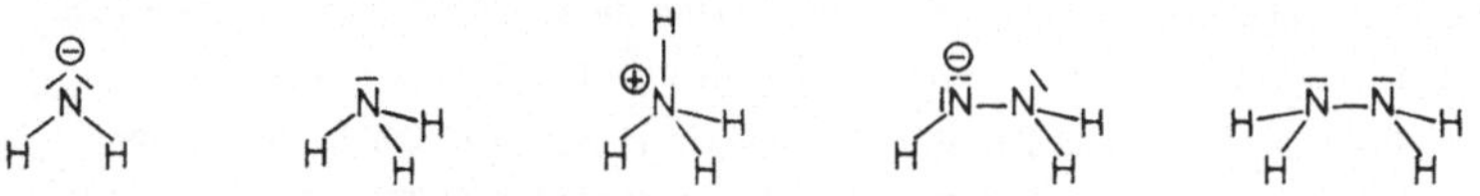

Amid-Anion   Ammoniak   Ammonium-Kation   Hydrazid-Anion   Hydrazin

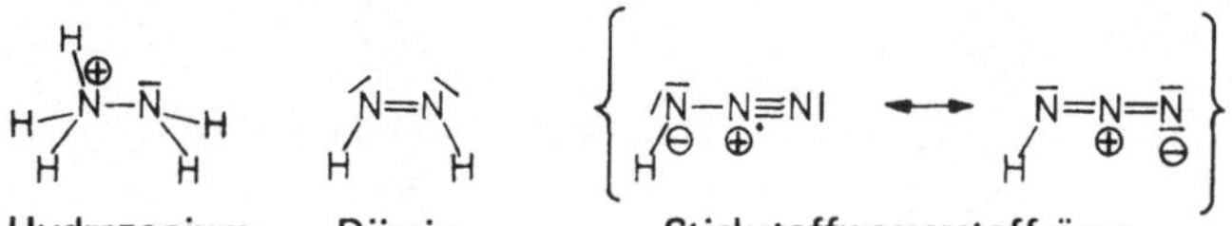

Hydrazonium-Kation   Diimin   Stickstoffwasserstoffsäure

Im Falle von HN_3 bieten sich für das gleiche Molekül zwei sich nur in der Elektronenverteilung unterscheidende, mit der Oktettregel übereinstimmende Schreibweisen an. In einem solchen Fall schreibt man am besten beide Formeln auf, verknüpft sie durch den sog. *Mesomeriepfeil* und setzt sie in geschweifte Klammern. Diese *Mesomerieschreibweise* hat einen quantentheoretischen Hintergrund, der uns nur in seiner Quintessenz interessieren soll: Ein Molekül, das in mehreren mesomeren Grenzformeln aufgeschrieben werden kann, ist um die sog. *Mesomerieenergie* stabiler als jenes hypothetische Molekül, dessen Bindungszustand nur durch die energietiefste der Grenzformeln beschrieben wird; die Voraussetzung für eine *gute,* d. h. zu hoher Mesomeriestabilisierung führende Grenzformel ist dabei ein Minimum an formaler Ladung sowie die Übereinstimmung mit der Oktettregel.

Es ist aber auch üblich, Moleküle wie HN_3 nur durch Angabe einer der Grenzformeln zu symbolisieren, und weiterhin hat sich noch eingebürgert, eine Valenzstrichformel aufzuschreiben, bei der anstelle der an der Mesomerie beteiligten Bindungselektronen

punktierte Bindungen zwischen den betroffenen Atomen notiert werden; bei dieser
Notation sind allerdings formale Ladungen oft nicht mehr definiert:

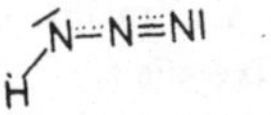

Die Mannigfaltigkeit der Schreibweisen und Definitionen macht die Chemie für den
Außenstehenden oft so verwirrend!

Nun aber zu den Kombinationen von C mit H, den sog. *Kohlenwasserstoffen!* Die
Chemie kohlenstoffhaltiger Moleküle umfaßt besonders viele Spezies und konstituiert daher einen eigenen und besonders umfangreichen Teil der Molekülchemie,
den man die *Organische Chemie* nennt. Die folgenden Ausführungen über Kohlenwasserstoffe gehen schon sehr ins Detail, demonstrieren aber glänzend die Oktettregel und die Wirksamkeit der Valenzstrichformeln bei der Beschreibung von Bin-
dungsverhältnissen, die sich vom Experiment her bestätigen lassen. Zunächst ergibt
sich für 1 und für 2 C-Atome in Analogie zu oben (die Trivialnamen stehen — im
Gegensatz zu den systematischen Namen — in Anführungszeichen):

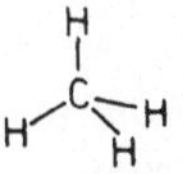

Methan 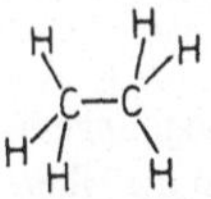   Ethan 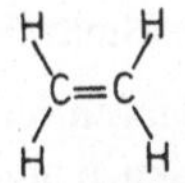   Ethen, „Ethylen"    Ethin, „Acetylen"

Formal durch H^+-Abspaltung entstehende sog. *Carbanionen* sind zwar denkbar,
spielen aber in der Chemie der CH-Verbindungen keine fundamentale Rolle; Kationen mit Elektronenoktett am Kohlenstoff gibt es in der CH-Chemie nicht.

Anders als bei der Kombination von F, O und N mit H gibt es bei der Kombination von C mit H keine Gründe, die eine Kettenbildung verhindern. Dadurch
kommt eine unbegrenzte Anzahl von Kombinationsmöglichkeiten zustande, die
sich aber systematisch klassifizieren lassen. Beginnen wir mit den nur aus Einfachbindungen bestehenden Kohlenwasserstoffen, den sog. *Alkanen* oder *ge-
sättigten Kohlenwasserstoffen,* die der Summenformel C_nH_{2n+2} (bei *offenkettigen*
Alkanen) bzw. C_nH_{2n} (bei *cyclischen* Alkanen) genügen:

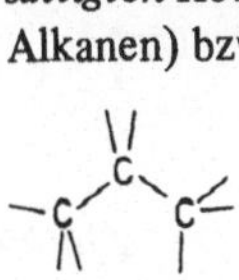

Propan 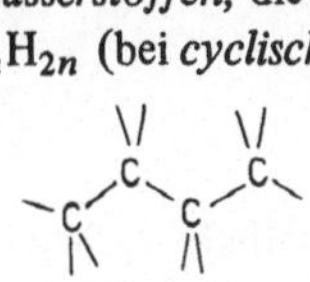   Butan 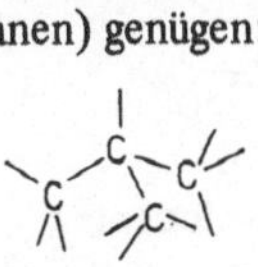   Methylpropan, „Isobutan" 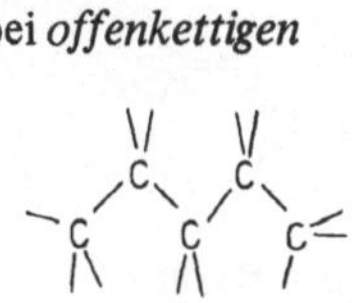   Pentan

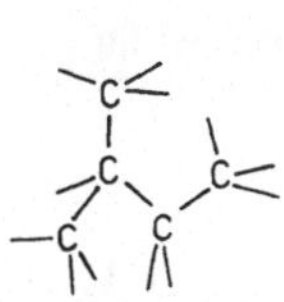

Methylbutan   Dimethylpropan   4-Ethyl-2-methyl-   1-Cyclohexylpropan
„Isopentan"   „Neopentan"   hexan

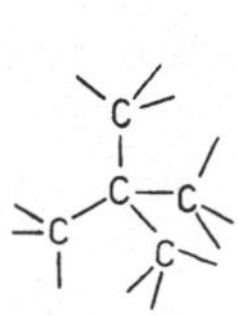

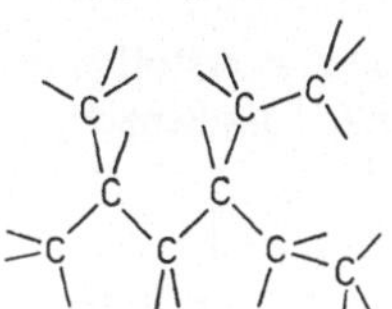

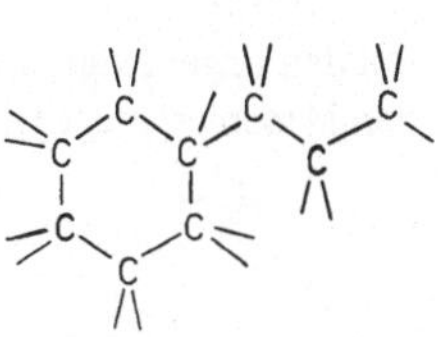

Der Einfachheit halber sind die H-Atome weggelassen und nur die Bindungen zu
ihnen gezeichnet worden. Die Zahl n der C-Atome in einem unverzweigten Alkan
C_nH_{2n+2} wird ab $n = 5$ durch den entsprechenden griechischen Zahlwortstamm angegeben. Verzweigungen der Kette kann man entweder durch Trivialpräfixe wie *iso*
oder *neo* kennzeichnen, systematischer aber dadurch, daß man die längste Kette im
Molekül von Anfang bis Ende durchnumeriert, das Alkan nach dieser Kette benennt
und für jede Verzweigungsstelle die sog. *Seitengruppen* angibt (also *Methyl* für CH_3
Ethyl für C_2H_5, *Propyl* für C_3H_7 oder allgemein *Alkyl* für C_nH_{2n+1} = R). Die für
Cycloalkane gültige Nomenklatur wird aus dem angegebenen Beispiel durchsichtig.
Die hier für einen kleinen Teil der Verbindungen der Organischen Chemie wiederge-
gebenen Nomenklaturregeln sind nur in einer für den ersten Eindruck ausreichenden
Form angedeutet! Maßgebend sind die vom *Deutschen Zentralausschuß für Chemie*
auf der Grundlage von Regeln der *International Union for Pure and Applied Chemistry*
(IUPAC) herausgegebenen *Internationalen Regeln für die chemische Nomenklatur
und Terminologie, Deutsche Ausgabe*, Band 1 (Verlag Chemie 1975). (Ein Auszug
aus den zur Benennung der nicht-organischen Verbindungen in der *Anorganischen
Chemie* gültigen Richtsätzen folgt im Abschnitt 2.6!)

Die Nomenklatur der mit Mehrfachbindungen versehenen sog. *ungesättigten Kohlenwasserstoffe*, nämlich der Alkene und Alkine, und vor allem die Übereinstimmung
ihrer Valenzstrichformeln mit der Oktettregel möge sich der Leser anhand der
folgenden ausgewählten Beispiele selbst verdeutlichen:

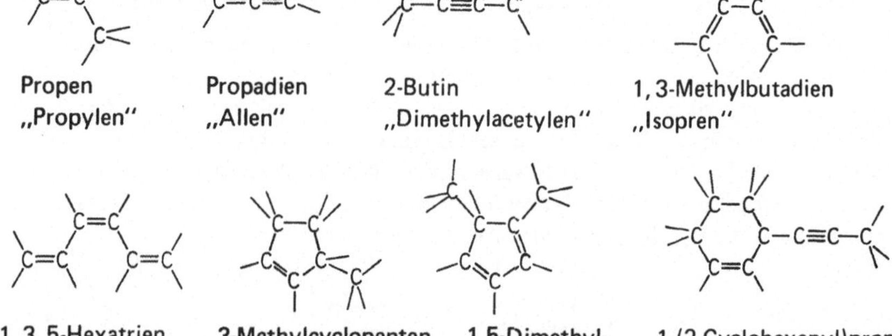

| Propen | Propadien | 2-Butin | 1,3-Methylbutadien |
| "Propylen" | "Allen" | "Dimethylacetylen" | "Isopren" |

1,3,5-Hexatrien   3-Methylcyclopenten   1,5-Dimethyl-   1-(2-Cyclohexenyl)prop
                                          cyclopentadien

Bei den ungesättigten Kohlenwasserstoffen findet sich auch das Paradebeispiel für
den Mesomeriebegriff, nämlich das Benzol:

oder: oder (noch kürzer):

Cyclische Kohlenwasserstoffe mit benzolähnlicher Mesomerie bezeichnet man auch als *aromatische* Kohlenwasserstoffe. Hier eine kleine Auswahl (nur eine Grenzformel ist jeweils dargestellt):

 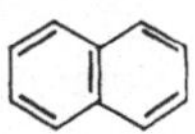 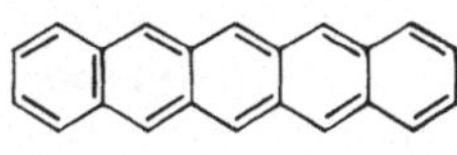

Cyclopentadienyl-Anion   Naphthalin   Phenanthren   Pentacen

Bei den Kombinationen von B mit H stimmen nur zwei Valenzstrichformeln mit der Oktettregel und mit der Wirklichkeit überein:

Das Hexahydridodiborat-Anion mit seinen ungünstigen aneinanderstoßenden Formalladungen ist instabil. Die vielen anderen bekannten BH-Verbindungen sind nicht nach dem Bindungsprinzip der Elektronenpaarbindung aufgebaut, sondern gehören zu den *Elektronenmangelverbindungen* (s. u.); das gleiche trifft für BeH_2 zu, und LiH ist ein salzartiger Festkörper (s. u.).

2.1.2. Kombinationen der Elemente der 2. Periode untereinander

Ersetzt man in den obigen Beispielen die H-Atome durch F-Atome, dann hat man bereits die möglichen Kombinationen der Elemente der 2. Periode mit F. Lediglich das FO^- und das $FO-O^-$-Anion sowie das OF_3^+- und das $N_2F_5^+$-Kation sind nicht bekannt, und bei den BF-Kombinationen gibt es neben dem BF_4^--Anion noch das BF_3:

Die Kombinationen von Li und Be mit F gehören zu den Festkörpern.

Die Verwandtschaft von H und F beim Aufbau von Molekülen ist darauf zurückzuführen, daß beiden ein Elektron zur Erreichung der Edelgasschale fehlt, so daß beide jeweils nur eine kovalente Bindung eingehen, wenn man vom Kation H_2F^+ absieht.

Folgende NO-Verbindungen stimmen mit der Oktettregel überein:

Distickstoffoxid   Distickstofftrioxid   Distickstofftetroxid   Distickstoffpentoxid

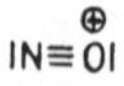

Nitroxyl-   Nitryl-Kation 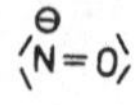   Nitroxylat-   Nitrit-Anion 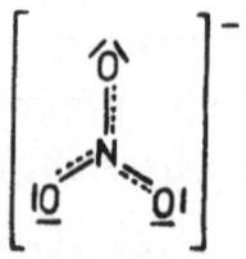   Nitrat-Anion
Kation   Anion

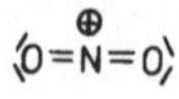

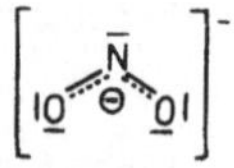

Dagegen kennt man auch NO-Verbindungen mit einer ungeraden Gesamtzahl der Valenzelektronen, sog. *Radikale,* für die sich im Prinzip keine mit der Oktettregel übereinstimmende Valenzstrichformeln konstruieren lassen; in den folgenden von formalen Ladungen freien Formeln ist das ungepaarte, *einsame* Elektron als Punkt symbolisiert:

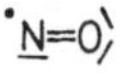

Stickstoffoxid 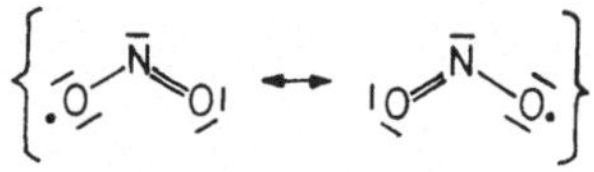   Stickstoffdioxid

Zur weiteren Einübung der Valenzstrichformel noch eine Auswahl an CO-Verbindungen:

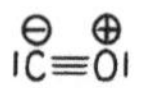

„Kohlenoxid" 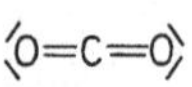   „Kohlendioxid" 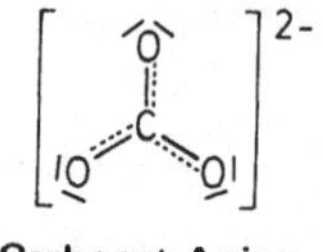   Carbonat-Anion 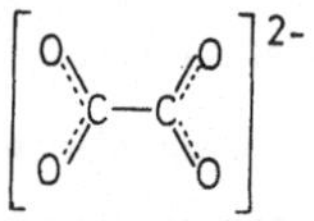   Oxalat-Anion

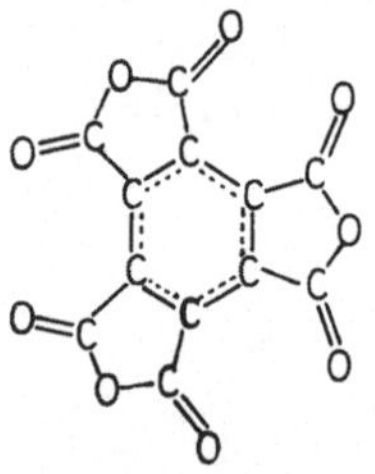

Mellithsäure-Anhydrid   Trikohlenstoff-   Quadratat-Anion
                         dioxid

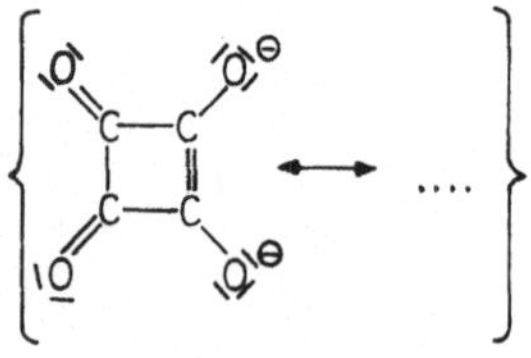

Die Kombinationen von B, Be und Li mit O führen zu den Festkörpern. Von den Molekülverknüpfungen zweier Elemente der 2. Periode fehlen noch die CN-Verbindungen, da die BN-, BeN- und LiN-Verbindungen wieder zu den Festkörpern zählen; hier die wichtigsten CN-Verbindungen:

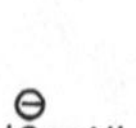

Cyanid-   Dicyan   Cyanazid   Dicyanacetylen   Tetracyanethylen
Anion

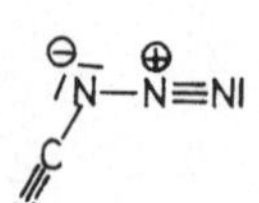

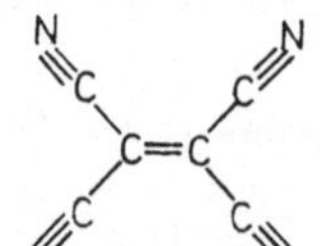

Alle bisher erwähnten Beispiele betreffen die Kombination nur zweier Elemente. Es läßt sich denken, daß es für die Kombination von mehr als 2 Elementen eine unabsehbare Flut von Möglichkeiten gibt, die aber zum allergrößten Teil — von Ausnahmen wie Radikalen oder anderen meist sehr reaktiven Molekülen oder Ionen abgesehen — mit der Oktettregel und den Prinzipien der Valenzstrichformel übereinstimmen.

Aus dem Vorstehenden geht hervor, daß Moleküle entstehen, wenn man die Nichtmetalle der 2. Periode kombiniert. Bei Kombinationen des Halbmetalls Bor mit Elementen der 1. und 2. Periode erhält man entweder Moleküle oder Festkörper, während die Kombination der Metalle mit den Nichtmetallen ausschließlich zu Festkörpern führt.

2.2. Die kovalente Bindung bei den Nichtmetallen höherer Perioden

Es läßt sich quantenmechanisch zeigen, daß bei der Ausbildung einer kovalenten Bindung außer den mit Valenzelektronen besetzten Elektronenbahnen die unbesetzten Elektronenbahnen eine Rolle spielen können, sofern sie keine wesentlich höhere Energie haben als die Valenzelektronen. Für die Elemente der 2. Periode bedeutet dies, daß nur die 2s- und die 2p-Energieniveaus, die zusammen mit 8 Elektronen besetzt werden können, eine Rolle spielen, nicht aber die energetisch viel höheren Niveaus der Hauptquantenzahl 3; auf diese (ohne die Zuhilfenahme quantenmechanischer Begriffe nur sehr vage wiederzugebende) Vorstellung stützt sich die Oktettregel.

Für die Elemente höherer Perioden trifft dies nicht zu, da beispielsweise die 3d-Niveaus für Elemente der 3. Periode schon in nicht allzu großer energetischer Ferne von den Niveaus der Valenzelektronen liegen. Die Oktettregel hat mithin bei den höheren Elementen keine strikte Gültigkeit mehr. Beschränken wir uns zur Demonstration dieses Sachverhalts auf die Kombination der nichtmetallischen Elemente der 3. Periode mit Fluor und hier insbesondere auf Verbindungen vom Typ EF_x! In den folgenden Reihen ist nur bei 5 Beispielen die Oktettregel erfüllt (bei den F-Atomen sind die jeweils 3 freien Elektronenpaare der Einfachheit halber weggelassen):

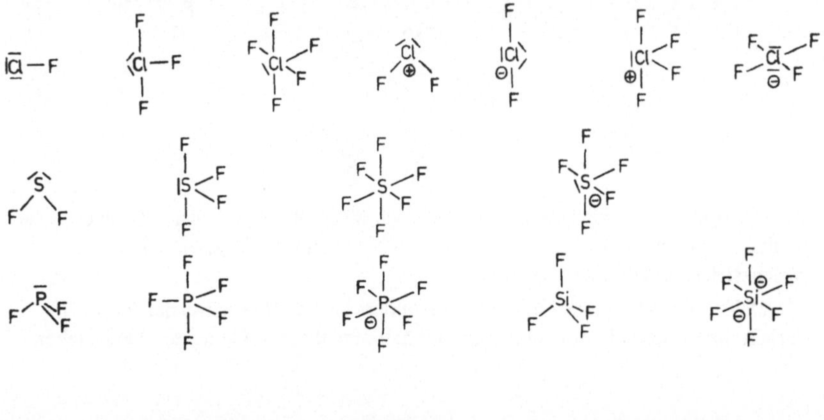

Man spricht von einem Elektronendezett des Schwefel in SF_4 usw. bzw. von einem Elektronendodezett des Schwefel in SF_6 usw. Die Kombinationen von Al, Mg und Na mit F stellen salzartige Festkörper dar.

Die bisher dargelegten Argumente reichen aus, um einzusehen, daß in den angegebenen Formeln alle Valenzelektronen bei einem Minimum an formaler Ladung untergebracht sind, und um weiterhin einzusehen, daß andere Valenzstrichformeln als die gezeichneten zu den gleichen Summenformeln nicht möglich sind. Die Argumente reichen jedoch nicht aus, um einzusehen, daß die in Valenzstrichformeln wohl ausschreibbaren Verbindungen ClF_6^-, ClF_7, SF_3^-, SF_5^+, SF_7^-, PF_4^+, PF_4^- usw. nicht bekannt und jedenfalls im Falle ihrer Existenz sehr unbeständig sind. Um diesen Sachverhalt zu verstehen, braucht man einen wesentlich größeren Aufwand an Begriffen und Sätzen, als sie bisher hier erläutert wurden.

Ein bei höheren Elementen wichtiges Prinzip ist die aus der Theorie ableitbare *Mehrfachbindungsregel:* Mehrfachbindungen können bei den Nichtmetallen der 3. Periode und höherer Perioden nur in Verbindung mit den Elementen O, N und C auftreten. Hierzu wichtige Beispiele und (im Falle von S_2F_2) die einzige bisher bekannte, vermutliche Ausnahme:

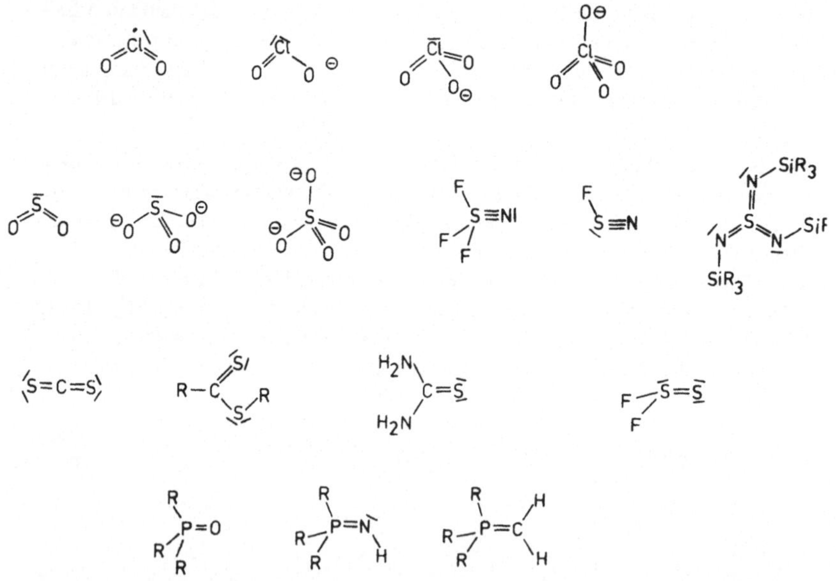

So wichtige Fragen, wie z. B. die, warum zwar Moleküle FSN und F_3SN, aber keine analog aufgebauten Moleküle HSN oder F_2PN bekannt sind, lassen sich aus den Valenzstrichformeln nicht ableiten.

Die Mehrfachbindungsregel muß man besonders bei der Diskussion der Bindungsverhältnisse in den nichtmetallischen und halbmetallischen Elementen heranziehen.

Die Elemente der Gruppe 7B sowie Sauerstoff und Stickstoff liegen bei Raumtemperatur inform zweiatomiger Moleküle und zwar – bis auf das flüssige Brom
und das feste Iod – in gasförmigem Aggregatzustand vor. Da die höheren Homologen von Sauerstoff und Stickstoff in den Gruppen 6B und 5B keine Mehrfachbindungen untereinander ausbilden können, gelangen die höheren Chalkogene
durch kovalente Bindungen eines jeden Atoms an je 2 Nachbaratome unter Kettenbildung und die höheren Elemente der Gruppe 5B durch kovalente Bindungen eines
jeden Atoms an 3 Nachbaratome unter Vernetzung zur Erfüllung der Oktettregel,
und ganz entsprechend gehen bei den Halbmetallen der Gruppe 4B von jedem
Atom 4 kovalente Bindungen zu 4 Nachbaratomen aus, so daß eine Raumvernetzung
bewirkt wird. Von allen Elementen der Gruppen 4B bis 6B, die in höheren als der
2. Periode stehen, sind bei Raumtemperatur Festkörperstrukturen stabil, die durch
eine 1 dimensionale (Gruppe 6B), 2 dimensionale (Gruppe 5B) bzw. 3. dimensionale (Gruppe 4B) kovalente Verknüpfung von beliebig großer Reichweite charakterisiert sind (s. Abschnitt 3); die einzige Ausnahme bildet der Schwefel, bei dem
die Kettenlänge durch die Ausbildung ringförmiger, aus 8 Schwefelatomen aufgebauter Moleküle begrenzt ist. Die Ausbildung von Schwefel-, Selen- und Tellur-
ketten ist energetisch weniger ungünstig als bei Sauerstoff, da die sich abstoßenden
Elektronenpaare bei den aus größeren Atomen aufgebauten Ketten weiter voneinander entfernt sind als in den hypothetischen Sauerstoffketten. Der Umstand, daß
die aus Molekülen aufgebauten Substanzen Schwefel und Iod bei Raumtemperatur
ebenso in fester Form anfallen wie die Elemente mit unbegrenzter kovalenter Atom-
verknüpfung, stellt keinen Widerspruch dar: Die genannten Moleküle werden im
Festkörperverband nur durch schwache Bindungen 2. Art zusammengehalten (s.
Abschnitt 3).

2.3. Die kovalente Bindung bei den Metallen

2.3.1. Normale Moleküle und Molekülionen

Wenn die Kationen typischer Metalle (z. B. K^+) mit den Anionen typischer Nichtmetalle (z. B. F^-) eine Verbindung eingehen, so geschieht dies, indem sich ein überwiegend durch elektrostatische Kräfte zusammengehaltenes, festes salzartiges *Ionengitter* (z. B. der Formel KF) ausbildet (s. u.). Bei hoher Temperatur, in der Regel
oberhalb 1 000 K, lassen sich die festen Salze verdampfen. In der Gasphase liegen
dann meist einfache Moleküle vor (z. B. das Molekül KF). Ob diese Moleküle – so
wie die Ionen im Festkörper – überwiegend durch elektrostatische (im Sinne einer
Schreibweise K^+F^-) oder durch kovalente Bindungskräfte (im Sinne einer Schreibweise K-F mit einer Art Vollbesetzung der 4s-Unterschale von K) zusammengehalten werden, ist im allgemeinen nicht bekannt.

Der elektrostatische Charakter der Bindungen in Salzen macht einem kovalenten
Bindungsanteil umso mehr Platz, je größer der Radien- und der Ladungsunterschied
zwischen Kation und Anion ist. Man kann sich diesen Übergang als eine Art Herüberziehen der großen Anion-Elektronenhülle zum kleinen und hochgeladenen

Kation vorstellen, eine Vorstellung, die man *Polarisation* nennt. Diese Polarisation kann so weit gehen, daß Metall-Nichtmetall-Verbindungen nicht nur in der Gas-, sondern auch in der festen Phase aus Molekülen aufgebaut sind, wenn nur die *Kationen,* aus denen man sich die Moleküle hervorgegangen denkt, genügend hochgeladen sind und mit den *Anionen* keine Redoxreaktionen eingehen (s. u.). Im allgemeinen kann man Kationen der Ionenladung 4 als genügend hochgeladen für die Entstehung von Einfachbindungen mit einfach negativ geladenen Anionen, vor allem mit F^- und auch mit Cl^-, ansehen, während es zur Entstehung von Doppelbindungen erst mit höher geladenen *Kationen* kommt, vor allem mit dem O^{2-}-Anion als Partner.

Man kann sich leicht klar machen, daß in den folgenden Molekülen und Molekülionen das Metall alle Valenzelektronen in die kovalenten Bindungen einbringt und daß alle beteiligten Metalle eine Ionenladung zwischen 4 und 8 aufweisen, wenn man die Moleküle in Metall-Kationen und Nichtmetall-Anionen mit Edelgas-Elektronenkonfiguration zerlegt (in den Beispielen mit Doppelbindung ist jeweils nur eine der möglichen mesomeren Grenzformeln gezeichnet):

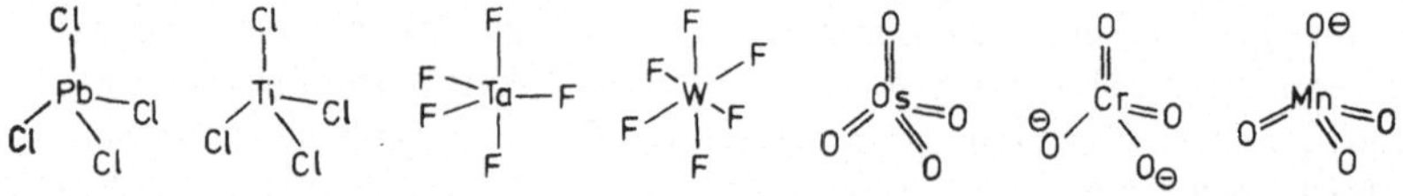

Viele d-Metalle betätigen in Metallfluor- und Metallchlor-Molekülen nicht alle Valenzelektronen. Beim Zeichnen der Valenzstrichformeln ist es nicht üblich, die nicht in Bindungen beanspruchten überzähligen d-Valenzelektronen eines Übergangsmetalls inform von Elektronenpaarstrichen oder inform von Punkten für ungepaarte Elektronen anzugeben, schon deswegen nicht, weil man erst bindungstheoretische Überlegungen anstellen muß, um herauszufinden, ob die freien d-Elektronen gepaart oder ungepaart vorliegen. Der Leser möge die Zahl der freien d-Elektronen in den folgenden Beispielen selbst ermitteln:

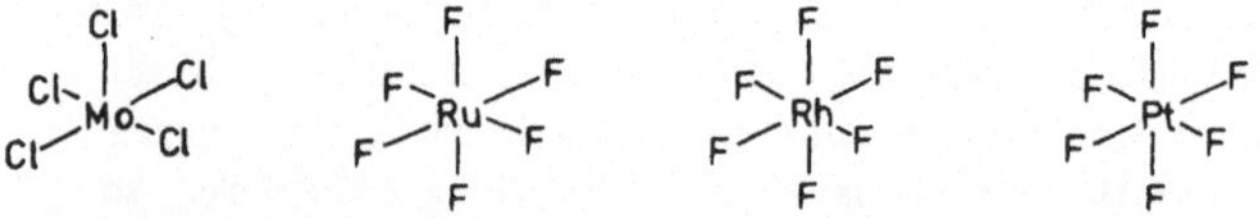

Im übrigen sind in der Chemie keine Moleküle bekannt, in denen ein Atom bei der Bildung kovalenter Bindungen neben seinen Valenzelektronen auch *innere* Elektronen beansprucht (wie man es sich z. B. bei den nicht existierenden Molekülen vom Typ CF_5, TiF_5, WF_7 usw. denken müßte, wenn man sie aus Atombindungen aufbauen wollte).

Bei den d-Metallen hat die für die Nichtmetalle höherer Perioden aufgestellte Mehrfachbindungsregel ebenso wie das bei den Nichtmetallen gültige Verbot von Vierfachbindungen keine absolute Gültigkeit mehr, wie beispielsweise der Aufbau der Anionen $Re_2Cl_8^{2-}$ und $Re_3Cl_{12}^{3-}$ — nur im letzteren erreicht Re die Edelgasschale — lehrt:

Beiden Anionen liegen — im Gegensatz zu den Beispielen weiter oben — Re-Kationen der geringen Ionenwertigkeit 3 + zugrunde, so daß man diese Ionen auch den *Komplexen* zurechnen kann (s. u.). Geschlossene Anordnungen mit mehr als 2 aneinander gebundenen Elementen (wie z. B. beim $Re_3Cl_{12}^{3-}$) bezeichnet man als *Cluster*.

2.3.2. Komplexe Moleküle und Molekülionen

Man kann sich das Molekül HCl im Prinzip auf zweierlei Arten aus 2 Partikeln entstanden denken, die sich durch die folgenden Reaktionsgleichungen symbolisieren lassen:

$$H^+ + Cl^- \rightarrow H\text{–}Cl$$
$$H\cdot + \cdot Cl \rightarrow H\text{–}Cl$$

Bei der ersten Gleichung handelt es sich um eine Säure-Base-Reaktion (s. Abschnitt 5), bei der zweiten Gleichung liegt eine Redoxreaktion vor (s. Abschnitt 6). Dem fertigen Molekül HCl merkt man jedoch die Herkunft seiner Bindungselektronen nicht an, nämlich ob sie beide von einem Partner oder ob sie von beiden Partnern stammen. Nun kennt man Moleküle, deren Bindungen vorzugsweise durch Säure-Base-Reaktionen aufgebaut werden, und andere, die bevorzugt aus Redoxreaktionen hervorgehen; zu den letzteren gehören die im Abschnitt 2.3.1 erwähnten Moleküle mit metallischem Zentralatom. Im ersten Fall nennt man die kovalenten Bindungen in derartigen Molekülen auch *koordinative Bindungen* und die Moleküle selbst *Koordinationsverbindungen*.

Wie fragwürdig dieser neue Begriff werden kann, mag folgendes Beispiel lehren: Das Molekül BF_3 ist keine Koordinationsverbindung, jedoch kann man es mit F^- zu einer Koordinationsverbindung umsetzen:

Also ist eine der Bindungen im BF_4^--Anion eine koordinative Bindung, die anderen Bindungen sind es nicht; andererseits stellen sich die 4 BF-Bindungen im BF_4^--Anion vom Experiment aus als völlig gleichartig dar, so daß unser Koordinationsbegriff hier sinnlos erscheint. Dennoch ist dieser Begriff von allgemeiner Bedeutung und befindet sich in regem Gebrauch.

Am weitesten verbreitet sind koordinative Bindungen bei den Kombinationen der d- oder f-Metall-Kationen M^{n+} mit k neutralen Molekülen L oder mit k Atom- oder Molekülanionen L^{m-} zu Molekülionen ML_k^{n+} bzw. $ML_k^{(n-km)+}$, wobei das an einer koordinativen Bindung beteiligte Elektronenpaar jeweils vom *Liganden* L stammt. Man bezeichnet derartige Ionen als *Komplexionen* oder kurz als *Komplexe* und zwar im engeren Sinne, da unter *Komplexen* im weiteren Sinne alle Koordinationsverbindungen verstanden werden (also z. B. auch das oben erwähnte BF_4^-).

Am häufigsten bilden Metallionen mit einer Ionenladung von $n = 2$ und $n = 3$ Komplexe, es sind aber auch Komplexe mit n-Werten von 0, 1 oder 4 bekannt. Die *Koordinationszahl k,* das ist die Zahl der das *Zentralatom* M umgebenden Liganden, beträgt meist 4 oder 6, aber auch k-Werte von 2, 3, 5, 7, 8 und 9 wurden beobachtet. Als neutrale Liganden L, die definitionsgemäß ein freies Elektronenpaar zum Eingehen der koordinativen Bindungen haben müssen, sind u. a. folgende Moleküle bekannt (R steht als Symbol für einen Kohlenwasserstoff-Rest, besonders den Alkylrest C_nH_{2n+1}, wobei R im Grenzfall $n = 0$ auch H bedeuten kann):

$$R_2O, R_2S, NR_3, PR_3, AsR_3, N_2, CO.$$

Häufiger sind anionische Liganden:

$$H^-, F^-, Cl^-, Br^-, I^-, RO^-, NR_2^-, CN^-, NO_2^-, NO_3^-, SO_4^{2-}, C_2O_4^{2-} \text{ u.a.m.}$$

Unter den sehr seltenen kationischen Liganden ist NO^+ der wichtigste.

Die Bindungsverhältnisse bei Komplexen sind auch heute noch der Gegenstand eingehender Untersuchungen, nachdem seit dem Jahre 1922, dem Geburtsjahr der ersten quantitativen Theorie über Komplexe, abwechselnd elektrostatischen und kovalenten Bindungsmodellen der Vorzug gegeben worden war. In der Tat liegt es nahe, zunächst an elektrostatische Bindungskräfte zu denken, wenn Kationen mit Anionen reagieren, zumal man elektrostatische Kräfte auch zwischen Kationen und jenen Neutralmolekülen annehmen kann, die – wie z. B. NH_3 – ein permanentes Dipolmoment haben (s. u.); bei Liganden, die wie N_2 kein oder wie CO fast kein Dipolmoment aufweisen, wird das elektrostatische Modell gegenstandslos. Die heute mit allen Experimentalbefunden am besten übereinstimmende Auffassung über die Bindung in Komplexen ist die, daß im allgemeinen eine mehr oder weniger ausgeprägte kovalente koordinative Bindung vorliegt, die aber durch mehr oder weniger starke elektrostatische Bindungsanteile verstärkt wird.

Die Vorstellung einer kovalenten Bindung ist besonders in den Fällen nützlich, wo die *Edelgasregel der Komplexe* angewendet werden kann, die aussagt, daß ein Komplex dann besonders stabil ist, wenn die Valenzelektronen des Metallions und die koordinativen Bindungselektronen gerade die Elektronenzahl eines Edelgases ergeben. Man sieht leicht ein, daß nur in der linken Reihe der folgenden Komplexe die Edelgasregel erfüllt ist:

Komplex	n	m	k	Komplex	n	m	k
$[Cu(CN)_4]^{3-}$	1+	1−	4	$[Ni(CN)_4]^{2-}$	2+	1−	4
$Co(CO)_3(NO)$	1−	0,1+	4	$[FeCl_4]^-$	3+	1−	4
$Ni(CO)_4$	0	0	4	$[PtCl_4]^{2-}$	2+	1−	4
$[Ni(CN)_4]^{4-}$	0	1−	4	$PtCl_2(NH_3)_2$	2+	0,1−	4
$[Co(CO)_4]^-$	1−	0	4	$V(CO)_6$	0	0	6
$[Co(CO)_3(PR_3)_2]^+$	1	0,0	5	$[Fe(CN)_6]^{3-}$	3+	1−	6
$Fe(CO)_5$	0	0	5	$[RuCl_5(H_2O)]^{2-}$	3+	0,1−	6
$[Co(NH_3)_6]^{3+}$	3+	0	6	$[TaF_7]^{2-}$	5+	1−	7
$[Fe(CN)_6]^{4-}$	2+	1−	6	$[Re(CN)_8]^{2-}$	6+	1−	8
$[ReH_9]^{2-}$	7+	1−	9	$[Ag(S_2O_3)_2]^{3-}$	1+	2−	2

Da die mehr oder weniger „freien" Kationen Ta^{5+}, Re^{6+} bzw. Re^{7+} nicht existieren, kann man die 3 entsprechenden Beispiele nur deshalb den Koordinationsverbindungen zurechnen, weil man sie sich aus dem oben erwähnten, in der Gasphase existenten TaF_5 bzw. aus den hypothetischen Spezies $Re(CN)_6$ und ReH_7 durch koordinative Anlagerung von je 2 F^--, CN^-- bzw. H^--Ionen entstanden denken kann, eine Vorstellung, die oben für BF_4^- kritisiert wurde. Mit demselben Recht, mit dem man − wie oben schon erwähnt − die Ionen $[Re_2Cl_8]^{2-}$ und $[Re_3Cl_{12}]^{3-}$ als komplexe Ionen ansehen kann, wäre es berechtigt, ein Ion wie $[ReH_9]^{2-}$ nun umgekehrt als *normal* zu klassifizieren, allein es widerspricht dies der Gewohnheit. Der Leser möge sich mit der Einsicht bescheiden, daß die Klassifizierung weitgehend kovalenter, d-Metall-haltiger Moleküle oder Molekülionen als *normal* oder *komplex* eine ungenaue ist und stark von der Tradition und der sprachlichen Mode abhängt.

Selbstverständlich kann man die Valenzstrichformel auch bei Komplexen anwenden, wie für vier der obigen Beispiele demonstriert sei:

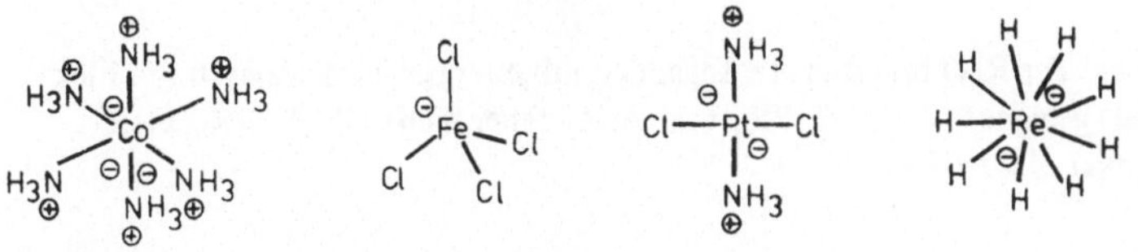

Beim Aufstellen der Valenzstrichformel für CO-Komplexe muß man einen experimentell nachweisbaren Effekt bedenken, der bei allen Liganden, in denen das koordinierende Atom an Mehrfachbindungen beteiligt ist, anzutreffen ist und zwar handelt es sich um Metall-Ligand-Doppelbindungsanteile, die durch eine Rückkoordinantion von d-Elektronen des Zentralatoms zum Liganden, die sog. *koordinative*

Rückbindung, zustande kommen. Um diesen Effekt in Valenzstrichformeln auszu-
drücken, eignet sich die Mesomerieschreibweise:

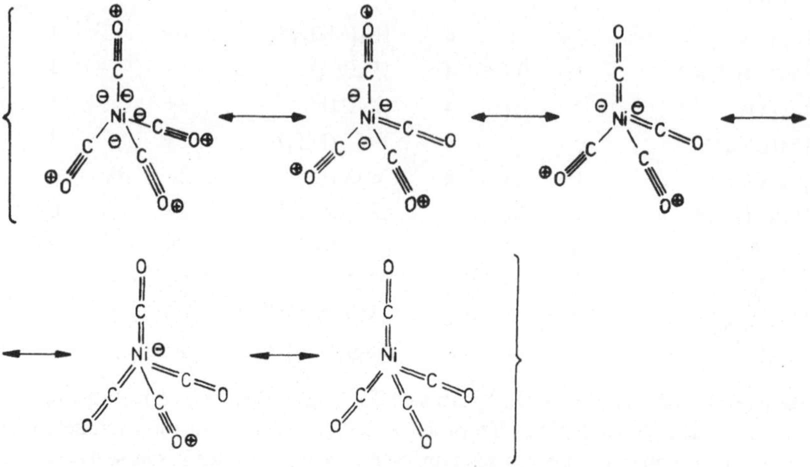

Von den 5 verschiedenen Sorten der insgesamt 16 Grenzformeln ist jeweils nur ein
Prototyp gezeichnet. Nach den Regeln der Mesomerielehre sollte die ladungsfreie
Formel zwar die beste sein, jedoch kann man die Mesomerielehre in ihrer oben ange-
deuteten simpelsten Form bei Verbindungen der Übergangsmetalle nicht ohne
bindungstheoretische Vorbehalte anwenden, die hier im einzelnen zu diskutieren
zu weit führen würde.

Außer CO kommen als zur koordinativen Rückbildung befähigte Liganden zunächst
die mit CO *isoelektronischen* Moleküle und Ionen in Betracht, das sind solche, die
bei gleicher Gesamtelektronenzahl die gleiche Valenzstruktur haben wie CO:

Außerdem sind zur Rückbindung alle Liganden mit energietiefen unbesetzten Elek-
tronenniveaus geeignet, also z. B. PR_3 und AsR_3 (aber nicht NR_3), SiR_3^-, GeR_3^-
und SnR_3^- (aber nicht CR_3^-):

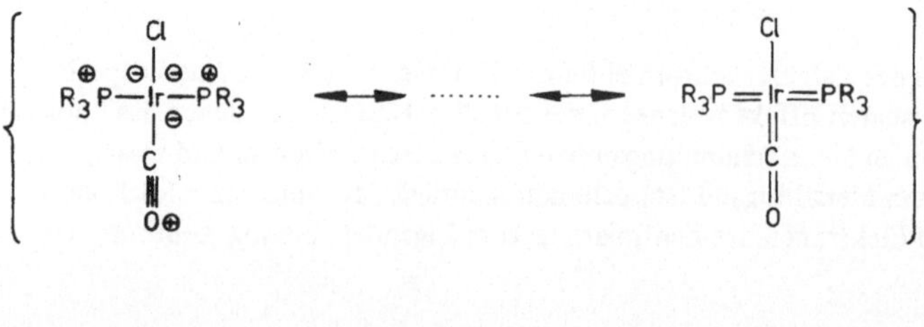

Wenn Liganden mehrere freie Elektronenpaare in einem zur Koordination mit einem Zentralion geeigneten Abstand aufweisen, dann nennt man sie *mehrzähnig*. Die Zähnigkeit oder *Dentabilität* kann dabei Werte von 2 bis 6 annehmen. Die mit mehrzähnigen Liganden gebildeten Komplexe heißen auch *Chelate* und sind besonders stabil (*Chelateffekt*). Am wichtigsten sind die zweizähnigen Liganden; hier einige Beispiele:

| Ethylendiamin „en" | Acetylacetonat-Ion „acac" | 2,2'-Bipyridyl „bipy" | o-Phenylen-bis(dimethylarsin) „diars" | Sulfat |

Man kann sich klarmachen, daß das 6fach koordinierte Zentralatom in den Beispielen $[Co(en)_3]^{3+}$, $Co(acac)_3$, $[Ru(bipy)_3]^{2+}$ und $[RhCl_2(diars)_2]^+$ eine Edelgaskonfiguration erreicht, nicht aber in den Beispielen $Mn(acac)_3$, $[V(bipy)_3]^+$, $ReCl_2(diars)_2$ und $[Cr(SO_4)_3]^{3-}$.

Von den höherzähnigen Liganden sei nur einer, nämlich das 4fach negativ geladene 6-zähnige Anion der Ethylendiamintetraessigsäure („EDTA"), wegen seiner Bedeutung in der Analytischen Chemie erwähnt und als Beispiel der Komplex $[Ca(EDTA)]^{2-}$ als Elektronenstrichformel gezeichnet:

Nachdem die Komplexe definiert, die für sie gültige Edelgasregel erläutert sowie die koordinative Rückbindung und die Mehrzähnigkeit der Liganden erklärt worden sind, fehlt zum Abschluß dieses Abschnitts noch der Hinweis auf die Existenz *mehrkerniger Komplexe,* das sind Komplexe, die mehrere Zentralatome enthalten. Das beispielhafte Anführen zweier zweikerniger, eines dreikernigen und eines sechskernigen Komplexes möge genügen. Man mache sich klar, daß im 1. und 3. Beispiel bei Co bzw. Os die Edelgaskonfiguration erreicht wird und daß $Os_3(CO)_{12}$ und $[Mo_6Cl_8]^{4+}$ zu den *Clustern* zählen. (Bei $[Mo_6Cl_8]^{4+}$ ist zur besseren Übersicht nur eines der 8 jeweils oberhalb der 8 Dreieckseiten des Oktaeders liegenden, jeweils an 3 Mo-Atome gebundenen Cl-Atome gezeichnet.)

2.4. Die Mehrzentrenbindung

Die bisher behandelten Elektronenpaarbindungen verknüpfen jeweils 2 Atome und können daher als *Zweizentrenbindungen* bezeichnet werden. Streng genommen — nämlich vom Standpunkt der allgemeinen Theorie aus — sind bindende Elektronen nur dann an zwei Zentren *lokalisiert,* wenn das gesamte *quantenmechanische System* (sprich: das Molekül) nur 2 Atome enthält; jedoch ist auch bei Molekülen, die aus mehr als 2 Atomen bestehen, eine Lokalisierung der Elektronen zwischen je 2 Zentren ohne Wechselwirkung zwischen den Elektronen verschiedener Bindungen dann ein guter Näherungsstandpunkt der allgemeinen Theorie, wenn es sich um die oben behandelten Beispiele ohne Mesomerie handelt. Bei den Beispielen mit Mesomerie sagt man in der Sprache der Theorie von den über mehrere Zentren verteilten Elektronen, sie seien *delokalisiert.* In allen oben abgehandelten Beispielen handelte es sich bei den punktierten, über mehrere Zentren verteilten *Mehrzentrenbindungen* um jene Mehrfachbindungsanteile, die neben Zweizentrenbindungen mit lokalisierten Elektronen zusätzlich vorhanden waren. Übrigens nennt man lokalisierte Zweielektronen-Einfachbindungen aus theoretischen Gründen auch *σ-Bindungen,* während die lokalisierten oder delokalisierten, über eine Einfachbindung hinausgehenden Mehrfachbindungsanteile *π-Bindungen* (in überaus seltenen Fällen auch *δ-Bindungen*) heißen.

Im folgenden werden solche Mehrzentrenbindungen behandelt, bei denen die beteiligten Zentren nicht auch durch lokalisierte Zweizentrenbindungen verknüpft sind. Handelt es sich bei den durch Mehrzentrenbindungen verknüpften Zentren um eine offene Kette, so spricht man von *offener Mehrzentrenbindung,* im Falle von cyclisch oder polyedrisch angeordneten Zentren spricht man von einer *geschlossenen Mehrzentrenbindung.*

Das bekannteste Beispiel für die offene Dreizentrenbindung bietet das Diboran B_2H_6. Zur Symbolisierung der Bindungsverhältnisse benutzt man denselben Formalismus wie oben:

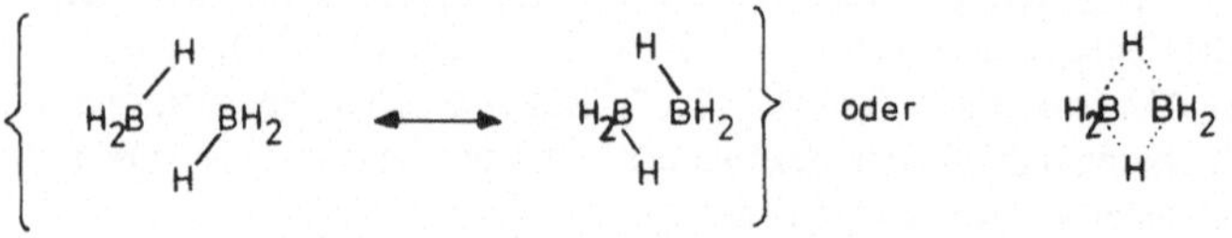

Die offene Dreizentrenbindung B···H···B, bei der 3 Zentren durch 2 Elektronen verknüpft werden, ist in der Chemie der BH-Verbindungen sehr verbreitet. Finden sich im B_2H_6 nur zwei solcher Bindungen, so sind es im B_4H_{10}, im B_5H_9 und im $B_{10}H_{14}$ jeweils vier.

Auch das C-Atom kann in offene Dreizentrenbindungen eingebaut sein. Als Beispiel hierfür sei das Hexamethyldialuminium angeführt:

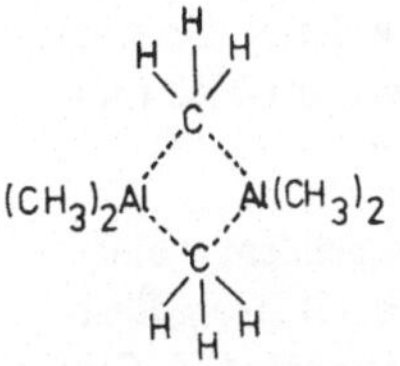

Der geschlossenen Dreizentrenbindung begegnet man u. a. in zahlreichen Borverbindungen. Als einfaches Beispiel sei das Molekül B_4Cl_4 erläutert! Dabei ist es nützlich, etwas über die räumliche Anordnung der diskutierten Atome zu sagen, ein Gesichtspunkt, der bisher nur beim $[Mo_6Cl_8]^{4+}$ erwähnt wurde und der für Moleküle im Abschnitt 2.8 systematisch behandelt wird. Im B_4Cl_4 sitzen die 4 B-Atome an den Ecken eines Tetraeders und geben einfache Zweizentrenbindungen zu den 4 Chloratomen, die man sich an den Ecken eines das B-Tetraeder umgebenden größeren Tetraeders denken kann:

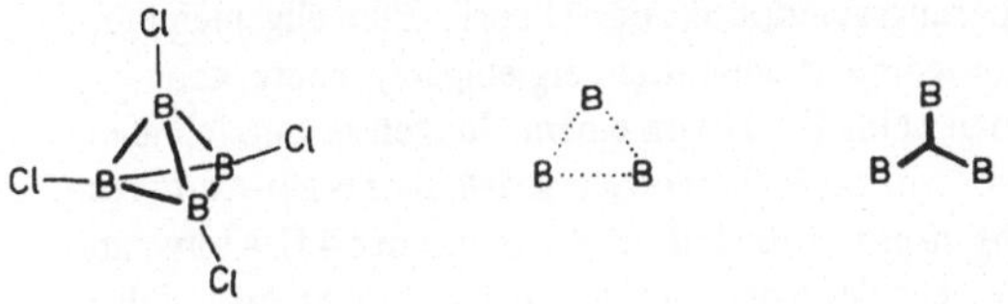

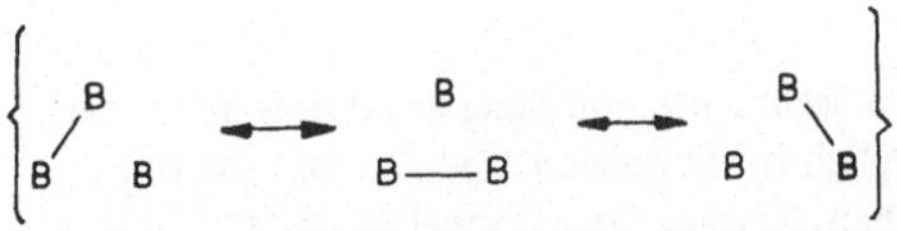

Die 3 B-Atome einer Tetraederseite kann man sich durch 2 Elektronen aneinander gebunden denken, so daß das ganze B_4-Tetraeder durch 4 Dreizentrenbindungen mit insgesamt 8 Elektronen zusammengehalten wird; die restlichen 4 der insgesamt 12 von den 4 Boratomen stammenden Valenzelektronen werden für die 4 BCl-Bindungen verbraucht. Man symbolisiert geschlossene Dreizentrenbindungen durch die Punktschreibweise und durch die Schreibweise mit einer Dreistrichbindung (s. o.), während die ebenfalls angegebene Mesomerieschreibweise nicht in Gebrauch ist. Für den Ungeübten besonders verwirrend ist es, daß am häufigsten eine dritte Schreibweise angewendet wird: man verknüpft die betroffenen Zentren — so wie oben links — durch volle Striche, so daß in einer solchen Formel der Leser selbst entscheiden muß, welcher Strich eine Elektronenpaarbindung und welcher Strich eine *Elektronenmangelbindung* mit weniger als 2 Elektronen (im B_4Cl_4-Beispiel mit 4/3 Elektronen) bedeutet.

Ebenfalls aus 8 Dreizentrenbindungen aufgebaut kann man sich das Cluster-Kation
$[Nb_6Cl_{12}]^{2+}$ denken: Im oktaedrischen Nb_6^{14+}-Gerüst sind 6 Nb-Kationen durch 8
Dreizentrenbindungen — in jeder Oktaederseite eine — mit zusammen 16 Elektronen
verknüpft; die Cl-Atome verbrücken 2 Nb-Atome vermittelst zweier freier Elektronenpaare parallel zu den Kanten, so daß die 12 Cl-Atome ein Kuboktaeder bilden (nur
1 Cl-Atom ist gezeichnet!).

Als Beispiel einer Vierzentrenbindung sei das $Li_4(CH_3)_4$ skizziert, bei dem je eine
der CH_3-Gruppen an die 3 Li-Atome einer Seite des Li_4-Tetraeders mit einem Elektronenpaar gebunden ist (in die Skizze ist zur besseren Übersicht nur eine CH_3-Grup-
pe eingezeichnet).

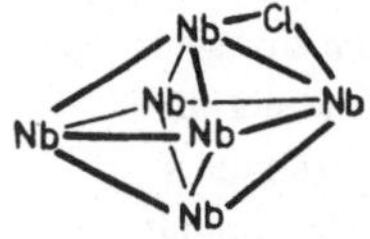
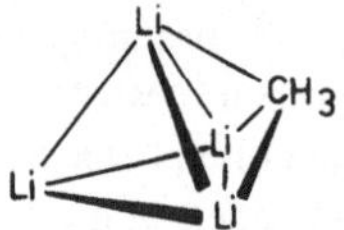

Von der allgemeinen Theorie aus gesehen, entspricht das Zusammensetzen der
zitierten Beispiele B_4Cl_4, $[Nb_6Cl_{12}]^{2+}$ und $Li_4(CH_3)_4$ aus Drei- bzw. Vierzentren-
bindungen einem speziellen Näherungsstandpunkt der Theorie. Eine allgemeinere,
aber in ihren quantitativen Befunden nicht wesentlich ergiebigere, theoretische
Behandlungsweise ist die, daß man beim B_4Cl_4 von einem Vierzentrenmodell aller
4 B-Atome, beim $[Nb_6Cl_{12}]^{2+}$ von einem Sechszentrenmodell aller 6 Nb-Atome und
beim $Li_4(CH_3)_4$ von einem Achtenzentrenmodell der 4 Li- und der 4 C-Atome ausgeht und die 8 bzw. 16 bzw. 8 Valenzelektronen als über das gesamte Gerüst delokalisiert betrachtet.

Der Vollständigkeit halber muß noch die Mehrzentrenbindung erwähnt werden, die
zwischen d-Metallen und Aromaten möglich ist. Beispielsweise kann man die Bindung zwischen Benzol und Chrom in einem Komplex der Formel $(C_6H_6)Cr(CO)_3$
als eine hexagonal-pyramidale Siebenzentrenbindung zwischen den 6 C-Atomen
des Benzols und dem Cr-Atom auffassen, an der sich die 6 mesomeren Elektronen
des Benzols und die d-Elektronen von Cr beteiligen. Man nennt derartige Komplexe
Aromaten-Metall-π-Komplexe. Besonders wichtig ist das Cyclopentadienid-Anion
$C_5H_5^-$ („Cp") als aromatischer Ligand von d-Metallen. Man macht sich leicht klar,
daß die Zentralatome in $(C_6H_6)Cr(CO)_3$ bzw. in Cp_2Fe die Krypton-Schale aufweisen.

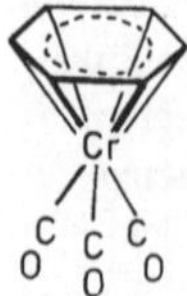

Benzolchrom-
tricarbonyl

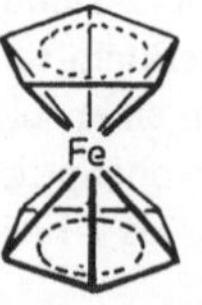

Bis(cyclopenta-
dienyl)eisen
„Ferrocen"

2.5. Die Polarität kovalenter Bindungen

Die Bindung zwischen gleichen Atomen, wie sie beispielsweise in den Molekülen H_2, F_2, O_2 oder N_2 vorliegt, ist *unpolar*, d. h. die Bindungselektronen sind zwischen den beiden Atomen gleichmäßig verteilt. Sind jedoch verschiedene Atome aneinandergebunden, wie beispielsweise in den Molekülen CO, NO oder ClF, so ist die Bindung mehr oder weniger *polar,* da die Atomkerne aufgrund ihres Kernladungsunterschieds die Elektronen mehr oder weniger stark anziehen. Man sagt vom stärker die Elektronen anziehenden Bindungspartner, er sei *elektronegativer,* der andere *elektropositiver.* Ist ein Atom A an ein elektronegativeres Atom B gebunden, so bildet sich im Atom A ein positiver, im Atom B ein negativer Schwerpunkt elektrischer Ladung; diese Ladungen nennt man die positive bzw. die negative Partialladung $\delta +$ bzw. $\delta -$; die Polarität des bindenden Elektronenpaares kann man durch einen keilförmigen Valenzstrich symbolisieren:

$$\delta + \qquad \delta -$$
$$A \blacktriangleleft B$$

Bei mehratomigen Molekülen ist die Polarität einer Bindung nicht ohne Einfluß auf die Polarität von Nachbarbindungen. Machen wir uns dies am Beispiel der CC-Bindungen von Ethan, 1,1,1,-Trichloroethan und Hexachloroethan klar:

Das C-Atom ist nur wenig elektronegativer als das H-Atom, das Cl-Atom jedoch in hohem Maße elektronegativer als das C-Atom; ziemlich unpolaren CH-Bindungen stehen also sehr polare CCl-Bindungen gegenüber. Für die CC-Bindungen bedeutet dies, daß im Trichloroethan das „elektronenarme" Cl-gebundene C-Atom vom anderen C-Atom Elektronen herüberzieht, während sich in den beiden anderen Ethanen der Einfluß der C-Liganden aufhebt und damit die CC-Bindung unpolar bleibt.

2.5.1. Das Dipolmoment von Molekülen

Wenn in einem Molekül AB im Abstand l Schwerpunkte mit entgegengesetzt gerichteter Ladung vom Betrag δ bestehen, dann liegt im Molekül ein Dipolmoment μ vor:

$$\mu = \delta\, l \,[\text{Cm}]$$

Statt der Einheit 1 Cm des Dipolmomentes benutzt man bei Molekülen meist die Einheit 1 D (*Debye*), wobei gilt: $1\,D = 3,33 \cdot 10^{-30}$ Cm. Zur Veranschaulichung: Zwei entgegengesetzt gerichtete Elementarladungen im molekularen Normalabstand 10^{-10} m = 100 pm erzeugen ein Dipolmoment von 4,80 D! Der Vektor μ ist parallel zum Vektor l von $\delta -$ nach $\delta +$ gerichtet!

Dem Grenzfall einer völlig unpolaren kovalenten Bindung $A-A$ steht der Grenzfall einer völlig polaren, ausschließlich durch elektrostatische Kräfte bewirkten Ionenbindung A^+B^- gegenüber. Für diesen Grenzfall läßt sich durch Einsetzen der Elementarladung und des gemessenen AB-Abstandes ein Dipolmoment μ_0 berechnen. Errechnet man für polare kovalente Moleküle AB die fiktive Größe μ_0 und vergleicht sie mit dem gemessenen Dipolmoment μ, dann ergibt sich ein Ausdruck für den *prozentualen Ionencharakter* durch die Größe $100\,\mu/\mu_0$. Für die Hydrogenhalogenide HHal findet man beispielsweise:

HHal	l(pm)	μ_0(D)	μ(D)	proz. Ionenchar. (%)
HF	92	4,42	1,9	43
HCl	127,5	6,12	1,03	17
HBr	143	6,86	0,74	11
HI	162	7,78	0,38	5

Die besonders ausgeprägte Kovalenz in HI entspricht der oben entwickelten Vorstellung der Polarisation: H^+ kann die *weiche* Elektronenhülle des großen I^--Anions viel stärker deformieren als die *harte* Hülle des kleinen F^--Anions.

Bei mehratomigen Molekülen kann man sich das Dipolmoment vektoriell aus den *Bindungsmomenten* der einzelnen Bindungen zusammengesetzt denken. Leider beeinflussen sich die Bindungsmomente untereinander in einer Weise, die es nicht ermöglicht, die Standardwerte der Momente aller wichtigen Bindungen zu tabellieren, um aus derartigen Tabellen bei bekannter räumlicher Anordnung der Atome die Dipolmomente von Molekülen berechnen zu können. Zur Illustrierung dieses Sachverhalts seien die beiden pyramidal gebauten (s. Abschnitt 2.8) Moleküle NH_3 und NF_3 verglichen:

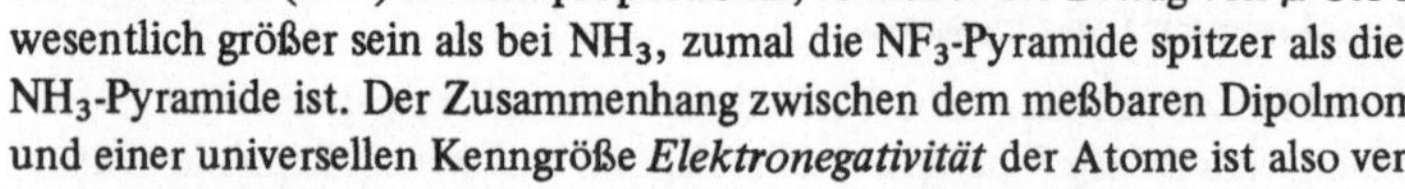

Die Richtung von μ entspricht der bekannten Elektronennegativitätsabfolge $F > N > H$. Wären die μ-Werte den zahlenmäßige bekannten Elektronegativitätsunterschieden (s. u.) einfach proportional, so müßte der Betrag von μ bei NF_3 wesentlich größer sein als bei NH_3, zumal die NF_3-Pyramide spitzer als die NH_3-Pyramide ist. Der Zusammenhang zwischen dem meßbaren Dipolmoment und einer universellen Kenngröße *Elektronegativität* der Atome ist also verwickelt.

Die oben definierte formale Ladung gibt vielfach die Richtung bestehender Dipolmomente richtig wieder, wenn auch die Größe von μ natürlich nicht vollen Elementarladungen entspricht:

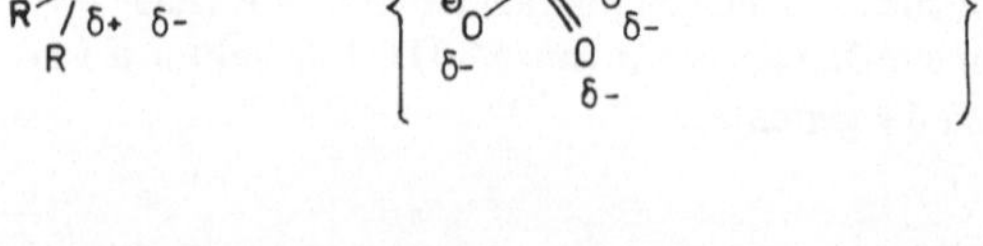

Übrigens kann man die Richtung des Dipolmoments entweder aus der Theorie berechnen oder aus den Elektronegativitätsunterschieden plausibel machen, aber nur sehr schwer durch Messungen nachweisen.

Man beachte, daß in den folgenden Beispielen die formalen und die partialen Ladungen im Vorzeichen bereits nicht übereinstimmen:

Mit dem Gebrauch formaler Ladungen kann man dreierlei bezwecken: Erstens kann man überprüfen, ob man beim Aufstellen einer Valenzstrichformel richtig verfahren ist (die Summe der Formalladungen muß gleich der Gesamtionenladung sein), zweitens kann man unter mehreren möglichen Valenzstrichformeln für ein Molekül mit gegebener Summenformel diejenigen Valenzstrichformeln auslesen, die *gut* sind (also u. a. ein Minimum an Formalladungen enthalten), und drittens kann man einen entsprechenden Güteentscheid auch für mesomere Grenzformeln treffen.

2.5.2. Die Elektronegativität

Die Bindungsmomente sind nicht universell geeignet, die Polarität von Bindungen quantitativ vorauszusagen. Von den zahlreichen Versuchen, die Elektronegativität als universell gültige Kenngrößen von Atomen oder auch Molekülionen zu gewinnen, um mit ihrer Hilfe die Polarität beliebiger Bindungen berechenbar zu machen, seien im folgenden 3 Verfahren angegeben.

Bei der Verfahrensweise nach *Pauling* geht man von Atomen A und B aus, die in den Kombinationen A_2, B_2 und AB bekannt sind (also z. B. H und F). Es ist plausibel, die meßbare Dissoziationsenergie D_{AB} von AB (das ist die Energie, die zur Spaltung von A–B in die Atome A und B nötig ist) als das arithmetische (oder auch das geometrische) Mittel der ebenfalls meßbaren Dissoziationsenergien D_A und D_B von A_2 und B_2 anzusehen und polaren Bindungsanteilen durch eine zusätzliche, aus den 3 Meßwerten errechenbare additive Größe Rechnung zu tragen:

$$D_{AB} = \tfrac{1}{2}(D_A + D_B) + \Delta$$

Setzt man

$$\Delta = k(\chi_A - \chi_B)^2$$

so erhält man die stets positiven dimensionslosen Elektronegativitäten χ, indem man viele Dissoziationsenergien vermißt und zum Schluß auf einen Wert normiert; in der Paulingschen χ-Reihe normiert man auf $\chi_H = 2{,}10$ für Wasserstoff. Die Proportionalitätskonstante k ist lediglich Träger der Dimension und hat definitionsgemäß den Betrag 1, wenn Δ in eV pro Molekül angegeben wird; im SI-System ist $k = 96{,}5$ kJ mol^{-1}, und im veralteten kalorischen Maßsystem ist $k = 23{,}1$ kcal mol^{-1}.

Nach *Mulliken* gewinnt man eine universelle Größe χ, indem man sich vorstellt, daß in AB der elektronegativere Partner B zum Polaritätsunterschied umso mehr beiträgt, je bereitwilliger das Atom B einerseits Elektronen aufnimmt (d. h. umso negativer seine Elektronenaffinität A ist) und je mehr andererseits Energie aufgewendet werden muß, um das äußerste an der Bindung A–B teilnehmende Elektron von B abzuspalten (d. h. umso positiver seine 1. Ionisierungsenergie I ist). Da χ positiv sein soll, lautet der einfachste aus dieser Vorstellung gewinnbare Ansatz, der auch mit Mitteln der Theorie plausibel gemacht werden kann:

$$\chi = k(I - A)$$

Hierbei trägt k wieder die Dimension und enthält noch einen Faktor, der die Mullikensche an die Paulingsche χ-Reihe mit der geringsten Abweichung anpaßt.

Der Nachteil der Paulingschen und der Mullikenschen χ-Werte ist der, daß nicht für alle Elemente A und B Dissoziationsenergien D_{AB} bzw. Elektronenaffinitäten A zugänglich sind. Die χ-Reihe nach *Allred-Rochow* behebt diesen Mangel! Zunächst läßt sich ansetzen, daß die Elektronegativität eines Atoms der elektrostatischen Kraft f proportional ist, mit der ein Atomrumpf mit der positiven Effektivladung $Z^*e = (Z - S)e$ ein Elektron elektrostatisch anzieht:

$$f = \frac{Z^*e^2}{4\pi\epsilon_0 r^2} \qquad\qquad \chi = s\frac{Z^*}{r^2} + t$$

Für r setzt man dabei den bekannten kovalenten Atomradius des betreffenden Atoms ein, die Abschirmkonstanten S sind nach *Slater* aus der Theorie zugänglich. Die zweckmäßigsten Parameter s und t ermittelt man jetzt, indem man die bekannten Paulingschen χ-Werte gegen Z^*/r^2 aufträgt und durch die Punkteschar die beste Gerade legt. Die Ordinatenwerte dieser Geraden zu gegebenen Z^*/r^2-Werten sind die Allred-Rochow-Elektronegativitäten; die Gerade ergibt sich mit r in pm in folgender Form:

$$\chi = 3{,}59\frac{Z^*}{r^2} + 0{,}744$$

Diese χ-Werte weichen von den nach Pauling gewonnenen im allgemeinen ein wenig ab; die nach Pauling für eine Reihe von Elementen nicht gewinnbaren Werte sind aus Z^* und r zugänglich.

Von besonderer Wichtigkeit ist der Elektronegativitätsbegriff vor allem für die Hauptgruppenelemente (s. Bild 9). Die χ-Werte der 2. Periode sind zufälligerweise ziemlich genau Vielfachen von 0,5 gleich, wodurch sie sich leicht einprägen lassen! Man beachte, daß die χ-Werte – dem Gang von I_1 und A entsprechend – im PSE von links nach rechts und von unten nach oben steigen!

H	2,20												
Li	0,97	Be	1,47	B	2,01	C	2,50	N	3,07	O	3,50	F	4,10
Na	1,01	Mg	1,23	Al	1,47	Si	1,74	P	2,06	S	2,44	Cl	2,83
K	0,91	Ca	1,04	Ga	1,82	Ge	2,02	As	2,20	Se	2,48	Br	2,74
Pb	0,89	Sr	0,99	In	1,49	Sn	1,72	Sb	1,82	Te	2,01	I	2,21
Cs	0,86	Ba	0,97	Tl	1,44	Pb	1,55	Bi	1,67	Po	1,76	At	1,96

Bild 9. Elektronegativitäten nach *Allred-Rochow* für die ersten 5 Hauptperioden

2.5.3. Die Oxidationszahl

Die *Oxidationszahl* stellt eine Übertragung der in Ionenverbindungen (s. u.) wohldefinierten Ionenladungen auf die kovalenten Moleküle dar, indem man sich diese entsprechend der in ihnen herrschenden Bindungspolaritäten in fiktive Atomionen zerlegt denkt. Formal verfährt man dabei so, daß man die Valenzstrichformel des betreffenden Moleküls aufschreibt und alle polaren Bindungen *heterolytisch* spaltet (d. h. die Bindungselektronen dem elektronegativeren Partner zuweist) und dabei Bindungen zwischen gleichen Atomen der Homolyse unterzieht (also Bindungselektronen gleichmäßig auf beide Atome verteilt); es entstehen fiktive Ionen, deren Ladungszahl man die Oxidationszahl nennt. Enthält ein Molekül mehrere Atome der gleichen Sorte, so gibt man den Mittelwert der fiktiven Ionenladungen an. Bei allen Verbindungen, die aus Atomionen aufgebaut sind, ist die ohne formales Verfahren erkennbare Ionenladung, auch *Ionenwertigkeit* genannt, gleichbedeutend mit der Oxidationszahl. Die Oxidationszahl ist mithin ein Begriff, der nur für Atome, aber nicht für Moleküle definiert ist. Formal angegeben wird die Oxidationszahl in Summenformeln oberhalb dem betreffenden Element; das Vorzeichen steht dabei vor der Zahl. Hier einige Beispiele:

In Substanzen mit Mehrzentrenbindungen kann man sich leicht behelfen, wenn —
wie in B_2H_6 — passende Grenzformeln auffindbar sind; auch bei B_4Cl_4 und
$[Nb_6Cl_{12}]^{2+}$ kann man sich zurechtfinden, da man in beiden Fällen die Cl-Ionen
klar abtrennen kann, so daß für B bzw. Nb die Oxidationszahlen $+1$ bzw. $+7/3$
resultieren. Schwierig wird das Auffinden der Oxidationszahl dagegen, wenn verschiedene Atomsorten an geschlossenen Mehrzentrenbindungen beteiligt sind! Beim
$Li_4(CH_3)_4$ ist der Elektronegativitätsunterschied zwischen Li und C so groß, daß
es plausibel ist, in jeder Li_3C-Vierzentrenbindung dem C-Atom beide Bindungselektronen heterolytisch zuzuweisen, so daß sich für Li und C die Oxidationszahl $+1$
bzw. -4 ergeben. Bei den sog. *Carboranen* ist die Zuordnung einer Oxidationszahl
beim $B_3C_2H_5$ noch sinnvoll, dagegen beim $B_{10}C_2H_{12}$ (die 12 nach außen stehenden
BH- und CH-Bindungen sind in der Zeichnung weggelassen) nicht!

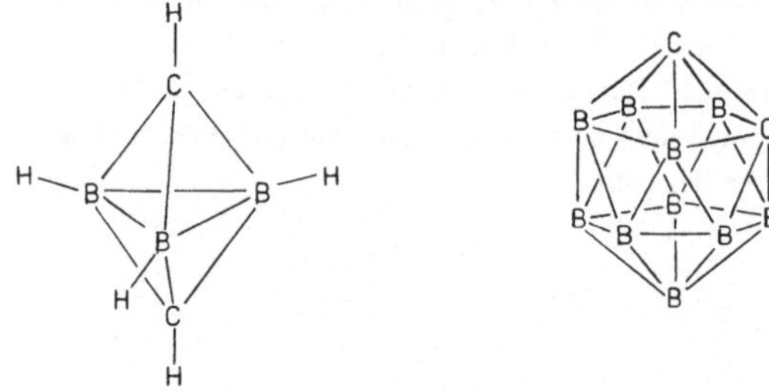

In beiden Fällen liegen normale BH- und CH-Zweielektronenbindungen vor. Das
trigonal-bipyramidale Fünfzentrengerüst B_3C_2 wird von 12, das ikosaedrische
Zwölfzentrengerüst $B_{10}C_2$ von 26 Elektronen zusammengehalten. Im ersteren Fall
ist es plausibel, jedem C-Atom durch heterolytische Öffnung des Bindungsgerüstes
6 der 12 Elektronen zuzuweisen, dann resultieren die plausiblen Oxidationszahlen
$+3$ für B und -4 für C. Verfährt man beim $B_{10}C_2H_{12}$ analog, dann bleiben für die
Boratome 14 Elektronen, und die Oxidationszahl von Bor lautet $+8/5$; genauso
plausibel wäre es dann auch, den C-Atomen weniger Elektronen zuzuweisen, sagen
wir 5 für jedes, dann resultieren die Oxidationszahlen -3 für C und $+1,4$ für B usw.

Diese Spezialfälle werden nicht nur deshalb so ausführlich behandelt, weil sie Gelegenheit bieten, das oben erlernte Begriffsgut einzuüben, sondern auch, um darzu-
legen, daß ein Mehrzentrensystem wie das $B_{10}C_2H_{12}$ schon an der Schwelle zu den
Polyzentrensystemen mit beliebig vielen Zentren steht, wie sie uns in den legierungs-
artigen Feststoffen gegenüberstehen (s. u.) und bei denen die Oxidationszahl im
allgemeinen keine definierte Größe darstellt.

Zur völligen Klarheit muß noch die Verfahrensweise der Herleitung der Oxidationszahl bei Komplexen erläutert werden, die allerdings im Normalfall einer Koordina-
tionsbindung ganz eindeutig ist, da man nur im Sinne des Koordinationsbegriffs
die Bindungen zu öffnen braucht. Nur im Falle der koordinativen Rückbindung ist
die Anmerkung nötig, daß man verkehrte Oxidationszahlen erhielte, wenn man bei

der heterolytischen Öffnung der Metall-Ligand-Doppelbindung lediglich die Elektronegativität als Richtschnur der Bindungspolarität heranzöge; vielmehr hat man zu bedenken, daß die koordinative Rückbindung in dem Sinne polar ist, daß die Elektronen weitgehend beim Metall lokalisiert sind. Die Keilschreibweise macht die Verhältnisse an 2 Doppelbindungsbeispielen deutlich, von denen nur das erste die koordinative Rückbindung betrifft:

$$L_x \, Ni \!\!=\!\!\!\!=\!\! \overset{+2}{C} \!\!=\!\!\!\!=\!\! \overset{-2}{O} \qquad\qquad L_y \, Cr \!\!=\!\!\!\!=\!\! \overset{-2}{O}$$

2.6. Die Nomenklatur anorganischer Verbindungen

Für das deutsche Sprachgebiet ist der *Band 2* der S. 32 erwähnten *Internationalen Regeln für die chemische Nomenklatur und Terminologie* (Verlag Chemie, 1976) maßgebend. Gegenstand der Regeln ist u. a. die Definition, in welcher Reihenfolge die Symbole in den Formeln $A_a B_b C_c \ldots$ stehen und wie die diesen Formeln zugrundeliegenden Verbindungen benannt werden müssen. Im folgenden wird nur ein Auszug aus diesen Regeln erläutert!

2.6.1. Isodesmische Verbindungen

Die chemischen Bindungskräfte lassen sich grob in Haupt- und in Nebenvalenzkräfte einteilen und die Hauptvalenzkräfte wiederum in kovalente, ionogene und metallische Bindungskräfte (s. Abschnitt 3). Ist eine Verbindung – von den Nebenvalenzkräften einmal abgesehen – gleichmäßig durch nur eine Art von Hauptbindungskräften aufgebaut, so bezeichnet man sie als *isodesmisch*, im Falle der Beteiligung mehrerer Arten von Hauptbindungskräften als *anisodesmisch*. Zunächst sei die Nomenklatur isodesmischer Verbindungen behandelt!

Bestehen Moleküle aus gleichen Atomen der Formel A_a, so ist ihre Bezeichnung durchsichtig:

N_2 : Distickstoff oder Dinitrogen
O_3 : Trisauerstoff oder Trioxygen oder „Ozon"
P_4 : Tetraphosphor
S_8 : cyclo-Octaschwefel usw.

Binäre Verbindungen genügen der allgemeinen Formel $A_a B_b$. Handelt es sich um einen aus einem Metall und einem Nichtmetall zusammengesetzten ionogen Festkörper (s. u.), so nennt man in Formel und Namen erst das Metall und dann das Nichtmetall, dieses gegebenenfalls dann in seiner lateinischen Form, wenn diese in der Elementtabelle von Abschnitt 1 angegeben ist; an den Namen des Nichtmetalls hängt man – meist unter Weglassung einer oder mehrerer Silben des Namens – die Silbe „id" an. Handelt es sich bei A und B um Nichtmetalle oder Halbmetalle der folgenden Reihe, so wird deren Reihenfolge sowohl in der Formel als auch im

Namen – z. T. in Abweichungen vom Elektronegativitätsprinzip – der Stellung in der folgenden Reihe entsprechend angegeben:

B, Si, C, Sb, As, P, N, H, Te, Se, S, At, I, Br, Cl, O, F.

Die Zahlen a und b beschreibt man durch griechische Zahlwörter, wobei man „mono" für 1 in der Regel wegläßt und (bei Festkörpern) auf Zahlwörter überhaupt verzichtet, wenn Verwechslungen ausgeschlossen sind; zu dieser letzteren Feststellung braucht man allerdings gute Kenntnisse der Chemie. Hierzu folgende Beispiele:

KF	Kaliumfluorid		Carbontetrafluorid oder
$CaCl_2$	Calciumchlorid		(organisch) Tetrafluoromethan
Na_2S	Natriumsulfid	HF	Wasserstofffluorid oder Hydrogen-fluorid
Li_3N	Lithiumnitrid		
Mg_3P_2	Magnesiumphosphid	H_2O	Diwasserstoffoxid oder Dihydro-genoxid oder „Wasser"
U_3O_8	Triuranoctaoxid		
UO_2	Urandioxid	NH_3	Stickstofftrihydrid oder Nitrogen-trihydrid oder „Ammoniak"
$CaSi_2$	Calciumdisilicid		
$CaSi$	Calciumsilicid	N_2H_4	Distickstofftetrahydrid oder Dinitrogentetrahydrid oder „Hydrazin"
LiH	Lithiumhydrid		
AlH_3	Aluminiumhydrid		
NO_2	Stickstoffdioxid oder Nitrogendioxid	CH_4	Kohlenstofftetrahydrid oder Carbontetrahydrid oder „Methan"
N_2O	Distickstoffoxid oder Dinitrogenoxid	O_2F_2	Disauerstoffdifluorid oder Dioxygendifluorid
CO	Kohlenstoffoxid oder Carbonoxid oder „Kohlen-oxid"	C_2N_2	Dikohlenstoffdinitrid oder Dicarbondinitrid oder „Dicyan"
		NBr_3	Stickstofftribromid oder Nitrogen-tribromid
CO_2	Kohlenstoffioxid oder Carbondioxid oder „Kohlen-dioxid"	N_4S_4	Tetrastickstofftetrasulfid oder Tetranitrogentetrasulfid
CS_2	Kohlenstoffdisulfid oder Carbondisulfid	S_2F_{10}	Dischwefeldecafluorid oder Disulfurdecafluorid
CF_4	Kohlenstofftetrafluorid oder	B_2H_6	Diborhexahydrid oder Diboran (s. u.)

Bei binären Wasserstoffverbindungen wendet man oft eine der Nomenklatur orga-nischer Verbindungen entnommene Verfahrensweise an; z. B.:

BH_3	Boran	H_2S	Sulfan
B_2H_6	Diboran	PH_3	Phosphan oder „Phosphin"
SiH_4	Silan	P_2H_4	Diphosphan
Si_2H_6	Disilan	AsH_3	Arsan oder „Arsin"
Si_3H_8	Trisilan	SbH_3	Stiban
GeH_4	German	BiH_3	Bismutan
SnH_4	Stannan	H_2S_6	Hexasulfan usw.

Der Vorteil der *organischen Nomenklatur* ist der, daß man leicht *Derivate* der *Grundkörper* angeben kann, das sind Verbindungen, in denen H durch andere Atome oder Atomgruppen — insbesondere durch organische Reste — ersetzt ist, z. B.:

Si_3Cl_8	Octachlorotrisilan	$S_{12}Cl_2$	Dichlorododecasulfan
$Sn(CH_3)_4$	Tetramethylstannan	$B(C_2H_5)_3$	Triethylboran
$GeCl(CH_3)_3$	Chlorotrimethylgerman	$PF_2(CH_3)$	Difluoro-methyl-phosphan

Für die komplizierten Borhydride B_aH_b, die „Carborane" $B_aC_bH_c$ und ähnliche Verbindungen hat sich eine hier nicht weiter erläuterte eigene Nomenklatur entwickelt. Man beachte übrigens, daß eine Reihe binärer Verbindungen wie NaN_3, K_2O_2 usw. nicht isodesmisch sind und weiter unten behandelt werden.

Ternäre Verbindungen genügen der allgemeinen Formel $A_aB_bC_c$. Bei ihnen — und ebenso bei *quaternären* Verbindungen $A_aB_bC_cD_d$ usw. — verfährt man wie bei binären Verbindungen, wenn der Aufbau der Verbindungen entweder einheitlich kovalent (Moleküle) oder einheitlich ionogen (Festkörper) ist. In Ionenverbindungen mit mehreren Kationen oder Anionen werden diese jeweils alphabetisch aufgezählt, z. B. $KMgF_3$ Kaliummagnesiumfluorid, PbClF Bleichloridfluorid. Bei Molekülen bringt man deren Aufbau in Formel und Namen dadurch zum Ausdruck, daß man zuerst das Zentralatom nennt und dann dessen Liganden in alphabetischer Reihenfolge, z. B. $PBrCl_2$ Phosphorbromiddichlorid (aber auch: Bromodichlorophosphan); bei kettenförmigen Molekülen drückt man dagegen in der Formel die Atomabfolge in der Kette aus, z. B. OCS Kohlenstoffoxidsulfid oder Carbonoxidsulfid.

Das Dilemma der Nomenklatur anorganischer Verbindungen sei am ternären Molekül $B_3N_3H_6$ illustriert. Die Schreibweise der Formel folgt eindeutig den Regeln. Soll man aber nun zu der Verbindung Tribortristickstoffhexahydrid oder Tribortrinitridhexahydrid oder soll man unter Einbeziehung der Ringstruktur Hexahydrido-cyclo-tribortrinitrid oder (mehr als organischer Chemiker empfindend) Hexahydro-cyclo-tribortrinitrid oder (die Elektronegativitäten richtig wiedergebend) Tribortrihydrogentrinitridtrihydrid sagen oder soll man (wie man es in der Praxis tut) einen der Trivialnamen „Borazol" oder „Borazin" wählen oder soll man dem vom *Ringindex* (das sind die Richtsätze zur Benennung cyclischer organischer Verbindungen) vorgesehenen (aber von niemandem benutzten) Namen „Hexahydrotriazatriborin" den Vorzug geben?

Im Falle intermetallischer Verbindungen ordnet man die Metalle in der Formel alphabetisch.

Im Falle der Benennung von Säuren (s. Abschnitt 5) wird fast durchwegs der Gebrauch von Trivialnamen empfohlen, die hier nicht behandelt werden müssen.

2.6.2. Pseudo-isodesmische Verbindungen

Ternäre oder quaternäre Verbindungen werden bei der Benennung dann wie binäre Verbindungen behandelt, wenn in ihnen sehr häufig auftretende, nicht allzu große, kovalent verknüpfte Atomgruppierungen mit alt eingebürgerten Trivialnamen enthalten sind. Diese Atomgruppierungen (irreführenderweise manchmal auch als „Radikale" bezeichnet) kann man näherungsweise als Atome ansehen und für sie dann eine Elektronegativität, die sog. *Gruppenelektronegativität,* definieren. Entsprechend ihrer Elektronegativität sind diese Atomgruppierungen entweder als der elektropositivere, *kationoide* oder der elektronegativere, *anionoide* Partner an andere Atome oder Atomgruppierungen kovalent gebunden oder sie liegen überhaupt als Kation oder Anion in Ionenverbindungen vor; im ersten Fall handelt es sich um eine isodesmische Verbindung (wenn auch die Polaritäten der in ihr enthaltenen Bindungen im allgemeinen sehr verschieden sind) im zweiten Fall um eine anisodesmische; indem man aber die ganze Atomgruppierung als Atom oder Atomion und die ganze Verbindung damit als *pseudobinär* ansieht, rechtfertigt sich das Attribut *pseudo-isodesmisch* für derartige Verbindungen. Man beachte, daß eine solche Betrachtung rein formal ist und sich lediglich auf die Traditionsgebundenheit einiger chemischer Namen stützt. Gleichgültig, ob die betreffende Atomgruppierung als Kation oder nur kationoid auftritt, sind im folgenden die Namen einiger Atomgruppierungen als Kationen aufgezählt (das Symbol „Hal" steht für ein Halogenatom):

EH_4^+	Ammonium (E = N), Phosphonium, Arsonium, Stibonium				
H_3E^+	Oxonium (oder häufiger: Hydronium), Sulfonium, Selenonium, Telluronium				
H_2E^+	Fluoronium, Chloronium, Bromonium, Iodonium				
$N_2H_5^+$	Hydrazinium	SO^{2+}	Thionyl	CrO_2^{2+}	Chromyl
CO^{2+}	Carbonyl	SO_2^{2+}	Sulfonyl	UO_2^{2+}	Uranyl
NO^+	Nitrosyl	$S_2O_5^{2+}$	Disulfonyl	$HalO^+$	Halogenosyl
NO_2^+	Nitryl	CN^+	Cyan	$HalO_2^+$	Halogenyl
PO^{3+}	Phosphoryl	SeO_2^{2+}	Selenyl	$HalO_3^+$	Perhalogenyl

Desgleichen gelten für Anionen folgende Trivialnamen:

OH^-	Hydroxid	HF_2^-	Hydrogendifluorid	SCN^-	Thiocyanat
O_2^{2-}	Peroxid	N_3^-	Azid	NH_2O^-	Hydroxylamid
O_2^-	Hyperoxid	NH_2^-	Amid	C_2^{2-}	Acetylid
O_3^-	Ozonid	NH^{2-}	Imid	OCN^-	Cyanat
S_2^{2-}	Disulfid	$H_2N_3^-$	Hydrazid	CNO^-	Fulminat
I_3^-	Trijodid	CN^-	Cyanid	$C_2O_4^{2-}$	Oxalat
CHO_2^-	Formiat	NO_2^-	Nitrit	SO_3^{2-}	Sulfit
$C_2H_3O_2^-$	Acetat	$N_2O_2^{2-}$	Hyponitrit	$S_2O_5^{2-}$	Disulfit

$S_2O_6^{2-}$	Dithionat	PHO_3^-	Phosphit	$S_2O_4^{2-}$	Dithionit
ClO_4^-	Perchlorat	$P_2H_2O_5^{2-}$	Diphosphit	SeO_3^{2-}	Selenit
BrO_4^-	Perbromat	$PH_2O_2^-$	Hypophosphit	$HalO^-$	Hypohalogenit
MnO_4^-	Permanganat	AsO_3^{3-}	Arsenit	$HalO_2^-$	Halogenit

Bei den folgenden Beispielen stehen links vorwiegend kovalent, rechts vorwiegend ionogen gebaute Beispiele pseudobinärer Verbindungen:

$NOCl$	Nitrosylchlorid	$NOClO_4$	Nitrosylperchlorat
ClN_3	Chlorazid	AgN_3	Silberazid
CrO_2F_2	Chromylfluorid	NH_4SCN	Ammoniumrhodanid
$SOBr_2$	Thionylbromid	CaC_2	Calcium-acetylid
$NCNH_2$	Cyanamid	$NaNH_2$	Natriumamid
PON	Phosphorylnitrid	$[P(CH_3)_4]\,I$	Tetramethylphosphonium-iodid

2.6.3. Anisodesmische Verbindungen

Oben wurden die Komplexe im engeren Sinne behandelt und die Koordinationsverbindungen als Komplexe im weiteren Sinne bezeichnet; Komplexe im weitesten Sinne sind alle anisodesmischen Verbindungen. Die sog. *Komplex-Nomenklatur* trifft für die Komplexe im weitesten Sinn zu. Ergänzt werden muß diese Feststellung durch den Hinweis auf die isodesmischen neutralen Komplexmoleküle (wie z. B. $Ni(CO)_4$), deren Benennung ebenfalls der Komplex-Nomenklatur folgt.

Das *Zentralatom* wird in der Formel zuerst, im Namen am Schluß aufgeführt. Gehört das Zentralatom einem Anion an, so wählt man ggf, den lateinischen Namen, läßt die Endung weg und hängt „at" an. Man kann die Oxidationszahl des Zentralatoms in Form römischer Ziffern in Klammern beifügen.

Bei den Liganden unterscheidet man anionische, neutrale und kationische. Man bleibe sich im klaren darüber, daß die Bindungen zwischen Zentralatom und Liganden im allgemeinen überwiegend kovalenter Natur sind, so daß sich die Bezeichnungen *kationisch* und *anionisch* lediglich auf die Partner koordinativer Bindungen beziehen oder in anderen Fällen überhaupt nur die Polarität der Zentralatom-Ligand-Bindung kennzeichnen. Die Zahl der Liganden bezeichnet man durch griechische Zahlwörter; wenn aber der Name der Liganden selbst mit einem Zahlwort beginnt oder wenn es sich um einen mehrzähnigen Liganden handelt oder wenn Verwechslungen vermieden werden sollen, benutzt man die Zahlwörter bis, tris, tetrakis, pentakis, hexakis usw. und setzt den Liganden in runde Klammern.

Als *neutrale* kommen vor allem Wasser, Ammoniak, Kohlenoxid, Phosphan- und Arsan-Derivate in Betracht, deren Namen unverändert benutzt werden mit Ausnahme der drei erstgenannten, die als „aqua", „ammin" bzw. „carbonyl" bezeichnet werden.

Der wichtigste *kationische* Ligand ist das Nitrosyl-kation. Bei den *anionischen* Liganden werden die Namen aus den gewöhnlichen Namen der Liganden durch Anhängen von „o" gebildet außer bei folgenden:

Fluorid F^-	fluoro	Hydroxid OH^-	hydroxo
Chlorid Cl^-	chloro	Peroxid O_2^{2-}	peroxo
Bromid Br^-	bromo	Sulfid S^{2-}	thio
Iodid I^-	iodo	Hydrogensulfid HS^-	mercapto
Oxid O^{2-}	oxo	Cyanid CN^-	cyano

Organische Reste wie Methyl (CH_3), Ethyl (C_2H_5), Phenyl (C_6H_5) etc. gelten als anionische Liganden; ihr Name wird unverändert benutzt. Der Ligand O^{2-} nimmt insofern eine Sonderstellung ein, als man ihn vielfach wegläßt, also sagt man statt

Trioxochlorat	ClO_3^-	Chlorat	Tetraoxoarsenat	AsO_4^{3-}	Arsenat
Tetraoxosulfat	SO_4^{2-}	Sulfat	Trioxocarbonat	CO_3^{2-}	Carbonat
Trioxothiosulfat	$S_2O_3^{2-}$	Thiosulfat	Tetraoxomanganat(VI)	MnO_4^{2-}	Manganat(VI)
Trioxonitrat	NO_3^-	Nitrat	Tetraoxomanganat(V)	MnO_4^{3-}	Manganat(V)
Tetraoxophosphat	PO_4^{3-}	Phosphat	Tetraoxochromat	CrO_4^{2-}	Chromat, usw.

Man schreibt die Liganden in Formel und Namen in alphabetischer Reihenfolge. Die Formeln komplexer Ionen setzt man in eckige Klammern, verfährt aber im allgemeinen nicht so bei neutralen Komplex-Molekülen und bei den eben erwähnten Oxoanionen. Bindestriche und runde Klammern benutzt man stets, wenn es zur Eindeutigkeit und zur besseren Lesbarkeit nötig ist.

Zur Beschreibung der Mengenverhältnisse der Bestandteile eines Komplexes kann man sich entweder mit griechischen Zahlenwörtern begnügen oder die Oxidationszahl des Zentralatoms als römisches Zahlzeichen in Klammern anfügen oder die Ionenwertigkeit eines komplexen Ions in arabischen Ziffern in Klammern nennen, z. B.

$K_4[Fa(CN)_6]$ Tetrakalium-hexacyanoferrat
          Kalium-hexacyanoferrat(II)
          Kalium-hexacyanoferrat(4−)

statt Tetraoxomanganat(VI) (s. o.) kann man demnach auch Tetraoxomanganat(2−) schreiben.

Man arbeite die folgenden Beispiele bezüglich der angegebenen Regeln durch und überlege zur Angabe der Oxidationszahlen alternative Möglichkeiten!

$Li[AlH_4]$	Lithium-tetrahydridoaluminat
$K[B(C_6H_5)_4]$	Kalium-tetraphenylborat
$K[PCl_2(NH)O]$	Kalium-dichloroimidooxophosphat
$K_3[PS_4]$	Kalium-tetrathiophosphat
$K[PCl_6]$	Kalium-hexachlorophosphat
$NH_4[Cr(NCS)_4(NH_3)_2]$	Ammonium-diammintetrakis(isothiocyanato) chromat(III)
$[Co(N_3)(NH_3)_5]SO_4$	Pentamminazidocobalt(III)-sulfat
$[Pt(NH_3)_4][PtCl_4]$	Tetraamminplatin(II)-tetrachloroplatinat(II)
$Na_3[Ag(S_2O_3)_2]$	Natrium-bis(thiosulfato)argentat(I)

$K_2[OsCl_5N]$	Kalium-pentachloronitridoosmat(VI)
$[As(C_6H_5)_4][BH(OCH_3)_3]$	Tetraphenylarsonium-hydridotrimethoxoborat
$Cs[ICl_4]$	Cäsium-tetrachloroiodat(III)
$K_2[Cr(CN)_2(NH_3)O_2(O_2)]$	Kalium-ammindicyanodioxoperoxochromat(VI)
$Ba[BrF_4]_2$	Barium-tetrafluorobromat(III)
$Cu(acac)_2$	Bis(acetylacetonato)kupfer(II)
$[Co(en)_3]_2(SO_4)_3$	Tris(ethylendiamin)cobalt(III)-sulfat
$K[PtCl_3(C_2H_4)]$	Kalium-trichloro-ethylen-platinat(II)
$NiCl_2(P(C_2H_5)_3)_2$	Dichloro-bis(triethylphosphin)-nickel
$[Co(NH_3)_6]Cl(SO_4)$	Hexaammincobalt(III)-chloridsulfat
$Na[Co(CO)_4]$	Natrium-tetracarbonylcobaltat(-I)
$K[Co(CN)(CO)_2(NO)]$	Kalium-dicarbonylcyanonitrosylcobaltat(-I)
$Mn_2(CO)_{10}$	Decacarbonyldimangan (oder: Dimangandecacarbonyl)
$FeCp_2$	Bis(cyclopentadienyl)eisen(II) (trivial: „Ferrocen")
$Cr(C_6H_6)_2$	Dibenzolchrom (0)
$[Os(NH_3)_5(N_2)]^{2+}$	Pentaammin(distickstoff)osmium(II)-Ion

2.7. Die Stärke kovalenter Bindungen

2.7.1. Die Bindigkeit

Die Bindigkeit ist ein formaler Begriff und bedeutet die Zahl der Zweielektronenbindungen, die in einem Molekül von einem gegebenen Atom in einer gegebenen Valenzstrichformel ausgehen; die Bindigkeit ist mithin stets ganzzahlig positiv.

Im Anschluß an diesen formalen Begriff ist es zweckmäßig, noch einmal alle jene formalen Begriffe zusammenzufassen, die man insgesamt die *Wertigkeitsbegriffe* nennt! Von den 6 in der folgenden Tabelle auf 4 Beispiele angewendeten Wertigkeitsbegriffen bezieht sich der erste auf das gesamte Molekül, der letzte auf die Liganden und die anderen beziehen sich auf das jeweilige Zentralatom:

Ionenwertigkeit:	$1-$	$3-$	$3+$	$2-$
Oxidationszahl:	$+5$	$+3$	$+3$	$+6$
Bindigkeit:	4	6	6	6
Formale Ladung:	$\oplus$	$3\ominus$	$3\ominus$	0
Koordinationszahl k:	3	6	6	4
Zähnigkeit:	1	1	2	1

Man beachte, daß man im allgemeinen die Oxidationszahl meint, wenn man von *Wertigkeit* schlechthin spricht.

2.7.2. Die Bindungslänge

Die Bindungslänge r_{AB} in AB geht mit der Zahl der Bindungen zwischen A und B
parallel, wie durch folgende Beispiele illustriert sei:

	H_3C-CH_3	$H_2C=CH_2$	$HC\equiv CH$	$F_3\overset{\ominus}{B}-F$	$F_2B\cdots F$
r_{AB} in pm	154	133	121	143	130

Der aus dem Molekül Ethan berechnete kovalente Einfachbindungsradius von Kohlenstoff beträgt demnach 77 pm. Dieser Wert ist jedoch nicht universell allen Einfachbindungen zwischen Kohlenstoff und anderen Elementen zugrundezulegen, da er
durch die jeweilige Koordinationszahl des C-Atoms und durch die Polarität der betrachteten Bindung modifiziert wird, und was hier am Beispiel Kohlenstoff erörtert
wird, gilt natürlich ganz allgemein. So ergibt sich beispielsweise als Einfluß der Koordinationszahl k auf den kovalenten Einfachbindungsradius r_C von Kohlenstoff in
3 verschiedenen CH-Bindungen die folgende Reihe:

	$H-C\equiv CH$	$H-CH=CH_2$	$H-CH_2-CH_3$
r_C in pm	70	74	77
k	2	3	4

Dem Einfluß der Polarität auf die Einfachbindungslängen wird die einigermaßen
universell anwendbare, empirische Regel von *Schomaker* und *Stevenson* gerecht:

$$r_{AB} = r_A + r_B - 9|\chi_A - \chi_B|$$

Dabei seien r_A und r_B die kovalenten Einfachbindungsradien im unpolaren Grenzfall. Diese Radien ergeben sich z. B. für C aus Ethan zu 77 pm und für N aus
Hydrazin zu 74 pm. Der Abstand r_{CN} im Methylamin H_3C-NH_2 beträgt aber nun
nicht einfach die Summe der Radien, also 151 pm, sondern es wurde ein Wert von
147 pm gemessen. Mit $\chi_N - \chi_C = 0{,}5$ deckt sich dieser Meßwert ungefähr mit dem
aus der empirischen Formel errechneten.

2.7.3. Die Valenzkraftkonstante

In einem zweiatomigen Molekül AB kann man die beiden Atome A und B zu Massen-
punkten idealisieren, die durch elastische Kräfte zusammengehalten werden. Im Zustand geringster potentieller Energie möge der *Gleichgewichtsabstand* r_{AB} vorliegen.
Für kleine Auslenkungen aus der Gleichgewichtslage in Richtung von r_{AB} gilt das
Hookesche Gesetz, so daß man mit f_{AB} als rücktreibender Kraft und m_A und m_B
als den betreffenden Massen schreiben kann:

$$f_{AB} = \frac{4\pi^2 \nu^2}{1/m_A + 1/m_B}$$

ν ist bei gegebener *Valenzkraftkonstante* f_{AB} die für das Molekül AB charakteristische Schwingungsfrequenz, die gemessen werden kann. Die für 5 zweiatomige Mole-

küle aus den gemessenen Wellenzahlen $\bar{\nu}$ der *Valenzschwingung* berechneten Valenz-kraftkonstanten sind im folgenden miteinander verglichen:

	F_2	O_2	N_2	NO	H_2
$\bar{\nu}$ in cm^{-1}	892	1555	2330	1877	4160
f_{AB} in Nm^{-1}	445	1140	2240	1550	514

Die Valenzkraftkonstante ist ein Maß der Bindungsstärke, die gemessene Schwingungsfrequenz nur im Falle von Massen vergleichbarer Größe. Wie man sieht, ist die Bindung im Radikal NO stärker als eine Doppelbindung, aber schwächer als eine Dreifachbindung.

In N-atomigen, nichtlinearen Molekülen sind im allgemeinen $3N - 6$ Schwingungsfrequenzen beobachtbar. Zwischen ihnen und einer meist sehr viel größeren Zahl von Konstanten, die die Potentialverhältnisse definieren, bestehen verwickelte Zusammenhänge. In gewissen Fällen kann man jedoch Atomgruppierungen als große Pseudoatome ansehen und ein Molekül aus 2 Pseudoatomen nach dem einfachen Zweimassenmodell behandeln und zwar u. a. immer dann, wenn die Schwingungen innerhalb der Atomgruppierungen eine ganz andere Frequenz haben als die Valenzschwingung des angenäherten Zweimassenmodells, wenn also die Bewegungsvorgänge in den Atomgruppierungen mit der Valenzschwingung des Zweimassenmodells wenig in gekoppelter Wechselwirkung stehen. In brauchbarer Näherung kann man beispielsweise die Kombinationen der Atomgruppierungen CH_3, NH_2 und OH untereinander oder mit anderen Atomen als Zweimassenmodelle behandeln; auch die HC-Schwingung und die CN-Schwingung in $H-C\equiv N$ sind wenig aneinander gekoppelt, und ähnlich ist es beim $I-C\equiv N$. Dagegen kann man Moleküle wie $O=C=O$ oder $N=N=O$ nicht als Pseudo-Zweimassenmodelle ansehen.

2.7.4. Die Bindungsordnung

Die Bindungsordnung N_{AB} einer Bindung zwischen A und B soll — anders als die formale, stets ganzzahlige Bindigkeit — die wahre Bindungsstärke wiedergeben; damit hat die Bindigkeit zur Bindungsordnung ein ähnliches Verhältnis wie die Formal- zur Partial-Ladung. Abgesehen von einer aus der Theorie heraus definierbaren Bindungsordnung, kann man auch zu empirischen Definitionen schreiten. Wichtige und in sich konsistente Zusammenhänge lassen sich beispielsweise zwischen N_{AB} und dem meßbaren Abstand r_{AB} bzw. der aus Messungen berechenbaren Valenzkraftkonstanten f_{AB} auffinden:

$$N_{AB} = a + br_{AB}$$

$$N_{AB} = 0{,}57\frac{f_{AB}}{f_{AB}^0} + 0{,}43\sqrt{\frac{f_{AB}}{f_{AB}^0}}$$

Die Parameter a und b definiert man durch zwei plausible Randbedingungen. Z. B. definiert man im Falle einer Bindung zwischen 2 Kohlenstoffatomen N_{CC} für Ethan zu 1 und für Ethen zu 2. Damit wird mit gemessenen r-Werten von 154 und 133 pm $a = 8,33$ und $b = -0,0476$ pm^{-1}. Interessiert man sich jetzt für die CC-Bindungsordnung im Benzol, dann folgt aus $r_{CC} = 140$ pm eine Bindungsordnung von 1,67.

In der 2. Formel (*Siebertsche Regel*) bedeutet f_{AB} die Valenzkraftkonstante für eine beliebige Bindung zwischen A und B und f_{AB}^0 die Valenzkraftkonstante für jene Bindung zwischen A und B, bei der die Bindungsordnung 1 vorliegt. Definiert man etwa $N_{CC} \equiv 1$ für Ethan, so ergibt sich aus den CC-Valenzkraftkonstanten von 430,960 und 1560 Nm^{-1} für Ethan, Ethen bzw. Ethin, wie sie aus den gemessenen Schwingungsfrequenzen zugänglich sind, eine Bindungsordnung von 1,92 für Ethen und 2,89 für Ethin; die im letzten Absatz für die Bindungsordnung von Ethen gemachte Annahme stimmt mit dem aus der Siebertschen Regel bestimmten Wert einigermaßen gut überein.

2.7.5. Die Bindungsenergie

Die quantenmechanisch definierte Bindungsenergie eines Moleküls AB ist die Differenz der Gesamtenergie der Elektronen in A und in B einerseits und in AB andererseits: *elektronische Bindungsenergie* (EBE); da die Differenz sehr klein ist in Bezug auf die nur mit Näherungsverfahren errechenbaren elektronischen Energien von A, B und AB, ist die berechnete EBE ein sehr ungenauer Wert. Thermodynamisch gesehen ist die EBE die Änderung der Inneren Energie am absoluten Nullpunkt für die fiktive Gasreaktion A + B → AB, abzüglich der Nullpunktsschwingungsenergie.

Mißt man die Wärmetönung der Bildungsreaktion für AB in der Gasphase bei konstantem Druck, so gewinnt man die *thermochemische Bindungsenergie* (TBE). Die TBE unterscheidet sich von der EBE um die Translationsenergie $3RT/2$, um die Rotationsenergie $3RT/2$, um die Nullpunktsschwingungsenergie und um die bei der Reaktion geleistete Volumenarbeit $P\Delta V$. Die TBE einer einzelnen Bindung heißt *Dissoziationsenergie* (D), die TBE eines mehrere Bindungen enthaltenden Moleküls *gesamte* TBE.

Die Dissoziationsenergie einer Bindung ist keineswegs von den anderen Bindungen im Molekül unabhängig, wie das Beispiel von Wasser lehrt:

$$
\begin{array}{llll}
H_2O & \rightarrow OH + H & D_1 & = 501 \text{ kJ mol}^{-1} \\
\underline{OH} & \underline{\rightarrow O + H} & D_2 & = 417 \text{ kJ mol}^{-1} \\
H_2O & \rightarrow O + 2H & TBE & = 918 \text{ kJ mol}^{-1}
\end{array}
$$

Da sich D_1 und D_2 nicht sehr stark unterscheiden, ist die Definition einer *mittleren* TBE oder *mittleren Dissoziationsenergie D* noch sinnvoll; sie beträgt beispielsweise für die OH-Bindung 459 kJ mol^{-1}, wenn man zur Berechnung nur die anhand der OH-Verbindung Wasser gewonnenen Meßwerte heranzieht. (Vgl. dagegen den in Bild 10 angegebenen, auch auf andere Hydroxid-haltige Verbindungen sich stützenden Mittelwert!) Wie die Werte von Bild 10 lehren, haben die Dissoziationsenergien keinen Gang, der aus der Stellung der betreffenden Elemente im PSE eindeutig folgt.

X	H	C	Cl	Si	S	Br	P	N	F	J	O
D_{XX}	435	348	243	218	214	193	172	159	155	151	138

XX	C–C	C=C	C≡C	N–N	N=N	N≡N	O–O	O=O
D_{XX}	348	619	812	159	418	946	138	495

X	F	O	Cl	C	N	Br	S	P	Ge	J	Si
D_{HX}	565	465	432	415	390	369	339	318	310	298	293

Bild 10. Mittlere Dissoziationsenergie D_{XX} und D_{HX} in kJ mol^{-1} bei 25 °C

2.8. Der räumliche Bau der Moleküle

2.8.1. Hauptgruppenelemente als Zentralatome

Der räumliche Bau der Moleküle ist durch die Bindungsabstände (s. o.) und die Bindungswinkel definiert. Unter Bindungswinkel versteht man dabei den Winkel, den zwei sich in einem Atommittelpunkt schneidende Atomverbindungslinien miteinander bilden. Die Bindungswinkel an Hauptgruppenatomen versteht man qualitativ durch eine einfache elektrostatische Vorstellung: Die Bindungselektronen der von einem gegebenen, in der Abbildung als Kreis dargestellten Atom ausgehenden Bindungen stoßen sich untereinander und stoßen auch die freien Elektronenpaare des Atoms ab, so daß die Elektronenpaare und die Bindungen so weit auseinanderstreben wie möglich. Nun idealisiert man die k Bindungen zu den k Liganden des Atoms und seine k' freien Elektronenpaare zu negativen Ladungsschwerpunkten x und überlegt sich, in den Ecken welcher geometrischen Figur die $k + k'$ Ladungsschwerpunkte den maximalen Abstand voneinander haben; dabei ergeben sich für Werte von $k + k'$ von 2 bis 7 folgende Figuren:

Zieht man von diesen regulären Figuren k' Ecken ab, dann bleibt ein Fragment der Figur übrig, das man das *Koordinationspolyeder* nennt. Das Koordinationspolyeder gibt also die räumliche Anordnung der das betrachtete Atom umgebenden Atome wieder.

Bei der trigonalen Bipyramide gibt es 2 Möglichkeiten, im Falle von $k' = 1$, $k' = 2$ und $k' = 3$ das Koordinationspolyeder aufzufinden, da die 3 äquatorialen und die

2 axialen Positionen der Figur strukturell ungleichwertig sind. Man verfährt hier nach der Zusatzregel, daß freie Elektronenpaare eine stärker abstoßende Wirkung haben als Bindungselektronen und daher die äquatoriale Position an der Basis der Bipyramide bevorzugen. Im Falle von $k' = 1$ ergibt sich deshalb eine verzerrt bisphenoidale, im Falle von $k' = 2$ eine T-förmige und im Falle von $k' = 3$ eine lineare Koordinationsfigur.

Ähnlich argumentiert man bei der Prognose von Strukturen mit $k' = 2$, wenn man von einem Oktaeder ausgeht: Die Elektronenpaare stehen sich in der sog. *trans-Stellung* gegenüber, so daß als Koordinationspolyeder ein Quadrat resultiert. Bei der pentagonalen Bipyramide bleibt ein verzerrtes Oktaeder als Koordinationspolyeder zurück, wenn man ein Elektronenpaar abzieht.

Die im vorausgegangenen Text gezeichneten Valenzstrichformeln bringen mit Ausnahme einiger Kohlenwasserstoffe bereits den räumlichen Bau der betreffenden Moleküle zum Ausdruck. Man mache es sich zur guten Gewohnheit, ganz allgemein so zu verfahren! Beispielsweise ist die Struktur von SO_4^{2-} durch das Zentralatom Schwefel geprägt; da kein freies Elektronenpaar vorliegt, bilden die 4 O-Atome als Koordinationspolyeder um den Schwefel ein Tetraeder mit einem charakteristischen Winkel von $109,5°$ (*Tetraederwinkel*). Bei der Zeichnung legt man 3 Atome in die Zeichenebene, ein O-Atom möge sich vor und eines gleich weit hinter der Zeichenebene befinden; bei den 3 folgenden Abbildungen des Sulfat-Ions wird in der ersten — unserem bisherigen Brauch entsprechend — das Augenmerk auf die Natur der Bindungen gelenkt, während in der zweiten und dritten Abbildung die geometrischen Verhältnisse hervorgehoben werden:

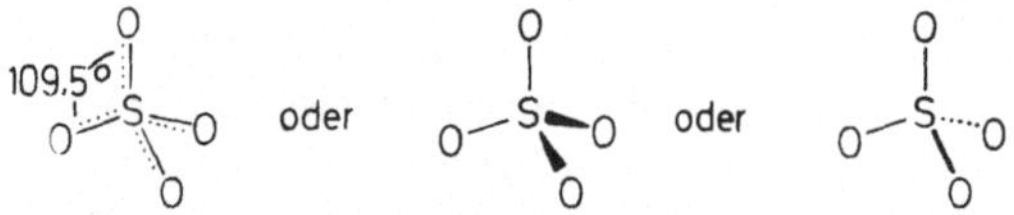

Eine Zusammenfassung der Strukturmöglichkeiten bei Molekülen mit Hauptgruppenatomen als Zentralatomen ist zusammen mit Beispielen im folgenden tabellarisch zusammengestellt:

$k + k'$	k'	Struktur	Beispiele (geg. in Klammern: Zentralatom)
2	0	linear	CO_2, Propin (C-Atome 1 u. 2)
3	0	trigonal-planar	BF_3, COF_2, $CO(NH_2)_2$ (C)
3	1	gewinkelt	NO_2^-, SO_2
4	0	tetraedrisch	CH_4, NH_4^+, SO_4^{2-}, C_2H_6
4	1	trigonal-pyramidal	NH_3, SO_3^{2-}, $CO(NH_2)_2$ (N)
4	2	gewinkelt	H_2O, S_8, S_2Cl_2
5	0	trigonal-bipyramidal	PCl_5, SOF_4 (S)
5	1	verzerrt-bisphenoidal	SF_4, $TeCl_4$, PBr_4^-
5	2	T-förmig	BrF_3, ClF_3
5	3	linear	J_3^-, BrF_2^-, XeF_2

6	0	oktaedrisch	SF_6, PF_6^-, SiF_6^{2-}, S_2F_{10} (S)
6	1	tetragonal-pyramidal	JF_5, SF_5^-
6	2	quadratisch	XeF_4, JF_4^-
7	0	pentagonal-bipyramidal	JF_7
7	1	verzerrt oktaedrisch	XeF_6, JF_6^-

Um die Grenzen der eben aufgezeigten qualitativen Regeln darzutun, seien 2 Beispiele herangezogen! Für den Bau von Trisilylamin $N(SiH_3)_3$ erwartet man eine flache NSi_3-Pyramide mit einem SiNSi-Winkel, der etwas kleiner ist als der Tetraederwinkel; in Wirklichkeit ist das NSi_3-Gerüst trigonal-planar mit einem SiNSi-Winkel von 120°, was man verstehen kann, wenn man eine Verteilung des freien Elektronenpaars am N-Atom auf SiN-Doppelbindungen unter Einbeziehung der unbesetzten d-Elektronnenniveaus von Si in Rechnung stellt; dem gegenüber verhält sich die analoge Verbindung Trisilylphosphin $P(SiH_3)_3$ normal: der SiPSi-Winkel liegt bei 96,4°. Das zweite Beispiel betrifft den RuORu-Winkel im μ-Oxo-decachloro-diruthenat(IV)-Anion $[Cl_5Ru-O-RuCl_5]^{4-}$, der entgegen den obigen Regeln 180° beträgt, was man unter Zuhilfenahme geeigneter Vorstellungen über Mehrfachbindungsanteile auch verstehen kann.

Unerwartete Bindungswinkel können auch an solchen Atomen beobachtet werden, die in ein starres Ringgerüst eingebaut sind. Ein Paradebeispiel hierfür ist der extrem kleine Bindungswinkel von 60° zwischen den Phosphoratomen der tetraedrisch gebauten Moleküle P_4 des metastabilen *weißen Phosphors.*

2.8.2. Nebengruppenelemente als Zentralatome

Ein einfaches elektrostatisches Strukturmodell, das den d- und f-Valenzelektronen eine ähnliche Rolle zubilligen würde wie den freien Elektronenpaaren bei Hauptgruppenelementen, gibt es für die d- und f-Metalle nicht. Es gilt dagegen die besonders einfache Regel, daß die k Liganden ein Koordinationspolyeder mit k Ecken um das Zentralatom bilden, wobei es allerdings ab $k = 4$ jeweils mehrere Alternativen gibt.

$k = 2$: Die seltenen Komplexe mit $k = 2$ sind linear gebaut, z. B. $[CuCl_2]^-$, $[Ag(CN)_2]^-$, $[AuCl_2]^-$, $Hg(CN)_2$.

$k = 3$: Ein Beispiel für die überaus seltene trigonal-planare Koordination liefert das $[HgJ_3]^-$-Ion.

$k = 4$: Als Koordinationspolyeder werden Tetraeder und Quadrate beobachtet. *Tetraeder* treten besonders häufig auf, wenn Ionen mit leerer oder mit abgeschlossener d-Schale Komplexe eingehen (also z. B. bei $TiCl_4$, $[Cu(CN)_4]^{3-}$, $[ZnCl_4]^{2-}$, $[Cd(CN)_4]^{2-}$ usw.), ansonsten sind tetraedrische Komplexe verhältnismäßig selten und vielfach auf zweiwertige Metalle beschränkt (z. B. $[ECl_4]^{2-}$ mit E = Mn, Fe, Co, Ni); die in der Komplexchemie sehr verbreiteten Zentralatome Cr(III) und Co(III) bilden keine tetraedrischen Komplexe.

Quadratische Koordination beobachtet man vorzugsweise bei Metallen mit einer d^8-Konfiguration, also bei Rh(I), Ir(I), Pd(II), Pt(II) und Au(III), gelegentlich auch bei Ni(II) und Cu(II), z. B.: $[PtCl_4]^{2-}$.

$k = 5$: Eine *trigonal-bipyramidale* Koordination tritt in den folgenden Beispielen auf: $Fe(CO)_5$, $Fe(CO)_4(PR_3)$, $[Mn(CO)_5]^-$, $[Co(NCR)_5]^+$ usw.

Die *quadratisch-pyramidale* Koordination ist energetisch im allgemeinen nur wenig ungünstiger als die trigonal-bipyramidale und wird dann bevorzugt, wenn große, *sperrige* Liganden im Spiel sind: $NiBr_2(As_3R_5)$, $NiBr_3(PR_3)_2$, $[PdCl(diars)_2]^+$ usw.

$k = 6$: Die *oktaedrische* Koordination ist in der Komplexchemie bei weitem am meisten verbreitet. Die Oktaeder sind völlig regulär, wenn das Zentralatom die Edelgasschale erreicht (z. B. bei $[Fe(CN)_6]^{4-}$), ansonsten können — auch bei 6 gleichen Liganden — leichte Verzerrungen eintreten.

Eine spezielle, nämlich die sog. *trigonale* Verzerrung, tritt ein, wenn das Oktaeder an zwei gegenüberliegenden Dreieckseiten jeweils verschiedenartig koordiniert ist, wie z. B. bei $[CoBr_3Cl_3]^{3-}$, während die *tetragonale* Verzerrung beobachtet werden kann, wenn sich 2 von den anderen 4 Liganden verschiedene Liganden an den Spitzen der tetragonalen Bipyramide gegenüberstehen, wie z. B. bei $[CoBr_2Cl_4]^{3-}$.

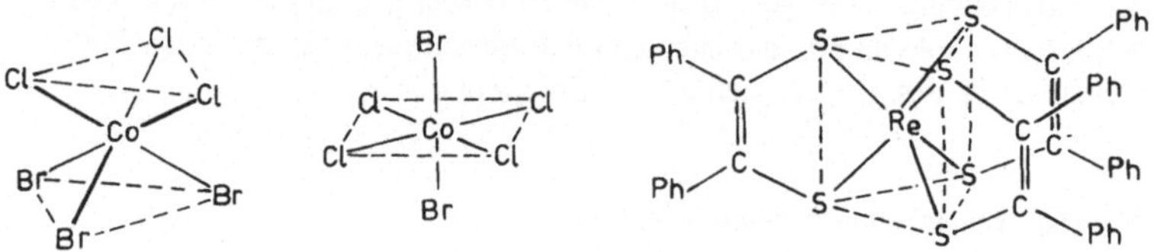

Durch einen speziellen Raumbedarf starrer mehrzähniger Liganden kann statt der *trigonal-antiprismatischen*, also der oktaedrischen Koordination, eine *trigonal-prismatische* erzwungen werden, wie sie im Tris(1,2-diphenylethylen-1,2-dithiolato)-rhenat(III)-Ion auftritt.

$k = 7$: Drei Koordinationspolyeder sind wichtig: die *pentagonale Bipyramide* (z. B. $[UF_7]^{3-}$, $[ZrF_7]^{3-}$), das *trigonal-monopyramidal überdachte trigonale Antiprisma* (Bild 11a, z. B. $[NbOF_6]^{3-}$) und das *tetragonal-monopyramidal überdachte trigonale Prisma* (Bild 11b, z. B. $[NbF_7]^{2-}$).

$k = 8$: Auch bei dieser wenig verbreiteten Koordinationszahl sind 3 Koordinationstypen bekannt, nämlich die *hexagonale Bipyramide* (z. B. $[UO_2(CH_3COO)_3]^-$, die 2zähnigen Liganden CH_3COO^- besetzen die 6 Koordinationsstellen an der Pyramidengrundfläche), das *Dreieck-Dodekaeder* (Bild 11c, z. B. $[Mo(CN)_8]^{4-}$, $TiCl_4(diars)_2$, $[Zr(C_2O_4)_4]^{4-}$) und das *quadratische Antiprisma* (Bild 11d, z. B. $[ReF_8]^{2-}$, $Ce(JO_4)_4$).

$k = 9$: Dem $[ReH_9]^{2-}$-Ion liegt ein *dreifach tetragonal-monopyramidal überdachtes trigonales Prisma* zugrunde (Bild 11e).

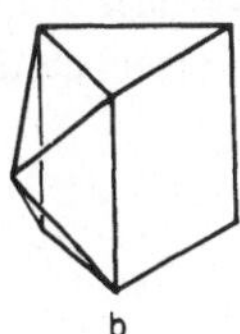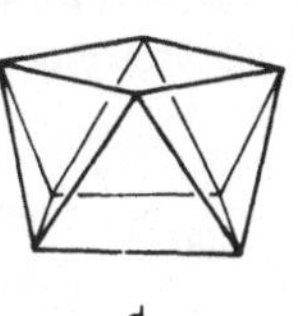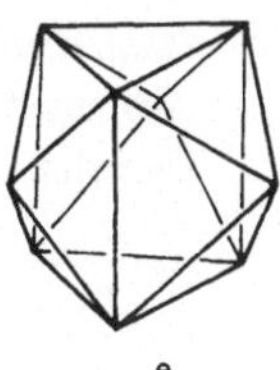

Bild 11. Einige Koordinationspolyeder für die Koordinationszahlen 7, 8 und 9

2.9. Isomeriebegriffe

Das Verhältnis der *Isomerie* besteht zwischen Molekülen der gleichen Summenformel, die sich in bestimmten Strukturmerkmalen und damit im allgemeinen auch in bestimmten physikalischen Eigenschaften unterscheiden. Man unterscheidet zweckmäßigerweise die folgenden Arten der Isomerie!

2.9.1. Konstitutionsisomerie

Die Konstitution eines Moleküls ist der Inbegriff aller Aussagen darüber, zwischen welchen Atomen des Moleküls Bindungen bestehen. Eine verschiedene Konstitution liegt bei zwei Molekülen gleicher Summenformel dann vor, wenn nicht alle Atome dieselben Bindungspartner aufweisen. Konstitutionsisomere sind mithin solche Isomere, die die gleiche Summenformel, aber verschiedene Konstitution besitzen.

Die folgende aufzählende Klassifizierung nach Strukturmerkmalen ist gebräuchlich:

1. *Zufällige Isomerie:* Es besteht keine auffallende strukturelle Verwandtschaft, z. B.:

$$H_3C-CH_2-OH \qquad \text{und} \qquad H_3C-O-CH_3$$

2. *Tautomerie:* Die Tautomeren entstehen auseinander durch Wanderung eines Atoms oder einer Atomgruppierung, z. B. eines H-Atoms im Acetylaceton:

$$R-\overset{\overset{\displaystyle O}{\|}}{C}-CH_2-\overset{\overset{\displaystyle O}{\|}}{C}-R \qquad \text{und} \qquad R-\overset{\overset{\displaystyle OH}{|}}{C}=CH-\overset{\overset{\displaystyle O}{\|}}{C}-R$$

Interessant ist jener häufige Fall von Tautomerie, wo sich die von selbst mehr oder weniger rasch ineinander übergehenden Tautomeren in keiner Eigenschaft unterscheiden außer in der Numerierung gewisser Atome. Im folgenden Beispiel der Wanderung einer BR_2-Gruppe wird die Numerierung durch eine Strichelung vollzogen:

$$R_2B-C'H_2-CH=C''H_2 \qquad \text{und} \qquad C'H_2=CH-C''H_2-BR_2$$

3. *Isomerie der Gerüstsubstitution:* Die Isomeren unterscheiden sich durch den
    Austausch zweier Atome oder Atomgruppierungen an einem bestimmten
    Gerüst, z. B.:

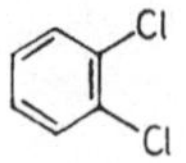

und

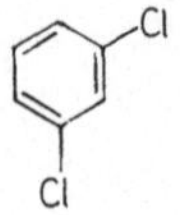

4. *Gerüstisomerie:* Die Isomeren unterscheiden sich durch den Austausch zweier
    Atome oder Atomgruppierungen im Gerüst selbst, z. B.:

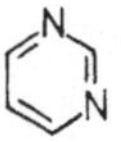

und

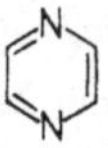

5. *Polymerisationsisomerie:* Die Isomeren unterscheiden sich im Molekularge-
    wicht um ganzzahlige Faktoren, z. B.:

$PtCl_2(NH_3)_2$ und $[Pt(NH_3)_4][PtCl_4]$

6. *Koordinationsisomerie:* Kation und Anion einer komplexen Verbindung ver-
    tauschen formal ihre Koordinationssphäre, z. B.:

$[Co(NH_3)_6][Cr(C_2O_4)_3]$ und $[Cr(NH_3)_6][Co(C_2O_4)_3]$

7. *Ionisationsisomerie:* Ein komplex und ein ionogen gebundenes Anion tauschen
    formal Platz, z. B.:

$[PtCl(NH_3)_3]\,I$ und $[PtI(NH_3)_3]\,Cl$

8. *Hydratisomerie:* Ein komplex gebundenes Wassermolekül und ein ionogen ge-
    bundenes Anion tauschen formal Platz, wobei das Wassermolekül dann als
    sog. *Hydratwasser* nur noch durch Nebenvalenzkräfte (s. u.) an den Fest-
    körper gebunden ist, z. B.:

$[Cr(H_2O)_6]\,Cl_3$ und $[CrCl(H_2O)_5]\,Cl_2 \cdot H_2O$

9. *Bindungsisomerie:* Die Isomeren unterscheiden sich dadurch, daß ein komplex
    gebundenes Ion über 2 verschiedene seiner Atome an das Zentralatom gebun-
    den sein kann. Im folgenden Beispiel ist die fragliche Bindung durch einen
    Valenzstrich symbolisiert; in der Benennung unterscheiden sich die Isomeren
    durch den Namen des betreffenden Liganden:

$[(H_3N)_5Co-NO_2]\,(NO_3)_2$ und $[(H_3N)_5Co-ONO]\,(NO_3)_2$
Pentamminnitrocobalt(III)-nitrat   Pentamminnitritocobalt(III)-nitrat

10. *Isomerie der Koordinationsstellung:* Die Isomeren unterscheiden sich durch die Stellung zweier Liganden in mehrkernigen Komplexen, z. B.:

11. *Valenztautomerie:* Die gegenseitig ineinander umwandelbaren Valenztautomeren unterscheiden sich im wesentlichen durch die Umgruppierung von Bindungselektronen, z. B.:

Auch hier kennt man Beispiele, wo sich die Valenztautomeren außer in der Numerierung gewisser Atome in keiner Eigenschaft unterscheiden. Das klassische Beispiel hierfür bietet das *Bullvalen,* von dessen 1 209 000 möglichen, bei Raumtemperatur ständig ineinander übergehenden *fluktuierenden Strukturen* nur 3 gezeichnet sind.

2.9.2. Konfigurationsisomerie oder Stereoisomerie

Die Konfiguration eines Moleküls ist über die Konstitution hinaus auch durch die räumliche Anordnung aller Atome gekennzeichnet mit Ausnahme der durch die Rotation um Einfachbindungen eintretenden räumlichen Veränderungen. Eine Änderung der Konfiguration setzt mithin das Lösen von Bindungen voraus; diese Aussage setzt den quantenmechanisch ableitbaren Befund voraus, daß Atomgruppierungen um Einfachbindungen (σ-Bindungen) als Rotationsachse gedreht werden können, ohne daß dabei die Einfachbindung geöffnet wird, während dies bei Mehrfachbindungen (oder allgemeiner: bei π-Bindungen) nicht der Fall ist. Konfigurationsisomere sind solche Isomere, die die gleiche Konstitution, aber verschiedene Konfiguration haben. Die Konfigurationsisomerie läßt sich wie folgt klassifizieren:

1. *cis-trans-Isomerie:* Von cis-trans-Isomerie spricht man bei Isomeren, die sich durch die Stellung zweier Liganden L im Koordinationspolyeder bzw. an einer Mehrfachbindung unterscheiden:

	Quadratische Koordination	Oktaedrische Koordination	Doppelbindung
cis-Form:		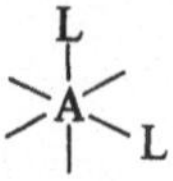	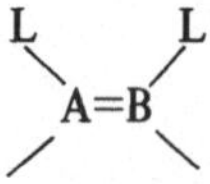
trans-Form:			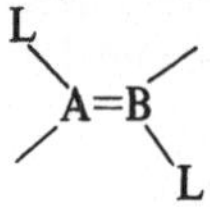
Beispiel:	$PtCl_2(NH_3)_2$	$[Cr(NCS)_4(NH_3)_2]^-$	$ClHC=CHCl$

2. *Chiralitäts-Isomerie* oder *optische Isomerie* oder *Spiegelbildisomerie der Konfiguration:* Sie besteht zwischen zwei Molekülen, den sog. *optischen Antipoden* oder *Enantiomeren,* die sich wie Bild und Spiegelbild verhalten, ohne durch bloßes Drehen und Wenden ineinander übergeführt werden zu können. Eine notwendige und hinreichende allgemeine Bedingung für diese Isomerie ist das Fehlen einer Drehspiegelachse $S_n (n \geq 1)$. Speziell beobachtet man die Spiegelbildisomerie stets bei Molekülen, die ein von vier verschiedenen Liganden tetraedrisch umgebenes Zentralatom (*Asymmetrie-Zentrum* oder *Chiralitätszentrum*) aufweisen, oder bei Molekülen, deren Zentralatom von 3 zweizähnigen Liganden derselben Sorte oktaedrisch umgeben wird, und in manchen anderen Fällen. Hierzu folgende Beispiele:

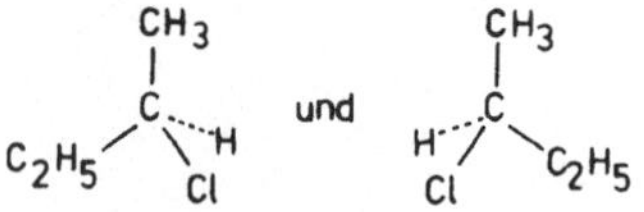

2-Chlorbutan 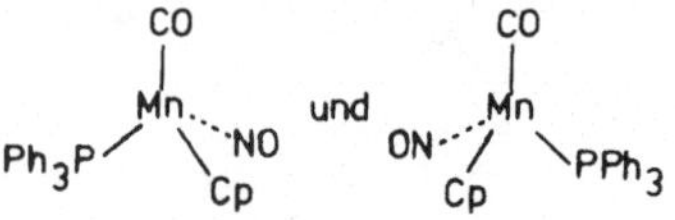 $[Mn(CO)Cp(NO)(PPh_3)]^+$

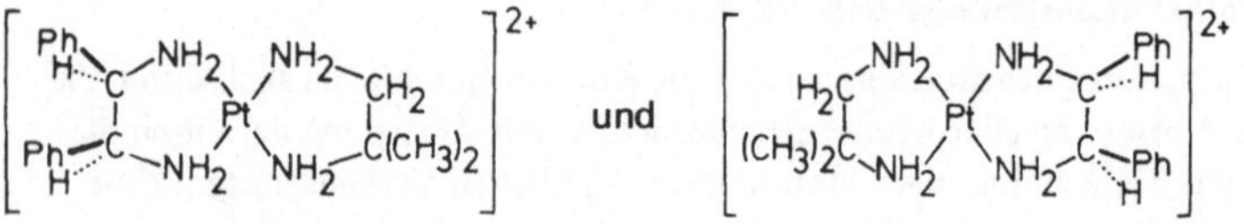

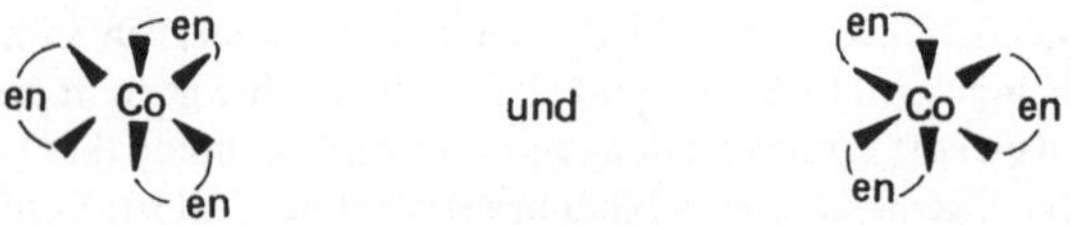

$[Co(en)_3]^{3+}$

Eine Erweiterung der einfachen Spiegelbildisomerie tritt ein, wenn ein Molekül aus mehreren Teilen besteht, von denen jeder Molekülteil für sich chiral ist. Sehr verbreitet ist die Häufung asymmetrischer C-Atome in der Organischen Chemie: *Diastereomerie*. Bevor die Verhältnisse an einem Beispiel illustriert werden, muß die *Newmansche Projektionsformel* erläutert werden, die man im allgemeinen benutzt, um die räumlichen Verhältnisse an zwei aneinandergebundenen tetraederähnlichen Zentren darzustellen; wie anhand der Moleküle $C_2H_3F_3$ und P_2I_4 gezeigt sei, verläuft in der Newmanschen Projektion die Verbindungslinie der beiden Zentren senkrecht zur Zeichenebene:

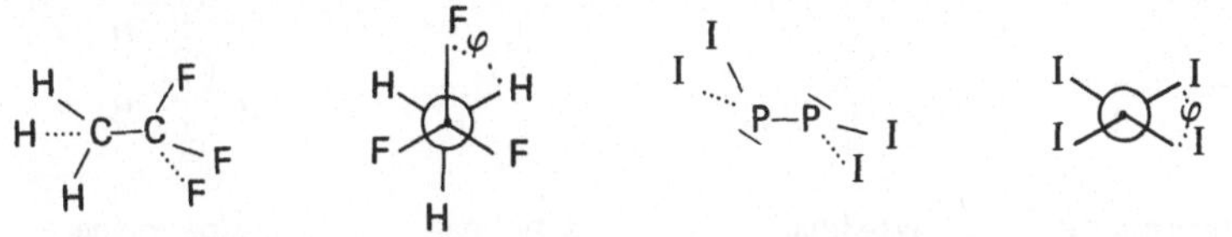

Die für die Strukturbeschreibung charakteristischen Winkel φ zwischen Ebenen, die durch zwei gemeinsame und je ein weiteres Atom definiert sind, nennt man *Diёderwinkel.*

Als Beispiel für die Diastereomerie seien die 4 isomeren Butan-Derivate mit der Teil-Valenzstrichformel $CH_2(OH)-CH(OH)-CH(OH)-CHO$ mit den beiden mittleren asymmetrischen C-Atomen als Zentren der Newmanschen Projektionsformeln gewählt:

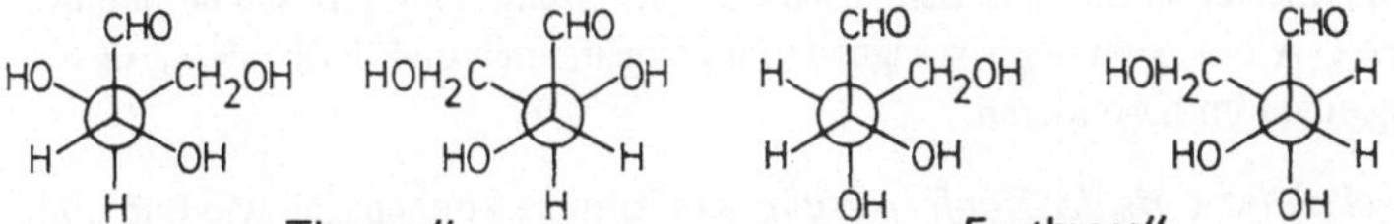

Die beiden Threosen stehen im Verhältnis von Bild und Spiegelbild zueinander und ebenso die beiden Erythrosen, die Threose und die Erythrose stehen zueinander im Verhältnis der Diastereomerie.

Die Stereoisomeren unterscheiden sich außer in der Struktur auch mehr oder weniger in ihren meßbaren Eigenschaften. Davon soll in diesem nur der Klassifizierung dienenden Abschnitt jedoch nicht die Rede sein.

2.9.3. Konformationsisomerie

Die Konformation eines Moleküls ist durch die räumliche Anordnung seiner Atome ohne Einschränkung gekennzeichnet. Eine Änderung der Konformation ohne Änderung der Konfiguration bedeutet eine Änderung der räumlichen Anordnung der Atome, ohne daß dabei Bindungen aufgehen. Konformationsisomere sind Isomere

der gleichen Konstitution und Konfiguration, aber verschiedener Konformation.
Eine Klassifizierung ist in der folgenden Weise möglich:

1. *Ethankonformation* oder *Konstellation:* Die *Konformeren* gehen durch Drehung
   um die CC-Einfachbindung eines Ethanmoleküls auseinander hervor, wie am Beispiel des 1,2-Dichlorethans in Newmanschen Projektionsformeln unter Angabe
   der Bezeichnungen verschiedener Konformationen erläutert sei (der durch die
   Atom-Kette Cl–C–C–Cl definierte Diëderwinkel nimmt dabei die Werte 0°,
   60°, 120° und 180° an):

synperiplanar	synklinal	antiklinal	antiperiplanar
(auch: ekliptisch)	(auch: skew,		(auch: staggered,
	gauche, syn)		anti, trans)

Bei der Drehung der beiden Chlormethyl-Gruppen gegeneinander um 360°
werden zwar keine Bindungen aufgebrochen, jedoch bezüglich der Molekülenergie
je 3 Maxima (bei sog. *verdeckter* Konformation) und 3 Minima (bei sog. *gestaffel-
ter* Konformation) durchlaufen und zwar das höchste Maximum in der synperiplanaren und das tiefste Minimum in der antiperiplanaren Konformation. Die
Ursache hierfür ist die abstoßende Wirkung der Bindungselektronen der an die
beiden C-Atome gebundenen Liganden im allgemeinen und der beiden großen
Cl-Liganden im besonderen.

2. *Spiegelbildisomerie der Konformation:* Konformere können sich wie Bild und
   Spiegelbild verhalten. Als Beispiel diene zunächst die bei Biphenyl-Derivaten
   beobachtete *Atrop-Isomerie;* die Drehung um die CC-Verbindungslinie der
   beiden Benzolkerne ist hier behindert, wenn A und B große sperrige Liganden
   sind, so daß die bei Raumtemperatur vorhandene thermische Energie zu einer
   Ineinanderüberführung der beiden Konformeren nicht ausreicht.

Als 2. Beispiel seien die beiden Stereoisomeren angeführt, die entstehen, wenn
man im NH_3-Molekül 2 H-Atome durch voneinander verschiedene Reste R und
R' ersetzt:

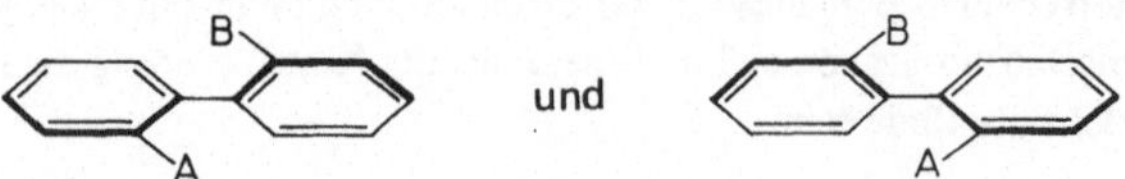

Zunächst könnte man meinen, es handle sich um Konfigurationsisomere, zu deren Ineinanderübergehen Bindungen gelöst werden müssen. Das ist jedoch nicht der Fall, da das eine Spiegelbildisomere dadurch in das andere übergehen kann, daß sich das N-Atom auf die Basisfläche der pyramidalen Struktur, also auf die durch die Liganden H, R und R′ bestimmte Ebene zubewegen und dann auf die andere Seite dieser Ebene durchschwingen kann; der Zustand größter potentieller Energie wird dabei in der planaren Anordnung des N-Atoms und seiner 3 Nachbarn durchlaufen. Bei gewöhnlichen chiralen Derivaten von NH_3 ereignet sich der Durchschwingvorgang so leicht, daß man selbst bei tiefer Temperatur nicht die physikalischen Eigenschaften eines isolierten Isomeren messen kann, da alle Trennmethoden langsamer sind, als der Übergang in das andere Isomere. Man kann jedoch das Durchschwingen des N-Atoms mit sog. *Konfigurationsumkehr* (strenger: mit *Konformationsumkehr*) dadurch verhindern, daß man zwischen R, R′ und einem dritten Liganden R″ eine starre Verbindung schafft, also das N-Atom und seine 3 Liganden in ein starres Ringgerüst einbaut. Dann ist die Isolierung von Spiegelbildisomeren zwar möglich, jedoch muß dieser Fall von Isomerie der Konfigurationsisomerie zugerechnet werden.

3. *Konformative Gerüstisomerie:* Hierunter versteht man das Verhältnis zwischen zwei Koordinationspolyedern, die ineinander übergehen können, ohne daß dabei Bindungen gelöst werden. Drei Beispiele seien herausgegriffen! Im PF_5 sitzen die Fluor-Liganden an strukturell ungleichwertigen Plätzen, nämlich an den axialen und den äquatorialen Positionen. Der Übergang der trigonalen Bipyramide der F-Atome in die tetragonale Monopyramide kostet jedoch wenig Energie, und bei der Rückverwandlung der Monopyramide in die Bipyramide kann ein ehemals äquatoriales F-Atom nunmehr axial angeordnet sein. Die Fluktuation zwischen den einzelnen Polyedern ist bei Raumtemperatur so stark, daß sich die strukturelle Ungleichwertigkeit zwischen den F-Atomen bezüglich gewisser Meßmethoden im zeitlichen Mittel verliert. Solange 5 gleichartige F-Atome an das P-Atom gebunden sind, unterscheiden sich die *Fluktuationsisomeren* in keiner physikalischen Eigenschaft, sondern nur in der fiktiven Numerierung der F-Atome. Ersetzt man jedoch eines oder mehrere der F-Atome durch andere Liganden, so haben die Fluktuationsisomeren unterschiedliche Eigenschaften. Eine ähnliche Fluktuationsisomerie wurde auch bei anderen Koordinationspolyedern beobachtet.

<pre>
      F'   F"
      | |
  F\ | F\ |
   P—F"   und   P—F'
  F/ | F/ |
      | |
      F   F
</pre>

Ein interessantes Beispiel etwas anderer Art stellt die seltene Fluktuation zwischen einem Koordinationstetraeder und einem Koordinationsquadrat dar. Über die Fluktuation selbst weiß man zwar wenig, jedoch lassen sich z. B. die beiden Formen des Dichlor-bis(diphenylbenzylphosphan)-nickel(II) im Kristallgitter dieser Verbindung nachweisen, wo auf zwei tetraedrische Moleküle ein quadratisches trifft.

Dieses letzte Beispiel zeigt die begrifflichen Grenzen der Unterscheidung von Konfiguration und Konformation auf; denn wenn der Übergang eines quadratisch gebauten Moleküls in ein tetraedrisch gebautes ohne die Lösung von Bindungen möglich sein sollte, dann könnte sich ein trans-konfigurierter quadratischer Komplex über die Tetraederform in die cis-Konfiguration umwandeln, ohne daß Bindungen dabei gelöst würden, und umgekehrt könnten Moleküle mit einem tetraedrisch koordinierten Asymmetrie-Zentrum über die quadratische Konfiguration in das entsprechende Enantiomere übergehen; in beiden Fällen handelte es sich dann nicht um Konfigurations- sondern um Konformationsisomere. Die Berechtigung zur Aufrechterhaltung der Unterscheidung von Konfiguration und Konformation beruht auf der experimentellen Erfahrung, daß die Energie, die in der überwiegenden Mehrzahl aller Fälle zur Überführung von cis-trans- bzw. von Chiralitäts-Isomeren ineinander nötig ist, in der Größenordnung der Energien der zu lösenden Bindungen liegt.

Als eine besondere Form der konformativen Gerüstisomerie läßt sich die Umwandlung der folgenden 3 Cyclohexan-Konformeren ineinander auffassen:

Sesselform   Wannenform   Twistform

In der Sesselform liegen alle benachbarten C-Atome zueinander in einer gestaffelten, nämlich der synklinalen Konformation. In der Wannenform dagegen befinden sich jene C-Atome, die am Boden der *Wanne* einander benachbart sind, in Bezug auf ihre beiden Nachbar-C-Atome in einer verdeckten, nämlich der synperiplanaren Konformation. Bei der Twistform handelt es sich um eine zwischen der allseits gestaffelten und der teilweise verdeckten Konformation liegende sog. *schiefe* Konformation. Die Sesselform stellt das energietiefste, die Wannenform das energiereichste der Cyclohexan-Konformeren dar.

Zur Gesamtheit der fluktuierenden Cyclohexan-Strukturen gehören nicht nur die Sessel-, die Wannen- und die Twistform, sondern jedes dieser Isomeren mit verschiedener Struktur kann auch in ein strukturgleiches Isomeres übergehen. Dies sei anhand der Sesselform erläutert, bei der die durch die C-Atome 1, 3 und 5 bestimmte Ebene relativ zu der mit ihr parallelen, durch die C-Atome 2, 4 und 6 bestimmten Ebene oben oder unten liegen kann:

und

Von den 12 CH-Bindungen liegen 6 senkrecht zu jenen Ebenen (*axiale* Lage oder a-Lage), die anderen 6 CH-Bindungen bilden mit jenen Ebenen einen Winkel von 19,5° (*äquatoriale* Lage oder e-Lage); beim Übergang vom einen Sesselform-Konformeren in das strukturgleiche andere gehen alle H-Atome der a-Lage in solche der e-Lage über und umgekehrt. Ersetzt man ein H-Atom in C_6H_{12} durch einen einbindigen Liganden X, so unterscheiden sich die beiden Sesselform-Konformeren der Formel $C_6H_{11}X$ mit X in der a- bzw. in der e-Lage in ihrer Struktur und in ihren physikalischen Eigenschaften. Ersetzt man in C_6H_{12} zwei Atome an benachbarten C-Atomen durch X, so sind für das 1,2-disubstituierte Cyclohexan $C_6H_{10}X_2$ vier Isomere denkbar, nämlich können die beiden Liganden X die antiperiplanare Lage aa oder die synklinalen Lagen ae, ea bzw. ee einnehmen; man mache sich klar, daß einerseits das aa- zum ee-Isomeren bzw. das ae- zum ea-Isomeren im Verhältnis einer konformativen Gerüstisomerie steht und daß andererseits das Konformerenpaar aa/ee eine vom Paar ae/ea verschiedene Konfiguration aufweist und damit eine besondere Art der cis-trans-Isomerie konstituiert.

3. Der Festkörper

3.1. Bindung und Struktur in Festkörpern

Aus dem vorstehenden Abschnitt wurde schon deutlich, daß man 2 Sorten von Bindungskräften zu unterscheiden hat: die elektrostatischen, die man mithilfe klassischer physikalischer Gesetze im Prinzip verstehen kann, und die kovalenten, deren Wirksamkeit man zwar leicht schematisieren kann, deren physikalische Struktur man jedoch ohne quantentheoretische Hilfsmittel nicht versteht; damit wollen wir uns auch weiterhin abfinden. Bei den kovalenten Bindungen haben wir zwischen der Zwei- und der Mehrzentrenbindung unterschieden und den Begriff der lokalisierten und der delokalisierten Elektronen eingeführt. Die kovalente Zweizentrenbindung wurde oben — bei der Erörterung des Aufbaues gewisser nichtmetallischer Elemente — als

ein auch bei Festkörpern auftretendes Bindungsprinzip erwähnt. Auch die Mehrzentrenbindung mit ihren delokalisierten Elektronen ist ein zur Beschreibung gewisser Festkörper geeignetes Modell: Sind nämlich die Elektronen über die beliebig
vielen Zentren eines makroskopischen Atomverbands delokalisiert, dann handelt
es sich um einen eigenen Bindungstyp, der allen metallischen Festkörpern zugrunde-
liegt und daher *metallische Bindung* heißt; man beachte, wie es die Vorstellung der
Delokalisierung von Elektronen ohne weiteres gestattet, die augenfälligste Eigenschaft der Metalle, nämlich ihre elektrische Leitfähigkeit, bildhaft zu verstehen.

Man kann also die Bindungen in Festkörpern in kovalente, in metallische und in
ionogene Bindungen unterteilen, wobei jetzt die Bedeutung von *kovalent* auf die
lokalisierte Zweizentrenbindung beschränkt sei. Diese 3 Bindungstypen heißen
auch *Bindungen 1. Art* oder *Hauptvalenz-* oder *chemische Bindungen*. Ihnen stehen
die *Bindungen 2. Art* oder *Nebenvalenz-* oder *physikalische* oder *van der Waals-
Bindungen* gegenüber: Sie beruhen auf schwächeren Kräften als die chemischen Bindungen, nämlich auf den Kräften, die zwischen Dipolen oder induzierten Dipolen
wirksam sind. Obgleich es Grenzfälle gibt, wo eine Unterscheidung zwischen chemischen und physikalischen Bindungen fragwürdig wird, ist diese Unterscheidung
im allgemeinen nützlich.

In vielen Festkörpern werden die Bausteine — Atome oder Moleküle oder Ionen —
durch mehrere Bindungsarten zusammengehalten; es handelt sich dann — wie schon
erwähnt — um anisodesmische Strukturen. Auch liegen oft Bindungsverhältnisse
vor, die nicht scharf als kovalent, metallisch oder ionogen klassifiziert werden können.
Oben wurde der Festkörper als eine beliebig große Vielzahl aneinander gebundener
Teilchen eingeführt. Dieses Bild bedarf jetzt der strukturellen Verfeinerung! Der sog.
kristalline Festkörper zeichnet sich dadurch aus, daß seine Bausteine in allen drei
Richtungen des Raumes so geordnet sind, daß sich von einem gegebenen Baustein
aus die Lage eines weit entfernt liegenden Bausteins mit Sicherheit angeben läßt:
Fernordnung. In einem ferngeordneten *Kristall* lassen sich die Mittelpunkte der
Atome durch Geraden, die *Gittergeraden,* derart verbinden, daß die auf einer dieser
Gittergeraden aufgereihten Atome in regelmäßig wiederkehrenden Abstandsverhält-
nissen zueinander liegen. Die Fernordnung bewirkt weiterhin, daß es zu jeder Gittergeraden beliebig viele zu ihr parallele Gittergeraden gibt, die in parallelen, gleich weit
voneinander entfernten Ebenen, den *Gitterebenen,* liegen und in den Gitterebenen
gleiche Abstände zueinander haben. Das gesamte Gefüge von Gittergeraden und
Gitterebenen konstituiert das *Kristallgitter.* Charakteristische Kenngrößen des
Kristallgitters sind jene von Gitterebenen begrenzte Parallelepipede, die so be-
schaffen sind, daß sie durch regelmäßige Stapelung mit ihresgleichen in den 3 Raumrichtungen den Raum lückenlos erfüllen und dabei das Kristallgitter konstituieren.
Im allgemeinen nennt man das kleinste dieser Parallelepipede die *Elementarzelle,*
wenn nicht spezielle, hier nicht weiter abgehandelte Symmetriebedingungen dagegen stehen. Die Größe der Elementarzelle ist definiert durch die Länge dreier sich
in einer Ecke schneidender Kanten a, b und c und durch die Winkel α, β und γ,

unter denen b und c, c und a bzw. a und b aufeinander stehen. Unter der *Metrik* eines Kristallgitters versteht man die spezielle Beschaffenheit der Elementarzelle im Sinne der folgenden Einteilung:

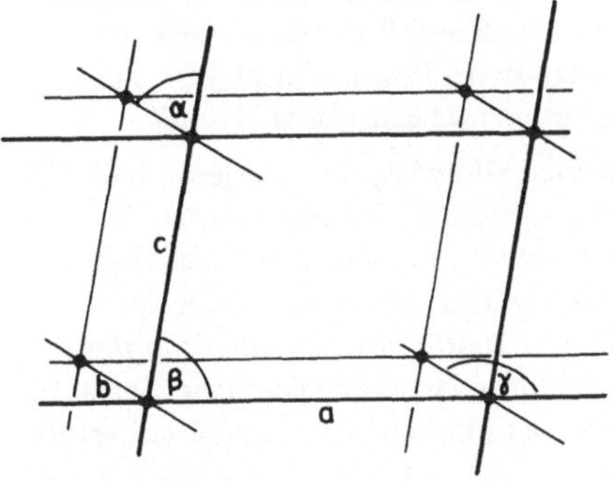

Bild 12. Elementarzelle

1. Trikline Metrik:	$a \neq b \neq c, \alpha \neq \beta \neq \gamma$
2. Monokline Metrik:	$a \neq b \neq c, \alpha = \gamma = 90°, \beta \neq 90°$
3. Rhombische Metrik:	$a \neq b \neq c, \alpha = \beta = \gamma = 90°$
4. Hexagonale Metrik:	$a = b \neq c, \alpha = \beta = 90°, \gamma = 120°$
5. Rhomboedrische Metrik:	$a = b = c, \alpha = \beta = \gamma \neq 90°$
6. Tetragonale Metrik:	$a = b \neq c, \alpha = \beta = \gamma = 90°$
7. Kubische Metrik:	$a = b = c, \alpha = \beta = \gamma = 90°.$

Von größerer Bedeutung hinsichtlich der physikalischen Eigenschaften als die metrische Klassifizierung ist die Klassifizierung der Kristalle nach ihrer Symmetrie, deren Erörterung aber hier zu weit führen würde; als Ergebnis sei mitgeteilt, daß sich die Kristalle in 230 Raumgruppen, in 32 Kristallklassen und schließlich in 7 Kristallsysteme einteilen lassen. Die Namen der 7 Kristallsysteme stimmen mit den Namen der metrischen Klassifizierung überein, was dann zu Mißverständnissen führt, wenn Metrik und Symmetrie nicht übereinstimmen, wenn also z. B. ein Kristall mit einer rhombischen Elementarzelle nur eine monokline Symmetrie hat.

Viele Kristalle haben regelmäßige Grenzflächen. Manchmal, aber beileibe nicht immer, kommt in der Art der Begrenzungsflächen, dem sog. *Habitus* des Kristalls, die Metrik und die Symmetrie zum Ausdruck; ein bekanntes Beispiel hierfür ist das Kochsalz NaCl, das eine kubische Elementarzelle und eine kubische Symmetrie hat und in Würfeln auskristallisiert.

Kristalle, die in allen 3 Raumrichtungen quer durch den Kristall hindurch starke Bindungen aufweisen, haben eine *Raumstruktur*. Liegen nur in 2 Raumrichtungen quer durch den Raum starke Bindungen vor, in der 3. Richtung aber schwächere Bindungen, so spricht man von einer *Schichtenstruktur,* und entsprechend ist die *Kettenstruktur* definiert. In der Regel unterliegen die Festkörper in allen 3 Raumrichtungen einer Fernordnung, auch wenn die Bindungen in allen 3 Raumrichtungen nur von der 2. Art sind, wie dies bei Molekülen als Gitterbausteinen der Fall ist (*Molekülgitter*).

Kristalle von einer mit bloßem Auge beobachtbaren Größe haben im allgemeinen keinen ideal ferngeordneten Aufbau, vielmehr bestehen sie aus einer Vielzahl sehr kleiner ideal geordneter, fest miteinander verwachsener Parzellen, so daß strukturell miteinander vergleichbare Gitterebenen zweier Parzellen nicht mehr streng parallel liegen; den beobachtbaren Kristall nennt man einen *Mosaikkristall.*

Von großer praktischer Bedeutung sind die sog. *Gitterbaufehler,* die jeder *Realkristall* in mehr oder weniger großem Umfang aufweist. Sind Gitterpunkte, die beim Idealkristall durch ein Atom oder Ion besetzt sein sollten, leer, dann liegt eine sog. *Schottky-Fehlordnung* vor. Wenn umgekehrt Atome oder Ionen auf Zwischengitterplätzen untergebracht sind, dann spricht man von *Anti-Schottky-Fehlordnung.* Eine Kombination beider nennt man *Frenkel-Fehlordnung.* Charakteristisch ist dabei, daß die Fehlordnungsstellen statistisch auf das Kristallgitter verteilt sind.

Die Größe physikalischer Eigenschaften eines Idealkristalls, z. B. seine Elastizität, Leitfähigkeit, Lichtdurchlässigkeit usw., ist im allgemeinen von der Richtung abhängig; man spricht von der *Anisotropie physikalischer Eigenschaften.* Bei genügend hoher Symmetrie des Kristalls kann die Anisotropie einer Isotropie Platz machen. Isotrop ist ein Festkörper auch dann, wenn die ideal geordneten Parzellen genügend klein sind, so daß der Festkörper aus einer unbegrenzt großen Zahl solcher Parzellen von beliebiger Lage aufgebaut ist; ein solcher Festkörper heißt *amorph.* Man ist übereingekommen, einen Festkörper auch speziell dann als amorph, nämlich als *röntgenamorph,* zu bezeichnen, wenn die Kleinheit der geordneten Parzellen beim Bestrahlen des Festkörpers mit monochromatischem Röntgenlicht keine Beobachtung geordneter Beugungsmuster mehr zuläßt.

Flüssigkeiten unterscheiden sich von kristallinen Festkörpern im wesentlichen dadurch, daß in ihnen keine Fernordnung, sondern nur eine *Nahordnung* besteht, d. h. man kann von einem gegebenen Elementarbaustein der Flüssigkeit aus die Lage anderer Bausteine mit einer Wahrscheinlichkeit angeben, die mit zunehmender Entfernung vom gegeben Baustein stark abnimmt. Die Bindungen zwischen den Bausteinen einer Flüssigkeit können ionogener oder metallischer Natur sein oder es kann sich um van der Waalssche Bindungen handeln; Kovalenzen quer durch eine nur nahgeordnete Flüssigkeit hindurch sind allerdings mit der starken Richtungsgebundenheit der Zweielektronenbindung im allgemeinen nicht zu vereinbaren. In Flüssigkeiten beobachtet man meist ein isotropes physikalisches Verhalten. Man kennt auch aus Molekülen bestehende Flüssigkeiten, in denen die Moleküle bestimmte Vorzugsrichtungen einnehmen, und spricht in diesem Fall von *flüssigen Kristallen;* das physikalische Verhalten flüssiger Kristalle ist im allgemeinen anisotrop.

Manche Flüssigkeiten lassen sich über den Schmelzpunkt hinaus, wo sie normalerweise in den kristallinen Festkörperzustand übergehen, abkühlen und werden dabei immer zähflüssiger und schließlich — im wörtlichen Sinne — fest. Derartige nur einer Nahordnung unterliegende Festkörper nennt man *Gläser.*

Von großer Wichtigkeit sind jene Stoffe, die aus Ketten oder Schichten kovalent aneinandergebundener Atome oder Atomgruppierungen bestehen. Solche Ketten oder Schichten können kristallin geordnet sein wie im grauen Selen bzw. im grauen Arsen (s. u.), sie können aber auch trotz paralleler Lagerung einer Fernordnung und damit kristalliner Eigenschaften entraten, wie es bei einer bestimmten Sorte des Elements Schwefel oder bei Ketten der Fall sein kann, die aus *organischen* Atomgruppierungen aufgebaut sind. Derartige Stoffe sind zwar in der Kälte fest, haben aber bei nicht allzu tiefer Temperatur plastische Eigenschaften und spielen z. T. als *Kunststoffe* eine große Rolle in der Technik; von ihnen handelt u. a. die *Makromolekulare Chemie.* Sofern diese Stoffe genügend hart und zäh sind, zählt man sie wie die Gläser zu den *nichtkristallinen Festkörpern.*

Schließlich muß man natürlich auch die Gase zu den nichtkristallinen, amorphen Stoffen zählen. Gase bestehen grundsätzlich nur aus Atomen oder Molekülen, zwischen denen im Realfall nur sehr schwache, im idealen Grenzfall gar keine Bindungen wirksam und die völlig ungeordnet sind. Man erinnere sich bei dieser Gelegenheit an die Zustandsgleichung idealer und realer Gase, in denen ein Zusammenhang zwischen den Zustandsgrößen Druck P, Volumen V und Temperatur T bei gegebener Stoffmenge n und (im Falle realer Gase) bei gegebenen Stoffparametern hergestellt wird; man erinnere sich auch an das Gesetz von *Avogadro,* das aussagt, daß in gleichen Volumina bei gleichem Druck und gleicher Temperatur immer gleich viele Gaspartikeln enthalten sind! Es ist eine nützliche Übung, aus den Gesetzen von *Avogadro,* von *Boyle-Mariotte* und von *Gay-Lussac* die Zustandsgleichung idealer Gase herzuleiten, wobei man zu bedenken hat, daß unter *Normalbedingungen* eine Temperatur von 273,15 K und ein Druck von 1 atm = 1,013 bar verstanden werden und daß das Volumen von 1 mol eines Gases unter Normalbedingungen 0,0224 m^3 beträgt.

3.2. Metallische Bindungen in Festkörpern

Als typisch für Metalle wurde schon oben die Delokalisierung von Valenzelektronen über den ganzen Kristall hinweg angesehen, von der mit Mitteln der Theorie gezeigt werden kann, daß sie mit bindenden Kräften einhergeht. Schon vor der Entwicklung der Quantenmechanik stellte man sich um die Jahrhundertwende die bindenden Elektronen der Metalle wie ein Gas vor, das zwischen den Metallkationen frei beweglich ist und das Gitter zusammenkittet (*Elektronengas-Modell* der Metalle). Weiterhin typisch ist neben der Elastizität und der hohen Wärmeleitfähigkeit auch die elektrische Leitfähigkeit und deren Abnahme umgekehrt proportional zur Temperatur (Gesetz von *Wiedemann-Franz*). Ein strukturelles Charakteristikum der Metalle ist die hohe Koordinationszahl eines Metallatoms im Gitter und die daraus resultierende dichte Packung. Wollte man in einem Metallgitter alle Bindungen zu nächsten

Nachbarn mit 2 Elektronen ausstatten, so würde das gesamte Kontingent an Valenzelektronen hierfür nicht im entferntesten ausreichen. Anders als im ebenfalls über
delokalisierte Elektronen den Strom leitenden Graphit (s. u.) liegt also bei den
Metallen eine ausgesprochene *Elektronenmangelbindung* vor.

Drei Strukturtypen sind für die metallischen Elemente charakteristisch: die kubisch
und die hexagonal dichteste Kugelpackung (Bild 13) sowie das kubisch innenzentrierte Gitter (Bild 14). Bei den dichtesten Packungen denke man sich zunächst
eine dicht mit aneinanderstoßenden, kugelförmigen Metallatomen besetzte Ebene,
in der jedes Atom 6 Nachbarn hat (Lage A, Zeichenebene in Bild 13; die Symbole
von Bild 13 geben die Lage der Kugelmittelpunkte wieder). Unterhalb dieser Schicht
denke man sich eine gleich gebaute Schicht in Lage B, so daß jedes Atom in Lage A
zu 3 Atomen in Lage B denselben Abstand hat wie zu den 6 nächsten Atomen in
Lage A und umgekehrt. Die darunterliegende Schicht kann man wieder in die Lage
A bringen (hexagonal dichteste Kugelpackung) oder in die neue Lage C (kubisch
dichteste Kugelpackung). In beiden Fällen liegt dann für jedes Atom die Koordinationszahl 12 vor, wenn man sich die Lagenfolge AB bzw. ABC periodisch fortge-
setzt denkt.

Ein aus der Schichtenfolge ABCABC… sich ergebender Kubus (Bild 13), dessen
eine Raumdiagonale senkrecht zur Zeichenebene steht, stellt die Elementarzelle
der kubisch dichtesten Kugelpackung dar. Man sieht, daß nicht nur die Ecken sondern auch jede Flächenmitte des Kubus durch je ein Atom besetzt ist (*kubisch*

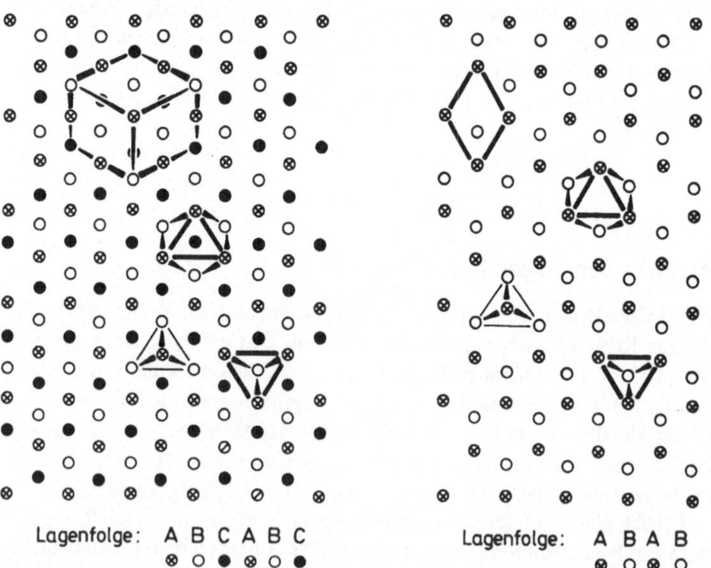

Bild 13. Kubisch und hexagonal dichteste Kugelpackung

flächenzentriertes Gitter). Da der Kubus 4 gleichberechtigte Raumdiagonalen hat, muß es noch 3 andere zu diesen Raumdiagonalen jeweils senkrechte Ebenen geben, die eine analoge geometrische Funktion haben wie die Zeichenebene.

In die Darstellung der hexagonal dichtesten Kugelpackung ist die Grundfläche der hexagonalen Elementarzelle eingetragen. Die Gitterkonstante c liegt senkrecht zur Zeichenebene und hat die Größe des doppelten Lagenabstands. Dichter als in den dichtesten Kugelpackungen kann man gleich große Kugeln nicht packen, die Raumerfüllung beträgt 74 %.

Der nicht erfüllte Raum konstituiert sich bei N Gitterpunkten in beiden dichtesten Packungen aus N größeren Lücken, die von 6 Gitterpunkten oktaedrisch umgeben werden, und aus $2N$ kleineren Lücken, die von 4 Gitterpunkten tetraedrisch so umgeben werden, daß das Zentrum der einen N Lücken näher an der unteren und das der anderen N Lücken näher an der oberen Schicht nächster Gitterpunkte liegt. Würde man die Mitten aller oktaedrischen Lücken als Gitterpunkte auffassen, so resultierte insgesamt ein kubisch flächenzentriertes Gitter der Lücken im Falle der kubisch dichtesten Kugelpackung, im Falle der hexagonal dichtesten Kugelpackung entstünde dagegen ein Netz trigonaler Prismen; jeweils die Hälfte der Tetraederlücken beider Packungen repräsentiert eine Anordnung wie die der Atome in einer kubisch dichtesten bzw. einer hexagonal dichtesten Packung; alle tetraedrischen Lücken der kubisch dichtesten Packung ergeben ein kubisch primitives Gitter, das ist ein Netzwerk aus einfachen Kuben. Die beiden dichtesten Packungen wurden hier deshalb so ausführlich erörtert, weil ihre Strukturen die Grundlage des geometrischen Verständnisses vieler anderer Strukturen sind.

Die Elementarzelle des bei Metallen ebenfalls sehr häufigen kubisch innenzentrierten Gitters ist in Bild 14 dargestellt. Es ist bei 68 % Raumerfüllung weniger dicht als die beiden anderen Gitter, die Koordinationszahl beträgt nur 8.
In den 3 skizzierten Gittern kristallisieren die allermeisten Metalle, manche Metalle können auch in zwei Gittertypen auftreten (*Dimorphismus*) und die Elemente Ca, Sr und La sogar in allen dreien (*Trimorphismus*). Im einzelnen verteilen sich die Metalle wie folgt auf die 3 typischen Metallgitter:

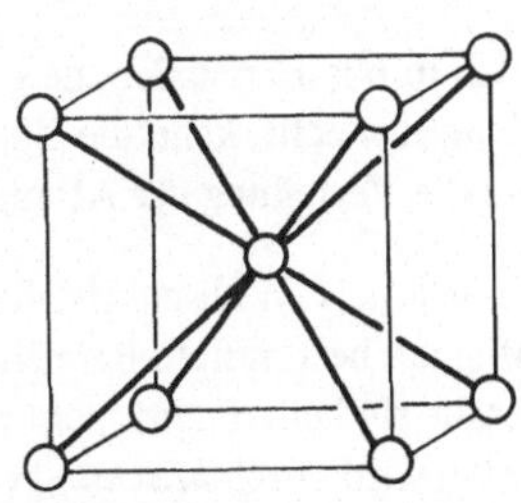

Bild 14. Kubisch innenzentriertes Gitter

1. Kubisch dichteste Kugelpackung: Al, Pb, Rh, Ir, Pd, Pt, Cu, Ag, Au, Yb
2. Hexagonal dichteste Kugelpackung: Be, Mg, Y, Tc, Re, Ru, Os, Lanthanoiden (außer Eu und Yb)
3. Kubisch innenzentriertes Gitter: K, Rb, Cs, Ba, V, Nb, Ta, Cr, W, Eu
4. Dimorphismus 1. + 2.: Tl, Sc, Co, Ni
5. Dimorphismus 1. + 3.: Fe
6. Dimorphismus 2. + 3.: Li, Na, Ti, Zr, Hf, Mo.

Die Metalle Ga, In, Mn, Zn, Cd, Hg u. a. kristallisieren in anderen Gittern.

Verbindungen zwischen Metallen untereinander heißen *Legierungen.* Wenn sich 2
Metalle in ihrer Elektronenkonfiguration und in ihrem Atomradius recht ähnlich
sind und überdies in denselben Strukturen kristallisieren, dann besteht häufig neben
der im flüssigen Zustand vollständigen (d. h. für jede Zusammensetzung möglichen)
Mischbarkeit mit statistischer atomarer Verteilung auf die nahgeordneten Plätze in
der Flüssigkeit auch im ferngeordneten Kristall eine statistische Durchmischung;
man spricht von *Mischkristallen,* denen sich im allgemeinen keine Formel mit ganzzahligen Koeffizienten zuordnen läßt. Eine vollständige Mischkristallreihe ist z. B.
für die Paare K/Rb, Ag/Au, Cu/Au, As/Sb, Mo/W und Ni/Pd bekannt, bei denen
jeweils die reinen Komponenten im selben Gittertyp kristallisieren. Die Verteilung
der Atome im Mischkristall muß nicht bei jeder Zusammensetzung statistisch sein;
so kennt man z. B. im System Au/Cu bei den Zusammensetzungen AuCu und
AuCu$_3$ außer der statistischen Verteilung der Atome auf das kubisch flächenzentrierte Gitter auch je eine wohl geordnete Verteilung, eine sog. Überstruktur,
der die folgenden Elementarzellen entsprechen:

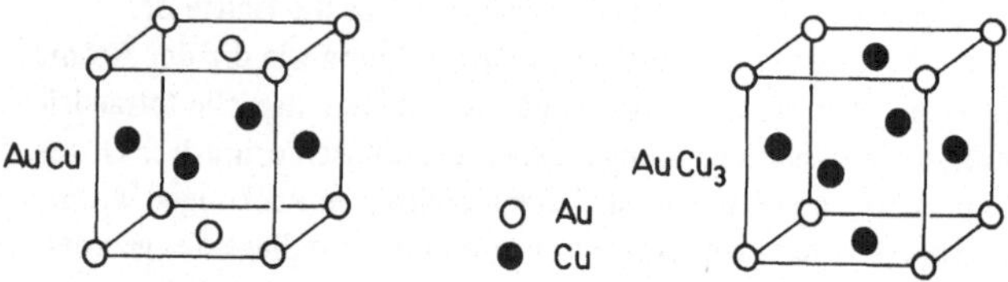

Auch in Mischkristallen, deren Zusammensetzung von der der Überstruktur nur
wenig abweicht, kann die Überstruktur noch das beherrschende Strukturprinzip
und die Verteilung der Atome nur teilweise statistisch sein (s. Abschnitt 4).

Bei den meisten Mischkristallbildungen zwischen zwei Metallen ist die Mischbarkeit
auf einen bestimmten Bereich des molaren Verhältnisses beschränkt, und viele
Metalle sind überhaupt nicht mischbar. Der Bereich der Mischbarkeit, die sog. *Phasenbreite,* wird durch *Mischungslücken* unterbrochen (s. Abschnitt 4.4.3 und die Bilder
24, 25 und 26). Die eine Mischungslücke begrenzenden *Phasen* kristallisieren dabei
im allgemeinen in verschiedenen Strukturtypen. Diese Strukturtypen entsprechen
den Elementstrukturen, wenn zwei Metalle A und B lediglich in der Form Mischkristalle bilden, daß sich wenig A in B löst und umgekehrt. Es können aber auch
bei bestimmten Zusammensetzungen Phasen mit einer eigenen Struktur und mit
meist einer gewissen Phasenbreite existieren, und man hat bis heute schon eine sehr
große Menge solcher Strukturen aufgefunden. Gut untersucht sind z. B. die sog.
Hume-Rothery-Phasen, die zwischen den Übergangsmetallen der A-Gruppen (ein-
schließlich den 1 B-Metallen) einerseits und den B-Gruppen-Metallen ab der Gruppennummer 2 andererseits gebildet werden und deren berühmteste die *Messing-Phasen*
des Systems Cu/Zn sind (Bild 25).

Es muß noch erwähnt werden, daß es außer dem *Normalfall* der Mischkristallbildung, bei dem die gemischten Atomsorten gleichwertige Gitterplätze eines Strukturtyps besetzen, noch jene Mischkristalle gibt, bei denen eine zugemischte Atomsorte die Hohlräume einer Struktur, die sog. *Zwischengitterplätze,* besetzt; derartige Legierungen spielen eine große Rolle in der Technik.

3.3. Kovalente Bindungen in Festkörpern

Eine ideale kovalente Festkörperstruktur liegt im *Diamantgitter* (Bild 15) vor; in diesem Gittertyp kristallisieren die Elemente Si und Ge, ferner können auch die Elemente C (*Diamant*) und Sn (*Graues Zinn, α-Zinn*) im Diamantgitter auftreten. Die 4 von jedem Atom ideal tetraedrisch ausgehenden Zweielektronenbindungen sind völlig unpolar. Metrik und Symmetrie sind kubisch. Man kann das Diamantgitter als zwei kubisch flächenzentrierte Gitter auffassen, von denen das eine in der Hälfte der tetraedrischen Lücken des anderen liegt und umgekehrt.

Für das Element Kohlenstoff gibt es noch eine Strukturalternative, die den übrigen Elementen der Gruppe 4B verschlossen ist, nämlich das Graphit-Gitter (Bild 15). Es handelt sich um planare Schichten regulärer Sechsecke aus Kohlenstoffatomen mit je 3 Zweielektronenbindungen zu 3 nächsten Schichtnachbarn; das 4. Valenzelektron eines jeden C-Atoms ist über die gesamte Schicht delokalisiert, so daß jede Schicht quasi dicht mit Benzolringen gepflastert erscheint. Die Delokalisierung des 4. Elektrons bedingt die elektrische Leitfähigkeit des Graphits parallel zu den Schichten. Die Bindungskräfte zwischen den Schichten sind nur schwach; die leichte mechanische Spaltbarkeit des Graphits parallel zu den Schichten macht den Graphit als Schmiermittel geeignet. Das Unvermögen der Elemente Si, Ge und Sn, im Graphitgitter zu kristallisieren, und die Unfähigkeit dieser Elemente, Doppelbindungen unter Beteiligung ihrer p-Elektronen einzugehen, haben eine gemeinsame theoretische Ursache, die mit der Größe der Atome zusammenhängt.

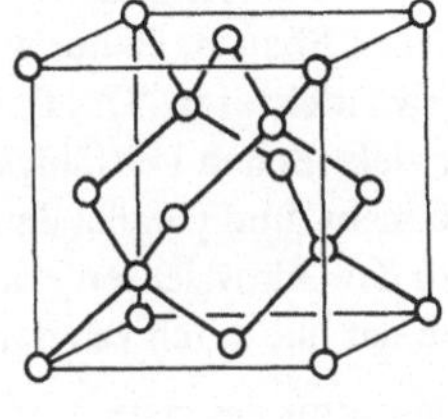

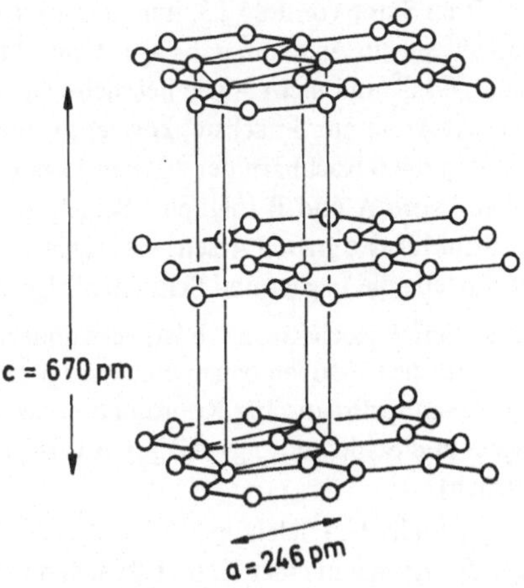

Bild 15. Die Elementarzellen des Diamant- und des Graphitgitters

Das Diamantgitter mit seinen typisch kovalenten Bindungen tritt u. a. auch in der Natriumthallid-Struktur auf: Tl$^-$-Anionen, die mit Pb-Atomen isoelektronisch sind, bilden ein negativ geladenes Diamantgitter, in dessen Hohlräumen Na$^+$-Ionen in genau definierter Ordnung eingebaut sind. Die Bindung zwischen Na$^+$ und Tl$^-$ ist vorwiegend ionogen, doch trägt sie z. T. auch metallischen Charakter. Substanzen dieses Bautyps, also der Verknüpfung typischer Metallionen mit einem anionischen kovalenten Halbmetallgitter, nennt man *Zintl-Phasen*.

Außer den Elementen C, Si, Ge und Sn kristallisieren auch andere Stoffe im Diamantgitter, z. B. das Galliumarsenid GaAs, bei dem die Ga- und die As-Atome jeweils für sich eine kubisch flächenzentrierte Anordnung haben; man beachte dabei, daß die Zahl der Valenzelektronen in GaAs die gleiche ist wie bei Ge.

Die Elemente As, Sb und Bi kristallisieren u. a. im hexagonalen Gitter des grauen Arsens, der schwarze Phosphor hat eine damit verwandte Struktur. Im Gitter des grauen Arsens gehen von jedem As-Atom 3 kovalente Bindungen aus, die restlichen 2 Elektronen finden sich als freies Elektronenpaar und besetzen quasi die 4. Ecke der Koordinationsfigur um jedes As-Atom. Ähnlich wie beim Graphit liegt auch im grauen Arsen eine Schichtenstruktur vor, nur liegen die As-Atome einer Schicht in 2 verschiedenen Ebenen, da nur so die trigonal-pyramidale Koordination um jedes As-Atom gewährleistet ist. Das freie Elektronenpaar ist beim Arsen sehr wenig im Sinne einer elektrischen Leitfähigkeit verschiebbar, beim metallischen Wismut dagegen umso mehr, und parallel damit geht eine Vergrößerung des Verhältnisses der Abstände zu den 3 kovalenten Nachbarn derselben Schicht und zu den 3 entfernteren Nachbarn in der nur durch van der Waalskräfte gebundenen nächsten Schichten.

Die Kristallstruktur des grauen Arsens hat eine gewisse Verwandtschaft zur kubisch dichtesten Kugelpackung: Die As-Atome einer Schicht befinden sich in der Lage A und B im Sinne von Bild 13, nur ist der Lagenabstand so gering, daß der Bindungswinkel, den ein As-Atom der Lage A mit 2 benachbarten As-Atomen der Lage B bildet, 84,6° und nicht — wie bei dichtester Packung — 60° beträgt. Dadurch hat jedes As-Atom nur 3 nächste, kovalent gebundene Nachbarn in der Nachbarlage, während die 6 Nachbarn der eigenen Lage weiter entfernt sind. Auf eine Schicht in den Lagen A und B folgt eine Schicht in den Lagen C und A, so daß sich für die Struktur des grauen Arsens insgesamt in der c-Richtung der hexagonalen Elementarzelle die Lagen- und Schichtenfolge AB CA BC... ergibt.

Da Si$^-$ mit P isoelektronisch ist, verwundert es nicht, daß eine Zintlphase CaSi$_2$ existiert: die Si$^-$-Ionen bauen ein Arsengitter auf, und die Ca^{2+}-Ionen liegen mit trigonal-antiprismatischer Koordination zwischen den Si-Schichten, so daß sich die Lagen- und Schichtenfolge AB <u>A</u> CA <u>C</u> BC <u>B</u>... ergibt (die Ca-Lagen sind unterstrichen).

Beim metallischen Selen und Tellur liegen — wie schon erwähnt — Ketten vor; die Lage der Atome in einer Kette läßt sich durch drei parallele Geraden in gleichen Abständen zueinander beschreiben, auf denen die Atome so aufgereiht sind, daß man eine schraubenartige Bewegung ausführt, wenn man den kovalenten Bindungen der Kette folgt. Die Bindungen zwischen den Ketten haben mehr van der Waals- als metallischen Charakter und zwar in einem vom Selen zum Tellur abnehmendem Maße. Erwartungsgemäß kennt man eine Zintlphase, nämlich CaSi, in der kovalente Si^{2-}-Ketten als Bauprinzip auftreten.

Im vorstehenden Abschnitt wurden weder die Strukturen der halbmetallischen Elemente und schon gar nicht die Strukturen der zahlreichen bekannten Zintlphasen erschöpfend behandelt. Es wurde lediglich an typischen Beispielen aufgezeigt, welche Strukturprinzipien in Festkörpern auftreten, die von kovalenten Bindungen durchzogen sind. Ein Wort aber muß noch zum Begriff der *Halbmetalle* gesagt werden, also zu den in Abschnitt 1 genannten Elementen B, Ga, Si, Ge, As, Sb, Bi, Se und Te. Allen diesen Elementen ist gemeinsam, daß sie in reiner, kristalliner Form eine gewisse, meist geringe Leitfähigkeit haben. Bei Si und Ge kommt diese Leitfähigkeit dadurch zustande, daß zur Abspaltung von 1 mol Elektronen aus den kovalenten Bindungen nur eine Energie von 117 bzw. 71 kJ aufgewendet werden muß; demnach gibt es im Gitter von Si und Ge schon bei Raumtemperatur, in höherem Maße aber bei einer Steigerung der Temperatur oder bei der Zuführung optischer Energie, freie Elektronen und eine entsprechende Zahl positiv geladener Störstellen, die bei Anlegen einer Spannung den Kristall durchwandern. Die Leitfähigkeit der Halbmetalle läßt sich erheblich steigern, wenn man in ihr Kristallgitter Atome benachbarter Gruppen einbaut; man kommt dabei zur *Elektronenüberschuß*- oder n-*Leitung,* wenn man mit Atomen rechter Nachbargruppen *dotiert,* andernfalls zur *Elektronendefekt*- oder p-*Leitung.* In dotierten Halbmetallen hängt die Leitfähigkeit kaum noch von der Temperatur, aber sehr stark von der Menge eingebauter Fremdatome ab. Für die Halbmetalle Si, Ge, Sb und Bi ist es typisch, daß ihre Schmelze dichter ist und den Strom besser leitet als ihr Kristallgitter; das hängt damit zusammen, daß in der Schmelze die kovalenten Bindungen des Kristallgitters aufbrechen, so daß sich die Atome — wie in Metallschmelzen — bei hoher Koordinationszahl dichter zusammenlagern können.

3.4. Ionogene Bindungen in Festkörpern

3.4.1. Die Koordinationszahl in Salzen

Für die Bildung von Verbindungen $A_a B_b$ gilt generell: Die Kombination von Nichtmetallen mit Nichtmetallen führt zu kovalenten Molekülen oder kovalenten Festkörpern, die Kombination von Metallen mit Metallen führt zu Legierungen, und die Kombination von Metallen mit Nichtmetallen führt zu ionogenen Verbindungen, den *Salzen,* $M_a X_b$, in denen Kationen M^{b+} und Anionen X^{a-} durch elektrostatische Kräfte aneinander gebunden sind! In Abweichung hiervon erhält man aus Metallen und Nichtmetallen dann vorwiegend kovalent gebaute Moleküle, wenn — wie oben erwähnt — durch Polarisation ein Herüberziehen der Anionenhüllen zum Kation bei starker Ionenradien- und Ladungsdifferenz eintritt. Ein besonderes Kennzeichen für das Überwiegen der ionogenen Bindung in Salzen ist es, daß die elektrostatischen

Kräfte nicht auf ein Zentralion und die das Zentralion koordinierenden Ionen entgegengesetzter Ladung lokalisiert sind, sondern daß sich Kationen und Anionen wechselseitig koordinieren und damit einen geordneten Festkörperverband ergeben. Die Fernordnung in diesem Festkörperverband macht beim Schmelzen einer Nahordnung Platz und erst bei meist sehr hoher Temperatur geht eine Ionenschmelze in die Gasphase über, wo dann die elektrostatischen Bindungen in Molekülen lokalisiert sind.

Im allgemeinen haben die am Aufbau eines Salzes beteiligten Ionen eine einheitliche Ladung, so daß der neutrale Gesamtkristall eine Summenformel mit ganzzahligen Koeffizienten ergibt, z. B. NaCl, $KMgF_3$, $CaTiO_3$. Man kennt jedoch auch nichtstöchiometrische Salze mit nicht einheitlicher Ladung eines beteiligten Ions, z. B. das Eisenoxid der Zusammensetzung $Fe_{0,90}O$ bis $Fe_{0,95}O$, das neben vorwiegend zweiwertigen auch dreiwertige Eisen-Ionen enthält. Ein nichtstöchiometrisches Salz (wie dieses Eisenoxid) unterscheidet sich von einem entsprechenden stöchiometrischen Salz (wie dem hypothetischen FeO) durch das Vorhandensein einer Fehlordnung (im vorliegenden Beispiel einer Schottky-Fehlordnung mit Kationleerstellen), sofern sich beim Übergang vom stöchiometrischen zum nichtstöchiometrischen Salz nicht der Strukturtyp ändert.

Bei jenen binären Salzen $M_a X_b$, bei denen sich die wechselseitige Koordination von Kationen und Anionen über alle 3 Raumrichtungen erstreckt, folgt aus einfachen geometrischen Überlegungen, daß die Koordinationszahl von M zu der von X im Verhältnis $b:a$ stehen muß. Aus der Forderung, daß die nächsten gleichionigen Nachbarn deutlich weiter entfernt sein müssen als die nächsten ungleichionigen, folgt ferner, daß die maximale Koordinationszahl 8 beträgt. Im übrigen hängt die Größe der Koordinationszahl mit dem Ionenradienverhältnis zusammen: Um ein Kation gegebener Größe können sich mehr kleinere als größere Anionen versammeln.

Diese Verhältnisse seien für binäre Salze MX verdeutlicht: Bei etwa gleicher Ionengröße von Kation und Anion liegt die Koordinationszahl 8 vor, bei der 8 Anionen um ein Kation einen Kubus als Koordinationspolyeder bilden und umgekehrt (Cäsiumchlorid-Struktur). Betrachtet man die Ionen als starre Kugeln und setzt voraus, daß Kationen und Anionen in Salzen aneinanderstoßen, so zeigt eine einfache geometrische Betrachtung, daß bei kubischer Koordination die Anionen dann zusammenstoßen, wenn das Radienverhältnis zwischen Kationen und Anionen den Wert 0,732 annimmt. Es ist plausibel, daß aus Gründen der elektrostatischen Abstoßung die kubische Koordination einer Koordination mit kleinerem Wert weichen muß, wenn der Quotient 0,732 unterschritten wird, und tatsächlich stimmt dies weitgehend auch mit der Erfahrung überein; denn bei Radienverhältnissen zwischen ca. 0,73 und ca. 0,41 herrscht die Koordinationszahl 6 vor (Natriumchlorid-Struktur). Bei kleineren Radienverhältnissen als 0,41 sinkt die Koordinationszahl auf 4 ab (Zinkblende- oder Wurtzitstruktur).

Bei Salzen der Zusammensetzung AB_2 hängt die Koordinationszahl ebenfalls mit dem Radienverhältnis zusammen. Bei abnehmendem Verhältnis des Kation- zum

Anionradius kommt man von den Koordinationszahlen $8:4$ (Fluorit-Struktur) über $6:3$ (z. B. Rutil-Struktur) zu den Zahlen $4:2$ (z. B. SiO_2-Strukturen). Manche Salze AB_2 haben kein Raum- sondern ein Schichtengitter (z. B. vom Cadmiumchlorid- oder Cadmiumiodid-Typ). Salze der Zusammensetzung AB_3 kristallisieren hauptsächlich in Schichtengittern, es gibt aber auch Raumgitter (z. B. vom Rheniumtrioxid-Typ).

3.4.2. Einige Strukturtypen

Die räumliche Beschreibung der oben in Klammern genannten Struktur-Prototypen kann man z. T. auf die in Bild 13 für die beiden dichtesten Packungen beschriebenen räumlichen Verhältnisse stützen. Das trifft auch für die meisten der oben nicht erwähnten Strukturtypen sowie für jene Strukturtypen zu, die bei binären Salzen M_2X_3, M_3X_4, M_2X, M_3X, M_3X_2 usw. oder bei ternären Salzen wie $MM'X_3$, MM'_2X_4 usw. beobachtet werden; die Salzstrukturen sollen hier jedoch nicht systematisch, sondern nur vom Prinzip her behandelt werden. Daher seien nur die folgenden besonders häufigen Strukturen erläutert:

Cäsiumchlorid-Struktur: Die kubisch innenzentrierte Elementarzelle enthält Cs^+ in der Zellenmitte und Cl^- an den 8 Ecken (oder umgekehrt).

Natriumchlorid-Struktur (Bild 16a): Cl^- besetzt die Punkte eines kubisch flächenzentrierten Gitters und Na^+ alle oktaedrischen Lücken desselben, so daß auch die Na-Ionen eine kubisch flächenzentrierte Anordnung aufweisen und die Cl-Ionen oktaedrisch umgeben. Die Lagenfolge ist im Sinne von Bild 13 demnach (die Kationen unterstrichen): ACBACBACBACB... Dieser Strukturtyp ist bei Halogeniden und Oxiden sehr verbreitet.

(Auch das hexagonale Gegenstück zur Natriumchlorid-Struktur, nämlich die Nickelarsenid-Struktur (Bild 16b), ist bekannt: As-Atome besetzen alle Punkte eines Gitters vom Typ der hexagonal dichtesten Packung, deren oktaedrische Lücken durch Ni-Atome aufgefüllt werden, so daß diese die As-Ionen trigonal-prismatisch koordinieren. Die Ni–Ni-Abstände sind kürzer als sie es wären, wenn die As-Atome kubisch flächenzentriert gepackt wären; es liegen nämlich beim NiAs und bei allen in diesem Typ kristallisierenden Substanzen metallische Wechselwirkungen zwischen den trigonal-prismatisch angeordneten Atomen vor, so daß man diesen Strukturtyp eher zu den Metallen als zu den Salzen rechnen muß. Man trifft ihn vorzugsweise bei solchen Substanzen MX an, in denen M ein Übergangsmetall und X ein Element wie S, Se, Te, P oder As darstellt.)

Zinkblende-Struktur (Bild 16c): In der *Zinkblende* ZnS besetzen Zn-Ionen die Hälfte der tetraedrischen Lücken einer kubisch flächenzentrierten S^{2-}-Anordnung und bilden daher selbst eine kubisch flächenzentrierte Anordnung mit einer tetraedrischen Koordination der S-Ionen. Der Radienunterschied ist so groß und die kovalenten Bindungsanteile daher so erheblich, daß die Bezeichnung *Ionenkristall* schon fragwürdig wird. Die Lagenfolge läßt sich durch die folgende Reihe wiedergeben: ABBCCAABBCC... Man beachte, daß sich die

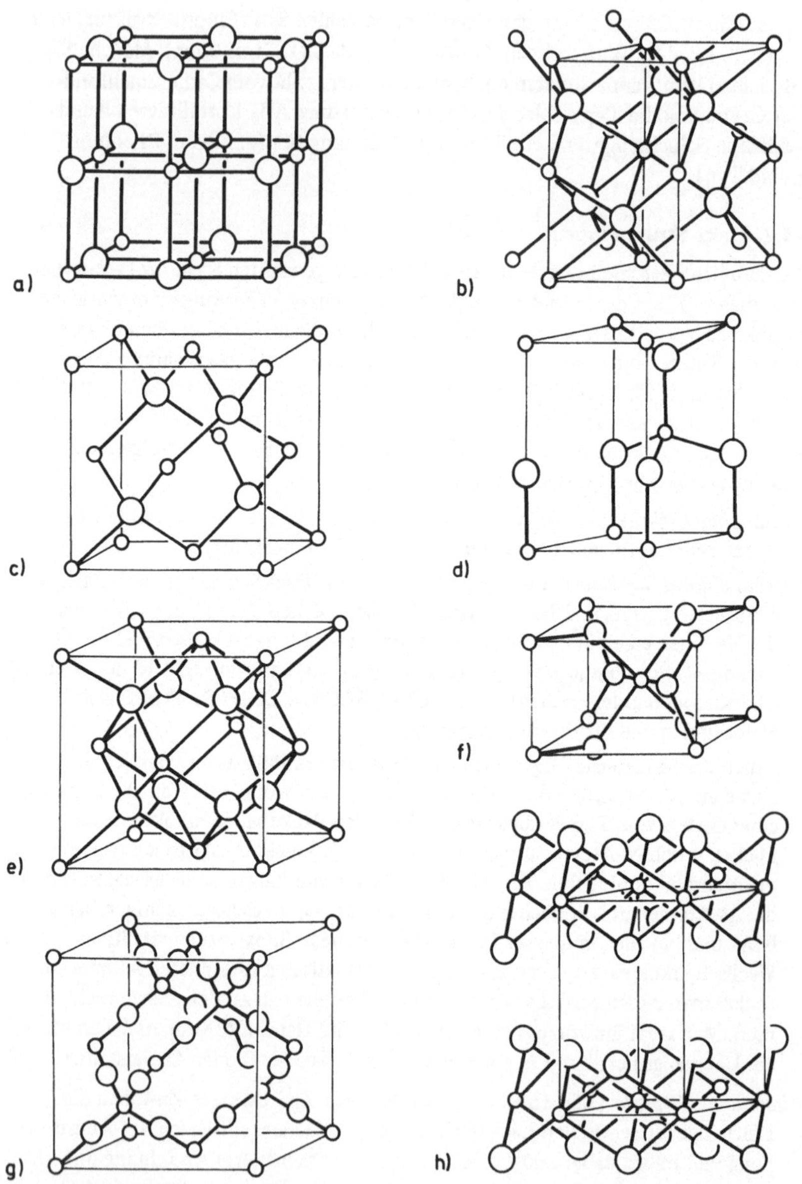

Bild 16. Einige wichtige Kristallstrukturen vom Typ MX und MX_2: a) Kochsalz-Struktur,
b) Nickelarsenid-Struktur, c) Zinkblende-Struktur, d) Wurtzit-Struktur, e) Fluorit-Struktur,
f) Rutil-Struktur, g) β-Christobalit-Struktur, h) Cadmiumjodid-Struktur

Diamantstruktur ergibt, wenn man alle Gitterplätze der Zinkblendestruktur durch Kohlenstoff ersetzt.

Wurtzit-Struktur (Bild 16 d): Im *Wurtzit* ZnS befinden sich Zn-Ionen in der Hälfte der tetraedrischen Lücken einer S^{2-}-Anordnung, die nach dem Prinzip der hexagonal dichtesten Kugelpackung aufgebaut ist; ebenso wie bei der Zinkblende ist das Teilgitter der Zn-Ionen ebenso gebaut wie das der S-Ionen. Während ZnS sowohl im Zinkblende- als auch im Wurtzitgitter kristallisieren kann, gibt es eine Reihe von Verbindungen MX, die entweder das eine oder das andere Gitter bevorzugen. Auch beim Wurtzit sind die kovalenten Bindungsanteile erheblich. Lagenfolge: ABBAABBAABB...

Fluorit-Struktur (Bild 16e): Im *Fluorit* oder *Flußspat* CaF_2 bilden Ca-Ionen ein kubisch flächenzentriertes Teilgitter, und die F-Ionen besetzen alle Tetraederlücken, so daß sich als Koordinationspolyeder um die Ca-Ionen einfache Kuben mit einem Rauminhalt von 1/8 der Elementarzelle ergeben. Lagenfolge: ABABCBCACABABCBC... Wie man sieht, stoßen Anion-Lagen aneinander, woraus sich die bevorzugte mechanische Spaltbarkeit zwischen den Anion-Lagen erklärt. Man mache sich klar, daß aus der kubischen Symmetrie das Vorhandensein von 4 Scharen paralleler Spaltebenen folgt, alle mit der gleichen Lagenfolge.

Rutil-Struktur (Bild 16 f): Im *Rutil* TiO_2 markieren Ti-Ionen mit einem tetragonalinnenzentrierten Teilgitter die tetragonale Elementarzelle. Jedes Ti-Ion ist in einer nicht ideal oktaedrischen Anordnung von O-Ionen umgeben, die O-Ionen sind ihrerseits planar durch 3 Ti-Ionen koordiniert. 2 der O-Ionen liegen in der Elementarzelle, die anderen 4 auf einander gegenüberliegenden Seiten der Elementarzelle.

β-Christobalit-Struktur (Bild 16 g): *β-Christobalit* repräsentiert eine der fast ein Dutzend Formen, die für kristallines Siliciumdioxid bekannt sind. Si-Ionen besetzen alle Gitterpunkte einer Diamant-Struktur, die O-Ionen befinden sich nicht weit weg von den Mitten der Si—Si-Verbindungslinien und umgeben jedes Si-Ion tetraedrisch. Der ionogene Charakter der Bindung ist gering, der kovalente stark ausgeprägt. Der β-Tridymit, eine andere SiO_2-Modifikation, leitet sich in analoger Weise von der hexagonalen Diamant-Struktur ab; diese steht zur Wurtzit-Struktur im selben strukturellen Zusammenhang wie die Struktur des normalen kubischen Diamanten zur Zinkblende-Struktur. Die häufigste Form von SiO_2, der α-Quarz, ist etwas komplizierter gebaut. Es ist typisch, daß die wegen ihrer höheren Koordinationszahlen dichter gepackte Rutil-Struktur dann ausgebildet wird, wenn man einen sehr hohen Druck auf SiO_2 ausübt.

Cadmiumchlorid-Struktur: Die Cl-Ionen bilden eine Lagenfolge, wie sie der kubisch flächenzentrierten Lagenfolge entspricht, nur mit anderen Lagenabständen; nur jede übernächste Lage von Oktaederlücken ist durch Cd-Ionen besetzt, so daß sich die Folge ACB CBA BAC ACB... ergibt. Anders als beim Fluorit gibt es hier nur eine Schar paralleler Ebenen bevorzugter Spaltbarkeit, Ebenen die durch die unbesetzten Oktaederlücken definiert werden; das ist der Grund, warum man bei $CdCl_2$ von einer Schichtenstruktur spricht, aber bei CaF_2 nicht.

Cadmiumiodid-Struktur (Bild 16h): I-Ionen sind in Lagen angeordnet, wie sie der hexagonal dichtesten Kugelpackung entsprechen, und Cd-Ionen besetzen jede übernächste Oktaederlücke, so daß es zur Lagenfolge ACB ACB... kommt. Wie man sieht, ist die c-Achse der hexagonalen Elementarzelle von $CdCl_2$ länger als bei CdJ_2.

Rheniumtrioxid-Struktur: Re-Ionen besetzen ein kubisch primitives Gitter mit O-Ionen auf allen Kantenmitten.

3.4.3. Strukturen anisodesmischer Salze

Zweifellos sind die Kräfte, die zwischen Molekülionen bestehen von derselben Art wie die zwischen Atomionen, so daß es bei der Beteiligung von Molekülionen im Prinzip auch zur Ausbildung salzartiger Strukturen kommt. Komplikationen bei der Beschreibung der Strukturen erwachsen aus den Abweichungen des Baus der Molekülionen von der kugeligen Gestalt. Ist ein Molekülion von der kugeligen Gestalt nicht weit entfernt, so kristallisieren seine Salze jedoch vielfach in einfachen Strukturtypen. Häufig muß man in diesem Zusammenhang die oktaedrisch gebauten Molekülionen als kugelähnlich ansehen; so kristallisiert beispielsweise $K_2[PtCl_6]$ in einer Antifluorit-Struktur (d. h. die Kationen K^+ sitzen auf den Anion-, die Anionen $[PtCl_6]^{2-}$ auf den Kationplätzen der Fluorit-Struktur), und die Struktur von $[Ni(H_2O)_6][SnCl_6]$ entspricht der Cäsiumchlorid-Struktur.

Tetraedrisch gebaute Anionen verhalten sich kristallchemisch meist nicht wie Kugeln. Salze wie die Alkalisulfate, -phosphate oder -perchlorate kristallisieren in der Regel in 2 Formen, einer Hochtemperatur- und einer Tieftemperaturform, und besonders in der Tieftemperaturform deutet sich eine kovalente Metall-Sauerstoff-Wechselwirkung an. Die Strukturen haben meist keinen einfachen Zusammenhang zu den Strukturen binärer Salze.

Planar gebaute Anionen wie CO_3^{2-} prägen ihre planare Form dem Kristallgitter auf. Beispielsweise weicht die Struktur von *Calcit* $CaCO_3$ von der Natriumchlorid-Struktur insofern ab, als alle CO_3-Ionen eine parallele Lage senkrecht zu einer Raumdiagonale einer kubischen NaCl-Zelle einnehmen. Die oben für NaCl angegebene Lagenfolge bleibt also erhalten, nur gibt es statt der 4 zum Abzählen der Lagenfolge geeigneten Raumrichtungen (nämlich den 4 Raumdiagonalen des Würfels) nur noch eine mit der c-Richtung einer hexagonalen Elementarzelle parallele Richtung. Man spricht von einer *rhomboedrischen Verzerrung* der kubischen Elementarzelle.

Auch lineare Molekülionen können den Gittertyp prägen. So leitet sich die Calciumacetylid-Struktur von der Natriumchlorid-Struktur dadurch ab, daß Na- durch Ca-Ionen und Cl- durch C_2-Ionen ersetzt sind, die C_2-Ionen liegen aber alle parallel zur c-Richtung der relativ zur NaCl-Struktur tetragonal verzerrten Elementarzelle. In anderen Acetyliden oder auch im Pyrit FeS_2 ist die Anordnung der zweiatomigen Anionen wieder eine andere.

Lehrreich sind die Cyanide. In der Tieftemperaturform von NaCN liegen in einer Natriumchlorid-ähnlichen Anordnung alle CN-Ionen parallel, jedoch ist die bei NaCl kubische Zelle bei NaCN rhombisch und nicht wie bei CaC_2 tetragonal verzerrt. Bei hoher Temperatur sind die CN-Ionen um ihren Schwerpunkt im Gitter frei drehbar und treten als Kugeln in Erscheinung, so daß die Hochtemperaturform von NaCN im NaCl-Typ kristallisiert.

In einer Substanz wie $Fe(CN)_3$ sind die CN-Ionen anders geordnet als im NaCN: Man denke sich eine ReO_3-Struktur von $Fe(CN)_3$, in der die CN-Ionen auf den Kanten der kubischen Zelle so liegen, daß ein Fe-Ion von 6 C-Atomen und die 6 nächsten Fe-Ionen von je 6 N-Atomen koordiniert sind usw. Hier liegen offenbar erhebliche kovalente Bindungsanteile vor.

3.4.4. Mischkristallbildung

Salze bilden dann Mischkristalle, wenn die Ionenradien vergleichbar groß sind und wenn die reinen Komponenten vergleichbare Strukturen haben. Ganz allgemein und nicht nur bei Salzen sind Strukturen dann vergleichbar, wenn sie entweder gleich (*Isotypie*, z. B. LiH und CaS (beide: NaCl-Typ), BeO und Wurtzit, Diamant und Silicium) oder verwandt sind (*Homöotypie*, z. B. Diamant und Zinkblende, $CdCl_2$ und CdJ_2, Mg und Cu). Eine Mischkristallbildung bei Salzen mit nicht verwandten Strukturen (*Heterotypie*) kann auch beobachtet werden, wobei sich aber in der einen Komponente jeweils nur wenig der anderen löst und dann breite Mischungslücken auftreten.

Der einfachste Typ von Mischkristallbildung ist die *einfache Substitution:* in MX wird M bzw. X sukzessive durch M' bzw. X' ersetzt, wobei man im Falle lückenloser Mischkristallbildung schließlich zu M'X bzw. zu MX' kommt; als Formelsymbol solcher Mischkristalle kann man $(M, M')X$ oder $M_n M'_{1-n} X$ bzw. $M(X, X')$ oder $MX_n X'_{1-n}$ schreiben. Beispiele stellen Mischungen von NaCl und AgCl bzw. von $KClO_4$ und $KMnO_4$ dar.

Bei der Mischkristallbildung durch *gekoppelte Substitution* werden gleichzeitig 2 Komponenten ausgetauscht; z. B. kann man in der Verbindung $Na[AlSi_3O_8]$, in welcher Al und Si gemeinsam die Si-Plätze einer vorwiegend kovalenten SiO_2-Struktur besetzen, Na^+ durch das höher wertige Ca^{2+} und gleichzeitig Si^{4+} durch das niedriger wertige Al^{3+} substituieren, so daß man zu $(Na_x Ca_{1-x})[Al_{2-x}Si_{2+x}O_8]$ kommt.

Die *Additionssubstitution* liegt vor, wenn Mischkristalle durch die Hinzufügung einer Komponente und die Änderung der Oxidationszahl der anderen Komponente entstehen. Z. B. kennt man eine Mischkristallreihe zwischen TiSe (NiAs-Typ) und $TiSe_2$ (CdI_2-Typ); fügt man also der Komponente $TiSe_2$ weiteres Ti hinzu, so besetzt dieses die oktaedrischen Lücken zwischen den Se-Schichten im $TiSe_2$.

3.4.5. Die Gitterenergie von Salzen

Die Gitterenergie U ist die Energie, die frei wird, wenn man in einem fiktiven Prozeß a mol der Ionen M und b mol der Ionen X aus der Gasphase heraus zu einem Ionengitter $M_a X_b$ zusammenbaut; die Gitterenergie ist nicht direkt meßbar, sondern wird entweder dem Haber-Bornschen Kreisprozeß entnommen (s. u.) oder nach einem theoretischen Ansatz berechnet.

Jeder theoretische Ansatz muß als wichtigstes Glied das sog. *Coulombglied* U_1 enthalten, das die elektrostatische Anziehung nach dem Coulombschen Gesetz berücksichtigt:

$$U_1 = -\frac{MLZ_+Z_- e^2}{4\pi\epsilon_0 r}$$

L ist die Avogadro-Konstante, $Z_+(Z_-)$ bedeutet die Ionenladung von M(X) und r den Abstand von M zu X in M_aX_b. Der *Madelungfaktor M* faßt die anziehenden und abstoßenden elektrostatischen Kräfte durch nächste, übernächste und entferntere entgegengesetzt bzw. gleich geladene Nachbarn zusammen. Sein Wert hängt vom Strukturtyp ab und ist aufgrund geometrischer Ansätze errechenbar; so ergibt sich beispielsweise für den NaCl-Typ ein Wert $M = 1{,}748$, für den CaF_2-Typ dagegen der sehr viel größere Wert $M = 5{,}039$.

Der elektrostatischen Anziehung steht die Abstoßung durch die Elektronenhüllen von Kation und Anion entgegen, die bei weiter Entfernung der Ionen überhaupt nicht, aber bei einer Berührung oder gar Durchdringung der Elektronenhüllen stark zu Buche schlägt; diese Abstoßungsenergie wird mit einer Potenz n von r kleiner, die sich aus der empirischen Kompressibilität des Salzes berechnen läßt. Bedenkt man schließlich noch 3 weniger ins Gewicht fallende Größen, nämlich die mit r^6 abnehmende Dipol-Dipol-Anziehung, die mit r^8 abnehmende Dipol-Quadrupol-Abstoßung und die Nullpunkts-Schwingungsenergie ϵ, so erhält man nach Einführung der empirischen Konstanten B, C und D:

$$U = -\frac{MLZ_+Z_- e^2}{4\pi\epsilon_0 r} + \frac{B}{r^n} - \frac{C}{r^6} + \frac{D}{r^8} + \epsilon$$

Zwischen den nach dieser Formel berechneten und den nach dem Haber-Bornschen Kreisprozeß ermittelten Gitterenergien besteht meist eine gute Übereinstimmung. Der Haber-Bornsche Kreisprozeß geht davon aus, daß sich die meßbare Bildungsenthalpie eines binären Salzes aus den Elementen, ΔH^f, additiv aus den Energien einer Reihe fiktiver Teilschritte zusammensetzen läßt, etwa im Falle von NaCl wie folgt:

$$\Delta H^f = Q_s(\text{Na}) + I(\text{Na}) + \tfrac{1}{2} D(\text{Cl}_2) + A(\text{Cl}) + U$$

Hier bedeuten $Q_s(\text{Na})$ die Sublimationsenergie und $I(\text{Na})$ die Ionisierungsenergie für Natrium, $D(\text{Cl}_2)$ die Dissoziationsenergie für Cl_2 und $A(\text{Cl})$ die Elektronenaffinität für Cl; diese Energien sind — bis auf die Elektronenaffinität — im allgemeinen gut meßbar, und auch die Elektronenaffinität ist entweder mit theoretischen Mitteln oder durch den Vergleich mehrerer geeigneter Haber-Bornscher Kreisprozesse mit errechneten Gitterenergien oder auch durch spezielle, allerdings noch recht ungenaue Messungen zugänglich, so daß sich für die wichtigsten Salze deren Gitterenergie mit dreiziffriger Genauigkeit angeben läßt. Im Falle von NaCl beispielsweise hat U einen Wert von 766 kJ mol^{-1}.

3.5. Zwischenmolekulare Bindungen in Festkörpern

Die chemischen Bindungen umfassen — wie schon gesagt — die kovalenten, die metallischen und die ionogenen Bindungen und die oben immer wieder erwähnten Kombinationen dieser 3 Grenzfälle von Bindungen. Alle diese Bindungen gehen mit Bindungsenergien von ca. 40–1000 kJ mol^{-1} und mit Bindungsabständen zwischen 100 und 250 pm einher.

Nun ist von den Molekülen in der Gasphase her bekannt, daß zwischen ihnen anziehende Kräfte wirksam werden können, die für Abweichungen von den Gesetzen idealer Gase verantwortlich sind. Diese Kräfte sind es auch, die einen Zusammenhalt von Molekülen in ferngeordneten Festkörpern (*Molekülgitter*) sowie in nahgeordneten Flüssigkeiten veranlassen. Die meist tiefliegenden Schmelz- und Siedepunkte solcher Festkörper bzw. Flüssigkeiten sind ein Zeichen für die Kleinheit der zwischenmolekularen Bindungsenergien, die im Bereich zwischen 8 und 60 kJ mol^{-1} liegen und bei Abständen von ca. 250–400 pm wirksam sind.

Die zwischenmolekularen Bindungsenergien lassen sich in Wechselwirkungen zwischen Dipolen und Dipolen, Dipolen und induzierten Dipolen, induzierten Dipolen und induzierten Dipolen sowie in die durch Wasserstoffbrücken verursachten Wechselwirkungen einteilen.

Die *Orientierungsenergie* oder *Keesom*-Energie repräsentiert die Wechselwirkung zwischen Molekülen mit einem permanenten Dipolmoment (z. B. NH_3, SO_2, PCl_3), dessen entgegengesetzt geladene Enden sich anziehen. Näherungsweise gilt die folgende Proportionalität:

$$E_K \sim \frac{\mu^4}{RT \cdot r^6}$$

μ steht für das Dipolmoment, r für den molekularen Abstand; der Ausdruck RT bedeutet, daß eine gewisse Orientierung und damit eine nicht zu heftige thermische Bewegung der Moleküle Voraussetzung für die Wirksamkeit von Dipol-Dipol-Anziehungskräften ist.

Die *Dispersionsenergie* oder *London*-Energie ist die Energie, die zwischen induzierten Dipolen wirksam ist; sie ist häufig kleiner als die Orientierungsenergie. Ein Dipol wird in einem Molekül ohne permanentes Dipolmoment durch ein inhomogenes elektrisches Feld induziert, wie es die Elektronenhüllen benachbarter Moleküle hervorrufen. Näherungsweise gilt:

$$E_L \sim \frac{\alpha^2 I}{r^6}$$

Neben dem Molekülabstand r tritt hier die Polarisierbarkeit α, also die Deformierbarkeit der Elektronenhülle, und die Ionisierungsenergie I des Moleküls auf. Die Dispersionskräfte sind immerhin so stark, daß sie bei genügend tiefer Temperatur sogar zum Auskristallisieren der atomaren Edelgase in dichtesten Packungen Veranlassung geben.

Die *Induktionsenergie* oder *Debye*-Energie schließlich ist meist sehr unbedeutend und trägt jenem Teil der Anziehung zwischen zwei Molekülen mit permanentem Dipolmoment Rechnung, der aufgrund des permanenten Dipolmoments des einen und des von ihm induzierten Dipolmoments eines anderen Moleküls wirksam ist. Näherungsweise gilt mit derselben Bedeutung der Symbole wie oben:

$$E_D \sim \frac{\alpha \mu^2}{r^6}$$

Die Größenordnung dieser Energien sei für 5 Molekülsorten durch die folgenden berechneten Werte (in kJ mol^{-1}) vorgestellt:

	E_K	E_D	E_L	ΣE	Sdp. [K]
Ar	0,00	0,00	8,50	8,50	76
CO	0,00	0,01	8,74	8,75	81
HCl	3,31	1,01	16,91	21,2	188
NH_3	13,3	1,55	14,7	29,6	239,6
H_2O	36,4	1,93	9,0	47,3	373,1

Wie man sieht, gehen die Siedepunkte mit der Summe der Wechselwirkungsenergien parallel.

Die *Wasserstoffbrücken-Bindungen* kann man in 2 Gruppen einteilen. Einmal sind die mit 2 Bindungselektronen ausgestatteten Dreizentrenbindungen von Bedeutung, die oben anhand des Beispiels Diboran bei den kovalenten Bindungen behandelt wurden. Auch bei Festkörpern kennt man derartige Bindungen, beispielsweise im Berylliumhydrid, das aus Ketten von BeH_2-Einheiten, die in 2 aufeinander senkrechten Ebenen liegen, aufgebaut ist:

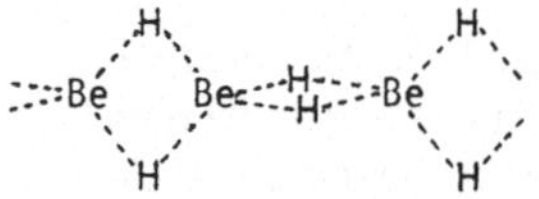

Die H-Atome sind gleich weit von beiden an der Bindung beteiligten Be-Atomen entfernt, so daß man von BeH_2-Molekülen, aus denen der Festkörper aufgebaut ist, nicht sprechen kann und diese Art der Wasserstoffbrückenbindung mithin nicht zu den *zwischenmolekularen Bindungen* zählen kann. (Die Bindungskräfte zwischen den Ketten von BeH_2 sind naturgemäß zwischenmolekularer Natur!)

Die andere Gruppe von Wasserstoffbrücken-Bindungen betrifft formal die Einbettung von H-Ionen zwischen die freien Elektronenpaare zweier F-, O- oder N-Atome mit abnehmender Schwäche der Bindung in dieser Richtung. Das Paradebeispiel für diese Bindung ist das linear gebaute HF_2-Anion, dessen Valenzstrichformel in der folgenden Weise geschrieben werden kann (eine mesomere Grenzformel mit Elektronenquartett am H-Atom ist zu vermeiden!):

$$\{|\overset{\ominus}{\bar{F}}|\ H{-}\bar{F}|\ \longleftrightarrow\ \bar{F}{-}H\ \overset{\ominus}{\bar{F}}|\ \longleftrightarrow\ \overset{\ominus}{|\bar{F}|}\ \overset{\oplus}{H}\ \overset{\ominus}{|\bar{F}|}\}\quad \text{oder}\quad [F\text{-----}H\text{-----}F]^-$$

Im festen HF liegen Ketten mit Wasserstoffbrücken vor, die – wie immer bei
FHF-Brücken – *symmetrisch* sind, d. h. das H-Atom steht genau in der Mitte zwischen den beiden F-Atomen:

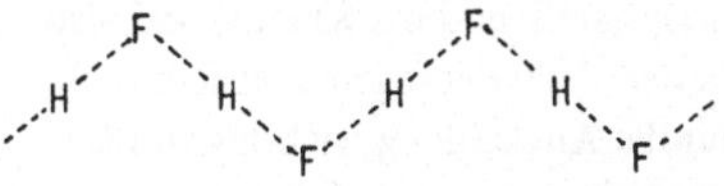

Die schwächeren OHO- oder NHN-Wasserstoffbrücken sind in der Regel *unsymmetrisch*, das H-Atom liegt also näher bei einem der Bindungspartner. Inwieweit bei
diesen Brückenbindungen das elektrostatische Bild der Dipol-Dipol-Wechselwirkungen ausreichend ist und inwieweit ein eigener Bindungstyp mit kovalenten Bindungskräften die Verhältnisse zutreffender beschreibt, das ist im einzelnen noch ein nicht
endgültig gelöstes Problem der Theorie. Jedenfalls spricht man bei den zwischen
NH- bzw. OH-haltigen Molekülen vorliegenden Bindungen stets von Wasserstoffbrückenbindungen. Diese Bindungen sind verantwortlich für die Bindungen im
kristallinen Wasser (von dem mehrere mit den SiO_2-Strukturen verwandte Strukturen bekannt sind), in kristallinen OH-Verbindungen wie CH_3COOH, $B(OH)_3$,
$Al(OH)_3$ usw. und vor allem auch in biologisch wichtigen Verbänden wie den Eiweißstoffen u. a.

Man beachte, daß die zwischenmolekularen Kräfte in den Reihen der festen und
flüssigen Verbindungen HCl, HBr, HI bzw. H_2S, H_2Se, H_2Te bzw. PH_3, AsH_3,
SbH_3 mit steigendem Molekulargewicht zunehmen, da die Zunahme von α die
Abnahme von μ überkompensiert; es steigen also die Schmelz- und Siedepunkte
der Hydrogen-Verbindungen längs der Gruppen im PSE an. Eine Sonderstellung
nehmen aber die ersten Glieder der Reihen ein, nämlich HF, H_2O und NH_3, die
ausnahmslos, aber in einem von HF zu NH_3 abnehmendem Maße, höhere Schmelz-
und Siedepunkte aufweisen als ihre schwereren Homologen, ein Beispiel für die
Wirksamkeit der Wasserstoffbrückenbindung.

4. Allgemeine Reaktions-Begriffe

In den Abschnitten 1 bis 3 wurde der Begriff des *Stoffs* eingeführt, indem zunächst
die atomaren Bausteine und dann die Kräfte erläutert wurden, durch die die Atome
in Molekülen und in Festkörpern zusammengehalten werden. Nunmehr sollen *stoffliche Veränderungen* behandelt werden, die dann eintreten, wenn chemische oder
physikalische Bindungen eines Stoffs gelöst oder geschlossen werden. Solche Veränderungen kann man als Reaktionen im Sinne des Reaktionsbegriffs von Abschnitt 1.5 ansehen.

Für die Beschreibung von Reaktionen sind zwei Gesichtspunkte von Interesse: Zum
einen die Richtung und das Ausmaß der Veränderung gewisser stofflicher Kenngrößen und zum anderen der zeitliche Verlauf der Änderung jener Kenngrößen.
Dem ersten Gesichtspunkt trägt die thermodynamische, dem zweiten die kinetische
Behandlung der Reaktion Rechnung; die Thermodynamik und die Kinetik sind also
jene Zweige der Physik, die zum Studium stofflicher Veränderungen unentbehrlich
sind. Im vorliegenden Leitfaden sollen nur die für die Anwendung wichtigsten Begriffe und Sätze der Thermodynamik dargestellt werden.

Sowohl die Thermodynamik als auch die Kinetik stofflicher Veränderungen werden
durch die Quantentheorie als zusammenfassender, übergeordneter Theorie im Prinzip
beherrscht. Aus diesem Grunde ist zum Studium stofflicher Veränderungen letztenendes auch die Quantentheorie unentbehrlich. Für das Erlernen der Grundbegriffe
der Chemie können wir die Quantentheorie jedoch sehr wohl entbehren und unterschlagen sie hier aus guten Gründen.

4.1. Homogene und heterogene Systeme

Die Stoffe A_1, A_2 bis A_k oder allgemein die durch eine Reaktionsgleichung verknüpften Stoffe A_i nennt man ein *System*. Wenn einzelne Reaktionspartner über
im einzelnen zu definierende Grenzen des Systems hinaustreten können, dann ist
das System *offen*, andernfalls *geschlossen;* wenn keinerlei Wechselwirkung zwischen
System und Umgebung besteht, dann ist das System *abgeschlossen*.

Hat das System an jedem Ort die gleiche stoffliche Beschaffenheit, so handelt es
sich um ein *homogenes System* oder um eine *Phase;* in ihr sind alle Zustandsvariablen ortsunabhängig. Ein aus mehreren Phasen zusammengesetztes System
ist ein *heterogenes System*. Die hier gegebene Definition von *Homogenität* ist nur
makroskopisch zu verstehen, im Bereich der molekularen Bausteine kann von einer
räumlich kontinuierlichen Gleichheit physikalischer Eigenschaften nicht die Rede
sein. Ein System ist nur dann homogen, wenn die stofflichen Bausteine, Atome,
Moleküle oder Ionen, so innig miteinander vermischt sind, wie es denkbar ist. Diese
Zusatzdefinition ist noch immer nicht ausreichend, da die Größe der vermischten
Bausteine noch eingeschränkt werden muß: eine homogene Phase liegt dann vor,
wenn der Teilchendurchmesser unterhalb 10^{-9} m liegt. Bei Teilchendurchmessern
von 10^{-7} bis 10^{-9} m spricht man von *kolloiddispersen Systemen* oder *Kolloiden*
oder — wenn die Kolloid-Partikeln in eine homogene Phase eingebettet sind — von
kolloiden Lösungen.

Gase sind stets homogen gemischt; man spricht von der *Gasphase*. Bei homogenen
Flüssigkeitsgemischen sind entweder Ionen vermischt (nämlich in Salzschmelzen)
oder es sind Ionen zwischen Moleküle verteilt (z. B. bei den *Lösungen* von Salzen
in Wasser) oder aber aus Molekülen aufgebaute Stoffe sind miteinander vermischt
(z. B. bei den *Lösungen* von Rohrzucker, Jod oder Alkohol in Wasser). Homogene
kristalline Gemische heißen *Mischkristalle,* gelegentlich spricht man auch von *festen
Lösungen*.

Der Verteilungsgrad mehrerer Phasen untereinander kann so fein sein, daß man die Phasengrenze nur mit hochauflösenden Mikroskopen wahrnimmt, kann aber auch so grob sein, daß man die Phasengrenze mit bloßem Auge erkennt. Für ein mehr oder weniger fein verteiltes heterogenes System oder *Gemenge* seien je nach dem Aggregatzustand der beteiligten Phasen die folgenden Beispiele genannt:

Fest-feste Gemenge: Granit
Fest-flüssige Gemenge oder *Suspensionen:* Kalkmilch
Fest-gasförmige Gemenge: Rauch
Flüssig-flüssige Gemenge oder *Emulsionen:* Milch
Flüssig-gasförmige Gemenge: Nebel.

Für die Angabe der Zusammensetzung einer homogenen Mischung benutzt man sog. *Konzentrationsvariable b,* bei denen man meist die Stoffmenge n_i des i-ten Bestandteils der k Komponenten der Mischung angibt. Diese Stoffmenge kann man entweder beziehen auf die gesamte Stoffmenge, auf die Gesamtmasse m der Phase, auf das Gesamtvolumen V der Phase oder auf andere Größen:

Molenbruch oder Stoffmengenanteil:
$$x_i = \frac{n_i}{\sum\limits_{j=1}^{k} n_j}$$

Molalität oder molale Konzentration:
$$m_i = \frac{n_i}{m}$$

Molarität oder molare Konzentration:
$$c_i = \frac{n_i}{V}$$

Der Molenbruch ist dimensionslos, die Molalität gibt man in mol kg^{-1}, die Molarität in mol dm^{-3} (oder stattdessen häufiger in mol l^{-1}) an.

Die Angabe der Zusammensetzung von Gemischen idealer Gase ist auch durch die Partialdrucke p_i (in der Einheit Pa) wohldefiniert, da sich der Gesamtdruck eines Gemischs idealer Gase additiv aus den Partialdrucken zusammensetzt.

4.2. Thermodynamische Zustände und Zustandsfunktionen

Zur Beschreibung des Zustands eines Systems dienen die *Zustandsvariablen* und zwar die *äußeren Zustandsvariablen* zur Beschreibung der Lage eines Systems relativ zu einem äußeren System und die *inneren Zustandsvariablen* zur Beschreibung des inneren Zustands des Systems. Diese letzteren Variablen sind *intensive Variable,* wenn sie von der Masse des Systems unabhängig sind und an jedem Punkt des Systems einen definierten Wert haben; hierher gehören vor allem der Druck P, die Temperatur T und die Konzentrationsvariabeln b_i des Systems. *Extensive Zustandsvariable* sind jene inneren Variabeln, die von der Masse des betrachteten Systems abhängen; hierher gehören das Volumen und alle jene für die Thermodynamik charakteristischen Energiegrößen, die weiter unten noch erwähnt werden.

Wenn sich keine Zustandsvariable eines abgeschlossenen Systems nach beliebig langem Warten mehr ändert, dann befindet sich das System im Zustand des *Gleichgewichts*. In der Reaktionsgleichung läuft dann weder ein Prozeß von links nach rechts (also in der Pfeilrichtung) noch von rechts nach links ab; man symbolisiert den Gleichgewichtszustand daher in der Reaktionsgleichung durch einen Doppelpfeil zwischen Edukten und Produkten: $\rightleftharpoons$. Wenn sich die Zustandsvariabeln eines Systems nur deswegen nicht ändern, weil das System mit seiner Umwelt in dauernder Wechselwirkung steht, deren Aufhebung eine Änderung von Zustandsvariabeln zur Folge hätte, dann spricht man von einem *stationären Zustand*, manchmal auch von einem *Fließgleichgewicht*.

Ein Prozeß, der von einem gegebenen Zustand aus wieder zu diesem zurückführt, heißt ein *Kreisprozeß*. Es ist ein wichtiges Naturgesetz (nämlich der sog. 2. Hauptsatz der Thermodynamik), daß man keinen Kreisprozeß durchführen kann, ohne daß in der Umgebung des Systems Veränderungen zurückbleiben. Den fiktiven Grenzfall eines Kreisprozesses ohne solche Veränderungen nennt man den *reversiblen Kreisprozeß*. Das Maß der Irreversibilität eines Kreisprozesses wird durch die extensive Zustandsfunktion *Entropie* (Symbol: S) angegeben. Man kann das erwähnte Naturgesetz auch so ausdrücken: In einem abgeschlossenen System kann die Entropie von selbst, also ohne Einwirkung von außen, nur zunehmen; das System ist dann im Gleichgewicht, wenn die Entropie ihren maximalen Wert erreicht hat.

In der Thermodynamik sind Zustandsfunktionen $U(V, T, n_1, n_2 ..)$ und $H(P, T, n_1, n_2 ..)$ definiert, die man die *Innere Energie* bzw. die *Enthalpie* nennt. Wenn man das Volumen konstant hält (z. B. in einem fest begrenzten Kalorimetergefäß), dann ist die Änderung der Inneren Energie eines Systems, die sich im wesentlichen aus der Änderung der elektronischen Bindungsenergien sowie der kinetischen Energie der Translation, Rotation und Schwingung zusammensetzt, als *Wärmetönung* ΔU meßbar; der Quotient $(\partial U/\partial T)_V$ ist als Wärmekapazität C_v definiert. Analoges gilt bei konstantem Druck für die Reaktionsenthalpie ΔH und die Wärmekapazität C_p; die in Abschnitt 2.7 behandelten thermochemischen Bindungsenergien sind Reaktionsenthalpien für den Zerfall des betreffenden Moleküls in freie Atome. Sind an einem System nur Stoffe in fester, aber nicht in gasförmiger Phase beteiligt, dann gilt bei Zustandsänderungen dieses Systems: $\Delta U \approx \Delta H$. Die bei der Bildung von 1 mol einer Verbindung A_i aus den Elementen bei 25 °C umgesetzte Enthalpie heißt Standardbildungsenthalpie ΔH_i^f, eine Größe, die für Elemente definitionsgemäß den Wert null haben muß. Die beim Formelumsatz einer beliebigen Reaktion bei 25 °C verbrauchte oder freiwerdende Enthalpie heißt Standardreaktionsenthalpie ΔH^r und ergibt sich als Summe der Terme $\nu_i \Delta H_i^f$ über alle k Komponenten, wobei die stöchiometrischen Zahlen ν_i der Produkte positiv, der Edukte negativ zu zählen sind.

Die für die Chemie fundamentale thermodynamische Fragestellung lautet: Reagieren Stoffe, die zusammen ein thermodynamisches System darstellen, miteinander? Oder formaler: Läuft eine Reaktion im Sinne der Reaktionsgleichung von links nach rechts oder von rechts nach links oder überhaupt nicht ab? In der Geschichte der Chemie hat die Suche nach einer quantitativ beschreibbaren Größe, durch die sich die *Triebkraft* einer Reaktion darstellen läßt, eine große Rolle gespielt. Man hielt zunächst die bei einer Reaktion freiwerdenden Wärme für das Maß ihrer Triebkraft. Daß dieser Satz verkehrt ist, lehrt eine Vielzahl bekannter Prozesse, die von selbst, also mit einer dem System innewohnenden Triebkraft, ablaufen und dabei Wärme verbrauchen; man denke nur an das Schmelzen oder Sieden der Stoffe bei einer bestimmten Temperatur. Der genannte Satz trifft allerdings zu für fiktive (experimentell aus Prinzip nur beliebig annäherbare) Prozesse bei 0 K. Die Thermodynamik lehrt, daß die Triebkraft einer Reaktion durch die Änderung spezieller thermodynamischer Funktionen, nämlich der *Freien Energie F* bzw. der *Freien Enthalpie G*, gegeben ist. Die Änderungen dieser Funktionen hängen mit den Änderungen der schon genannten Funktionen durch die Beziehungen

$$\Delta F = \Delta U - T\Delta S \qquad \Delta G = \Delta H - T\Delta S$$

zusammen. Die internationale, systembezogene (und nicht beobachterbezogene) Vorzeichengebung sieht vor, daß eine Reaktion Triebkraft aufweist, also von links nach rechts verläuft, wenn ΔF oder ΔG negatives Vorzeichen haben, und umgekehrt; im Gleichgewicht ändert sich F bzw. G nicht, und ΔF und ΔG verschwinden.

Man bezeichnet Reaktionen, die beim Ablauf von links nach rechts Wärme freisetzen und dadurch nach internationaler Vorzeichenübung ein negatives ΔU bzw. ΔH haben, als exotherme Reaktionen und im umgekehrten Falle als endotherme Reaktionen; ganz entsprechend unterscheidet man hinsichtlich der Entropie exotrope von endotropen Reaktionen.

Für die folgende ganz pauschale Betrachtung wollen wir außer acht lassen, daß ΔU, ΔH und ΔS von der Temperatur und den Stoffmengen abhängen. Es ergibt sich aus den obigen Beziehungen, daß für Reaktionen mit negativem Vorzeichen von ΔU bzw. ΔH und positivem Vorzeichen von ΔS, also für exotherme und endotrope Reaktionen, in einem Temperaturbereich, für den die eben angenommene Temperaturkonstanz der Reaktionsenergie und -entropie eine brauchbare Näherung darstellt, eine negative Triebkraft vorliegt, d. h. solche Reaktionen laufen in jenem Temperaturbereich von links nach rechts ab.

Von praktisch größerer Bedeutung sind jene Reaktionen, die von links nach rechts exotherm und exotrop bzw. von rechts nach links endotherm und endotrop sind. Bei tiefer Temperatur wird die Triebkraft solcher Reaktionen vom Energieglied beherrscht und die Reaktion läuft von links nach rechts. Bei hoher Temperatur gewinnt das Entropieglied die Überhand und die Reaktion läuft umgekehrt. Um präzisere Feststellungen treffen zu können, ist eine explizite Behandlung der Abhängigkeit der Zustandsfunktionen von den Zustandsvariabeln unumgänglich.

So wie man sich die Funktion U anschaulich vorstellen kann, wenn man an die Bindungsenergien und die in der Bewegung der Teilchen eines Systems implizierte kinetische Energie denkt, so kann man auch die Funktion S losgelöst von ihrer weniger anschaulichen thermodynamischen Bedeutung ansehen: Die statistische Thermodynamik lehrt, daß ein Stoff umso mehr Entropie enthält, je mehr energetisch gleichwertige, aber räumlich verschiedene Realisierungsmöglichkeiten es für seinen Zustand gibt. Beispielsweise hat ein kristalliner reiner Stoff, dessen Bausteine ohne Bewegungsmöglichkeiten sein mögen, nur eine einzige Realisierungsmöglichkeit für die Anordnung seiner Gitterbausteine; ein solcher Stoff, wie er bei 0 K vorläge, wenn diese Temperatur realisierbar wäre, enthält keine Entropie. Sobald die Gitterbausteine in Schwingungen geraten, gibt es mehrere räumliche Anordnungsmöglichkeiten der Bausteine relativ zueinander und der Stoff erfährt einen Zuwachs an Entropie. Eine starke Vermehrung ist für die Entropie eines Stoffes zu verzeichnen, wenn die Fernordnung des Kristalls beim Schmelzen in die Nahordnung der Flüssigkeit übergeht, und eine noch stärkere Vermehrung, wenn die Flüssigkeit verdampft. Man kann die Zahl räumlicher Realisierungsmöglichkeiten eines Zustands als den Grad der möglichen Unordnung auffassen und spricht deshalb von der Entropie als von der *Unordnungs-Funktion;* in diesem Sinne enthält die regellose Verteilung von Molekülen in der Gasphase ein Maximum an Entropie. Da die Zahl der räumlichen Realisierungsmöglichkeiten eines Zustands mit der Wahrscheinlichkeit seiner Realisierung parallel geht, besteht zwischen der Entropie und dem Logarithmus dieser Wahrscheinlichkeit eine direkte Proportionalität.

Als ganz konkretes Beispiel für die Anwendung dieser Vorstellungen sei eine Begründung für den in Abschnitt 2.3 erläuterten *Chelateffekt* gegeben! Wir vergleichen die Triebkraft für die Bildung von $[Ni(NH_2R)_6]^{2+}$ aus $[Ni(H_2O)_6]^{2+}$ und Alkylamin mit der Triebkraft für die Bildung von $[Ni(en)_3]^2$ aus $[Ni(H_2O)_6]^{2+}$ und Ethylendiamin:

$$[Ni(H_2O)_6]^{2+} + 6\ NH_2R \rightarrow [Ni(NH_2R)_6]^{2+} + 6\ H_2O$$

$$[Ni(H_2O)_6]^{2+} + 3\ en \quad \rightarrow [Ni(en)_3]^{2+} \quad + 6\ H_2O$$

ΔU oder ΔH dürfte in beiden Fällen vergleichbar sein, denn diese Größen werden in erster Linie durch die Bindungsenergie der 6 vergleichbar starken Ni–N-Bindungen determiniert. Diskutiert man die Entropie ΔS vom Standpunkt der Änderung der stöchiometrischen Zahlen aus, dann ergibt sich bei der Bildung des Komplexes mit NH_2R als Liganden keine Änderung dieser Zahlen, bei der Bildung des Komplexes mit den zweizähnigen Liganden dagegen eine Erhöhung der Zahlen um 3. Im letzteren Falle gibt es daher mehr räumliche Realisierungsmöglichkeiten für die Produkte und damit eine positivere Reaktionsentropie ΔS, und die zweite Reaktion hat damit eine größere Triebkraft. Die Verallgemeinerung dieser Aussage liefert jenen Satz, dessen empirisches Korrelat *Chelateffekt* heißt. Eine qualitative thermodynamische Argumentation dieser Art spielt in der Chemie eine große Rolle.

Statt zu sagen, die Bildung dieser Produkte habe mehr Triebkraft als die Bildung jener, kann man natürlich auch sagen, der Zerfall dieser Produkte habe weniger Triebkraft als der Zerfall jener oder diese Produkte seien *stabiler* als jene. Diesem überaus häufig angewendeten thermodynamischen Stabilitätsbegriff steht der ebenso häufig angewendete kinetische gegenüber: Derjenige zweier thermodynamisch instabiler Stoffe, der langsamer zerfällt, ist der kinetisch stabilere, auch wenn er — was durchaus sein kann — thermodynamisch instabiler ist. Man achte bei der Anwendung des Stabilitätsbegriffs unbedingt darauf, daß er sich auf eine ganz bestimmte Reaktion beziehen muß.

4.3. Gleichgewichte in Einphasensystemen

Unter einem idealisierten einphasigen System möge im folgenden eine Phase verstanden sein, in der die Gesetze idealer Gase Gültigkeit haben, in Sonderheit die allgemeine Gasgleichung. Als ein solches System kann man die unter nicht allzu hohem Druck stehende Gasphase ansehen, aber auch eine nicht zu hoch konzentrierte Lösung von Stoffen in einer nur durch Bindungskräfte 2. Art zusammengehaltenen Flüssigkeit (also z. B. in Wasser, aber nicht in einer Salzschmelze); für solche Lösungen gilt ein der allgemeinen Gasgleichung analoges Gesetz, in dem anstelle des Gasdruckes der osmotische Druck steht.

Wenn ein System reagierender Stoffe in einem bestimmten Zustand eine Triebkraft aufweist, dann reagieren die Stoffe im Prinzip unter Verminderung der Triebkraft solange, bis schließlich im Gleichgewichtszustand die Triebkraft aufgezehrt ist. Selbstverständlich läßt sich dieser Sachverhalt unter Benutzung der die Triebkraft beschreibenden Funktionen F oder G auch quantitativ darstellen, doch wird hier wie auch im vorhergehenden Absatz auf die Klarheit des mathematischen Kalküls verzichtet, um dem Leser nicht die ihn zunächst verwirrende Abhängigkeit der thermodynamischen Funktionen von Variabeln wie insbesondere der Stoffmenge dartun zu müssen.

Die Thermodynamik kennt auch ein von der Stoffmenge unabhängiges Maß der Triebkraft, nämlich die *Affinität A.* Es ist sinnvoll, die Affinität für Reaktionen in idealisierten einphasigen Systemen, an denen k in bestimmten Konzentrationen b_i vorliegende Komponenten A_i mit stöchiometrischen Zahlen ν_i beteiligt sein mögen, durch die folgende Definition einzuführen, die mit allgemeineren Befunden der Thermodynamik konsistent ist:

$$A \equiv A^0 - RT \ln \prod_{i=1}^{k} \frac{b_i^{\nu_i}}{b_i^{\dagger \nu_i}}$$

Dabei haben die stöchiometrischen Zahlen ν_i der Produkte ein positives und die der Edukte ein negatives Vorzeichen. Die Größen b_i repräsentieren beliebige Konzentrationen im Nichtgleichgewichts-Zustand. Die Größen $b_i^{\dagger}$ haben den Zahlenwert 1 und die Einheit von b; sie bewirken, daß hinter dem Logarithmus eine dimensionslose Zahl steht. A und A^0 werden in J mol^{-1} angegeben.

Ist A positiv, dann verläuft die Reaktion von links nach rechts, und umgekehrt. Im Falle $A = 0$ herrscht Gleichgewicht; es ist dann:

$$A^0 = RT \ln \prod_{i=1}^{k} \frac{\bar{b}_i^{\nu_i}}{b_i^{\dagger \nu_i}}$$

Die gestrichenen Größen $\bar{b}_i$ sind die Gleichgewichtskonzentrationen. Die Bedeutung von A^0 ergibt sich, indem man im Ausdruck für A für alle Konzentrationen b_i die Einheit wählt; dann wird A^0 die Affinität unter diesen speziellen Bindungen

(*Standardaffinität*). Die Affinität A hängt außer von der Zusammensetzung der betreffenden Phase noch von der Temperatur T und vom Druck P ab; A^0 hängt von der Temperatur und vom Druck ab, wenn man als Gleichgewichtskonzentrationen die Molenbrüche einsetzt, dagegen nur von der Temperatur, wenn man als Gleichgewichtskonzentrationen auf die Partialdrücke oder die Molaritäten zurückgreift. Legt man daher die Temperatur — gegebenenfalls auch den Druck — fest, dann ist A^0 ebenso wie das Produkt der Gleichgewichtskonzentrationen konstant:

$$K = \prod_{i=1}^{k} \bar{b}_i^{\nu_i} \qquad \text{und} \qquad A^0 = RT \ln \frac{K}{K^\dagger}$$

Die Konstante K heißt *Massenwirkungskonstante* und der Ausdruck für K *Massenwirkungsgesetz* (MWG). K-Werte findet man — meist für eine Temperatur von 25 °C — in Tabellen, oft auch deren negativen dekadischen Logarithmus p_K:

$$p_K = -\log \frac{K}{K^\dagger} = -1{,}75 \cdot 10^{-4}\, A^0$$

Der p_K-Wert ist also eine zu $-A^0$ proportionale Zahl.

Da für die Gasphase als Konzentrationsgröße üblicherweise der Partialdruck p_i angegeben wird, hat die Gleichgewichtskonstante in diesem Falle das Symbol K_p und wird in den Einheiten $Pa^{\Sigma \nu_i}$ angegeben. In Lösungen ist es noch weithin üblich, die Molaritäten c_i zu verwenden und K_c in den Einheiten $(mol/l)^{\Sigma \nu_i}$ aufzuschreiben, jedoch ist der Gebrauch von Molalitäten m_i und einer in $(mol/kg)^{\Sigma \nu_i}$ anzugebenden Konstanten K_m deshalb vorzuziehen, weil beim experimentellen Umgang mit Lösungen leichter deren Masse als deren Volumen kontrollierbar ist; wir werden uns jedoch im folgenden (ausnahmsweise) dem Diktat der Gewohnheit beugen und die Molarität als Konzentrationsmaß benutzen. Für die Umrechnung beispielsweise von K_c in K_p folgt aus der Gasgleichung, daß $c_i = n_i/V = p_i/RT$, so daß

$$K_c = K_p(RT)^{-\Sigma \nu_i}$$

Da die Molenbrüche x_i mit den Partialdrucken p_i durch die Beziehung $x_i = p_i/P$ zusammenhängen, folgt für die druckabhängige Konstante K_x:

$$K_x = K_p P^{-\Sigma \nu_i}$$

Wenn das Verhalten realer Gase oder Lösungen genauer beschrieben werden soll, als es die oben für A und K angegebenen und nur für ideale Verhältnisse geltenden Beziehungen gestatten, dann setzt man in diese Beziehungen nicht die Konzentrationen b_i, sondern die Aktivitäten a_i ein. Die Aktivitäten sind den Konzentrationen b_i in gewissen Bereichen proportional: $a_i = f_i b_i$. Die dimensionslosen Proportionalitätskonstanten f_i heißen *Aktivitätskoeffizienten*, bei Gasen auch *Fugazitätskoeffizienten*.

Wir wollen das wichtige MWG durch Beispiele illustrieren! Beim Erhitzen von 2,94 mol Iod und 8,10 mol Wasserstoff auf eine bestimmte Temperatur entstehen in einem Gasphasen-Gleichgewicht 5,64 mol Hydrogeniodid. Wie groß ist K_p? Zur Lösung muß man als erstes die stöchiometrischen Zahlen gewinnen!

$$H_2 + I_2 \rightleftharpoons 2\,HI$$

Also: $\nu_1 = -1$, $\nu_2 = -1$, $\nu_3 = 2$.

Nunmehr lautet mit $\Sigma\nu_i = 0$ das MWG:

$$K_p = K_c = K_x = \frac{\overline{n}_3^2}{\overline{n}_1\,\overline{n}_2} = \frac{5,64^2}{(8,10 - 1/2\cdot 5,64)\,(2,94 - 1/2\cdot 5,64)} = 50,2$$

Oder: Für die Dissoziation von Essigsäure in Protonen und Acetationen in wäßriger Lösung möge bei Raumtemperatur eine Konstante $K_c = 10^{-5}\ \mathrm{mol\,l^{-1}}$ wirksam sein. Wie groß ist die Protonenkonzentration, wenn in 1 l der Lösung 0,1 mol Essigsäure gelöst sind?

$$CH_3COOH \rightleftharpoons H^+ + CH_3COO^-$$

$$K_c = \frac{\overline{c}_2\,\overline{c}_3}{\overline{c}_1} = \frac{\overline{c}_2^2}{0,1 - \overline{c}_2} = 10^{-5}\ \mathrm{mol\,l^{-1}} \quad \text{und hieraus:} \quad \overline{c}_2 \approx 10^{-3}\ \mathrm{mol\,l^{-1}}$$

Die Indices von $\overline{c}$ entsprechen einer schematischen Durchnumerierung der Reaktanden in der Reaktionsgleichung. Modifiziert man diese Aufgabe dahingehend, daß außer der Menge an Acetationen, die der Dissoziation von Essigsäure entspringen, noch eine Menge von 0,1 mol $\mathrm{l^{-1}}$ an Acetationen durch Auflösen des Salzes Natriumacetat vorliegen mögen, so ergibt sich $\overline{c}_2$ wie folgt:

$$K_c = \frac{\overline{c}_2\,\overline{c}_3}{\overline{c}_1} = \frac{\overline{c}_2\,(0,1 + \overline{c}_2)}{0,1 - \overline{c}_2} = 10^{-5}\ \mathrm{mol\,l^{-1}} \quad \text{und hieraus:} \quad \overline{c}_2 \approx 10^{-5}\ \mathrm{mol\,l^{-1}}$$

Für die hier zu weit führende Behandlung der Temperaturabhängigkeit von A und K muß auf die einschlägigen Lehrbücher verwiesen werden; immerhin sei wenigstens das Phänomen an einem Beispiel erläutert, nämlich am sog. Wassergasgleichgewicht:

$$CO_2 + H_2 \rightleftharpoons CO + H_2O$$

Die experimentell gefundene und die nach den Gesetzen der Thermodynamik berechnete Temperaturabhängigkeit von log K stimmen überein und sind in Bild 17 dargestellt. Der Wert K = 1 wird bei ca. 1100 K erreicht; bei dieser Temperatur sind die Stoffmengen der Edukte und der Produkte einander im Gleichgewicht gleich, bei höherer Temperatur überwiegen die Produkte und umgekehrt, die Temperaturabhängigkeit zeigt also den für endotherm-endotrope Reaktionen typischen Verlauf.

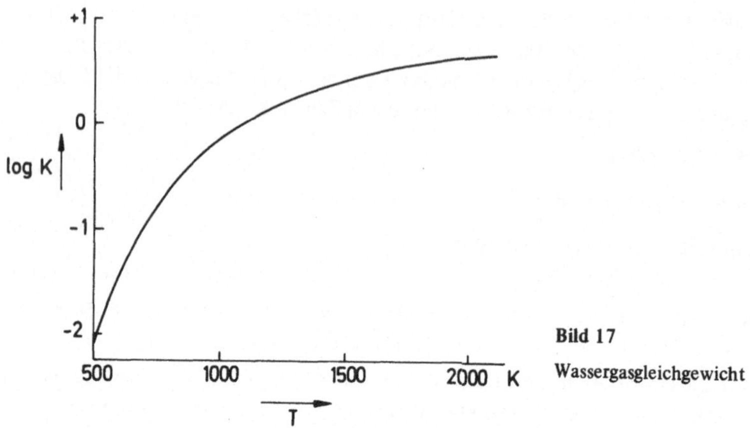

Bild 17

Wassergasgleichgewicht

4.4. Gleichgewichte in Mehrphasensystemen

4.4.1. Die Phasenregel

Die Zahl der in einem heterogenen System auftretenden voneinander unabhängigen Komponenten sei k'; sie ergibt sich aus der Zahl der insgesamt vorhandenen Komponenten k, indem man von k die Zahl voneinander unabhängiger Reaktionsgleichungen abzieht, durch die die k Komponenten miteinander verknüpft sind, und indem man auch gegebenenfalls noch die Zahl von Bedingungsgleichungen abzieht, die zwischen den Stoffmengen der k Komponenten bestehen können.

Nehmen wir zum Beispiel die eben zitierte Essigsäurelösung, so ist $k = 4$; die Komponenten dieses einphasigen Systems sind H_2O, CH_3COOH, CH_3COO^- und H^+. Da zwischen den Teilchen eine verknüpfende Reaktionsgleichung besteht und außerdem (s. o.) $\overline{c}_3 = \overline{c}_2$ als spezielle Bedingungsgleichung gegeben ist, wird $k' = 2$. Oder: Wenn man Kalkstein $CaCO_3$ erhitzt, dann geht er in festes CaO und gasförmiges CO_2 über; dieses aus 3 Komponenten bestehende Dreiphasensystem ist durch eine Reaktionsgleichung verknüpft, so daß $k' = 2$ gilt.

Die Variabeln P, T, $\overline{b}_1 \ldots \overline{b}_k$ sind für das System charakteristisch. Sie sind in der Regel nicht voneinander unabhängig. Dies ist z. B. für das Einphasensystem unserer Essigsäurelösung durchsichtig: Legt man nämlich P und T als unabhängige Variable fest, dann folgt aus dem MWG, daß nur ein Konzentrationswert, nämlich $\overline{c}_1$ oder $\overline{c}_2$, unabhängig und damit frei wählbar ist, falls $\overline{c}_3 = \overline{c}_2$ gilt. Die Zahl f der unabhängigen Variabeln eines Systems nennt man seine Freiheiten. Für die Zahl der Freiheiten eines aus φ Phasen bestehenden Systems im Gleichgewicht kann man die wichtige *Gibbssche Phasenregel* ableiten:

$$f = k' + 2 - \varphi$$

Daß dieser Satz für unser Einphasensystem der wäßrigen Essigsäure gilt, ist sofort verifizierbar: Im Spezialfall $\bar{c}_3 = \bar{c}_2$ ist $k' = 2$ und $f = 3$ und im allgemeinen Fall ist $k' = 3$ und $f = 4$; man kann also beispielsweise im allgemeinen Fall von den 5 Variabeln P, T, $\bar{c}_1, \bar{c}_2$ und $\bar{c}_3$ nur 4 frei wählen, dann ergibt sich die 5. Variable zwangsläufig.

4.4.2. Einkomponentensystem

Beginnen wir die Beispiele zur Anwendung der Phasenregel mit den nur aus einer Komponente bestehenden Systemen, also reinen Elementen oder Verbindungen. Konzentrationsvariable sind hier nicht definiert, so daß P und T die einzigen den Zustand definierenden Variabeln sind. Es ist $f = 3 - \varphi$; liegt also nur 1 Phase eines reinen Stoffes vor, so sind beide Variable P und T voneinander unabhängig und können frei gewählt werden. In den Bildern 18 und 19 sind die Verhältnisse für die Beispiele Kohlenstoff und Wasser inform von P/T-Diagrammen, den sog. Zustandsdiagrammen, dargestellt: Die Flächen zwischen den Kurven repräsentieren die Einphasengebiete; geht man von einem Punkt in einem Einphasengebiet aus, so können die Variablen P und T unabhängig voneinander verändert werden, und das Einphasengebiet bleibt erhalten. Wie die Phasen heißen, ist in den Diagrammen vermerkt. Das KohlenstoffDiagramm ist insofern komplizierter, als es 4 verschiedene Flächen aufweist und damit den beiden Erscheinungsformen (*Modifikationen*) des festen Kohlenstoffs Rechnung trägt. Im Kohlenstoff-Diagramm fehlt links oben noch das Zustandsgebiet des hexagonalen Diamanten, für den aber noch keine völlig gesicherten Meßwerte vorliegen. Auch im Gebiet des festen Wassers werden möglicherweise noch Verfeinerungen nötig sein, sobald man die Thermodynamik der zahlreichen Eismodifikationen beherrscht.

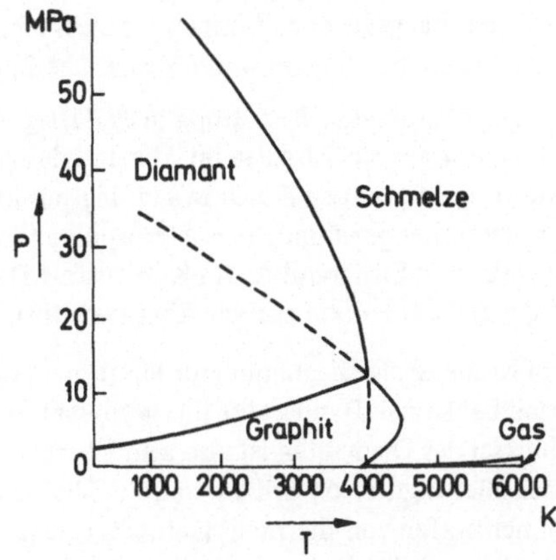

Bild 18. *P/T*-Diagramm von Kohlenstoff

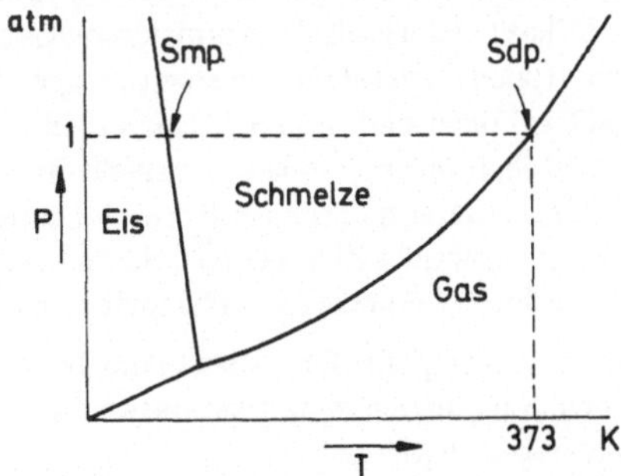

Bild 19. *P/T*-Diagramm von Wasser (schematisch)

Anders als die Flächen kennzeichnen die Kurven in den beiden Figuren jeweils die Koexistenz zweier Phasen; die Bedingung für diese Koexistenz ist ja nach der Phasenregel $f = 1$, d. h. wenn eine der beiden Variabeln P oder T vorgegeben ist, dann stellt sich die Koexistenz jener 2 Phasen, die durch die betreffende Kurve getrennt sind, bei einem ganz bestimmten Wert der abhängigen andern Variabeln ein, und die Kurven sind das graphische Abbild dieser funktionalen Abhängigkeit. In den Kurvenschnittpunkten, den sog. Tripelpunkten, sind 3 Phasen koexistent und es wird $f = 0$, d. h. wenn 3 Phasen nebeneinander bestehen sollen, dann nur bei festgelegten Werten von P und T.

Wir machen jetzt ein wichtiges Gedankenexperiment: Wir stellen bei einer bestimmten Temperatur über einem festen (oder flüssigen) Reinstoff ein möglichst hohes Vakuum her ($P \to 0$). Dann muß soviel fester (oder flüssiger) Reinstoff in die Gasphase übergehen, bis der der gewählten Temperatur entsprechende Druck auf der Zweiphasenkurve erreicht ist. Diesen Druck nennt man den Dampfdruck des Reinstoffs, der bei gegebener Temperatur stets einen konstanten Wert hat. Die Grenzkurve zwischen Schmelze und Gasphase heißt daher auch die *Dampfdruckkurve*.

Von ganz besonderer Bedeutung in P/T-Diagrammen sind die Schnittpunkte der Kurven mit der zur Abszisse im Abstand des Normaldrucks Parallelen: Durch diese Schnittpunkte werden die Umwandlungspunkte von Phasen festgelegt, wie sie beim Arbeiten unter gewöhnlichem Atmosphärendruck zu beobachten sind, also die Schmelz- und Siedepunkte. Im Kohlenstoff-Diagramm bedingt der extreme P-Maßstab, daß diese Punkte auf der Abszisse selbst liegen.

Dem Kohlenstoff-Diagramm entnimmt man, daß der Diamant bei gewöhnlichem Druck bei keiner Temperatur thermodynamisch stabil ist; das thermodynamische Schicksal des Diamanten ist also sein Übergang in den Graphit, der sich aber zum Glück aller Eigner von Brillanten unmeßbar langsam vollzieht; ein derartiges Zusammentreffen von thermodynamischer Instabilität und kinetischer Stabilität nennt man *Metastabilität*.

Das Vorkommen eines Reinstoffs in verschiedenen festen Modifikationen heißt *Polymorphie*, bei Elementen auch *Allotropie*. Wenn die Zweiphasenkurve eines Modifikationswechsels die Normaldruck-Gerade nicht schneidet, spricht man von monotropen, andernfalls von enantiotropen Modifikationen. Beispiele für monotrope Modifikationen sind Graphit/Diamant, schwarzer Phosphor/weißer Phosphor oder β-Christobalit/α-Chrostobalit. Beispiele für enantiotrope Modifikationen sind rhombischer Schwefel/monokliner Schwefel, schwarzer Phosphor/violetter Phosphor, graues Zinn/weißes Zinn oder β-Tridymit/β-Christobalit. Bei der Dimorphie oder Trimorphie der Metalle (s. o.) handelt es sich um eine enantiotrope Polymorphie.

Den in Einkomponentensystemen möglichen Phasenübergängen — Schmelzen, Sieden, Sublimieren, Modifikationswechsel — liegen denkbar einfache Reaktionsgleichungen zugrunde:

$$A(\varphi_1) \to A(\varphi_2)$$

Bei beliebigen Werten von P und T läuft diese Reaktion solange ab, bis kein $A(\varphi_1)$ mehr da ist oder umgekehrt. Ein Gleichgewicht, an dem alle Reaktanden in dem Sinne beteiligt sind, wie es bei Reaktionen in Einphasensystemen möglich ist, existiert hier im allgemeinen nicht. Die Affinität kann von Konzentrationsgrößen nicht abhängen und ändert während des Prozesses $A(\varphi_1) \rightarrow A(\varphi_2)$ ihren Wert nicht, falls P und T konstant bleiben. Längs der Zweiphasen-Kurven verschwindet die Affinität allerdings.

4.4.3. Zweikomponentensysteme

In Systemen mit 2 unabhängigen Komponenten haben wir 3 Variable: den Druck P, die Temperatur T und als Konzentrationsvariable z. B. den Molenbruch $\bar{x}_1$; der Molenbruch $\bar{x}_2$ ist durch $\bar{x}_2 = 1 - \bar{x}_1$ a priori von $\bar{x}_1$ abhängig. Im folgenden bezieht sich $\bar{x}_1$ immer auf die Komponente, die im jeweiligen Diagramm unterhalb des Abszissenwerts 1 symbolisiert ist. Wenn nur eine Phase existent ist, dann gilt $f = 3$, d. h. P, T und $\bar{x}_1$ können unabhängig voneinander variiert werden. In einem 3-dimensionalen Zustandsdiagramm liegen mithin Einphasenräume vor. Üblicherweise wählt man als 2-dimensionales Zustandsdiagramm einen Schnitt durch das 3-dimensionale parallel zur $T/\bar{x}_1$-Ebene im Abstand des Normaldrucks, gelegentlich aber auch einen Schnitt parallel zur $P/\bar{x}_1$-Ebene in einem passenden Abstand T.

Wir illustrieren die Verhältnisse durch charakteristische Beispiele und beginnen mit dem System N_2/O_2. In Bild 20 und Bild 21 haben wir ein $T/\bar{x}_1$- und ein $P/\bar{x}_1$-Diagramm, in denen die Bereiche der festen Phasen (bei tiefer Temperatur bzw. bei hohem Druck) ausgeklammert wurden. In der 2-dimensionalen Darstellung werden

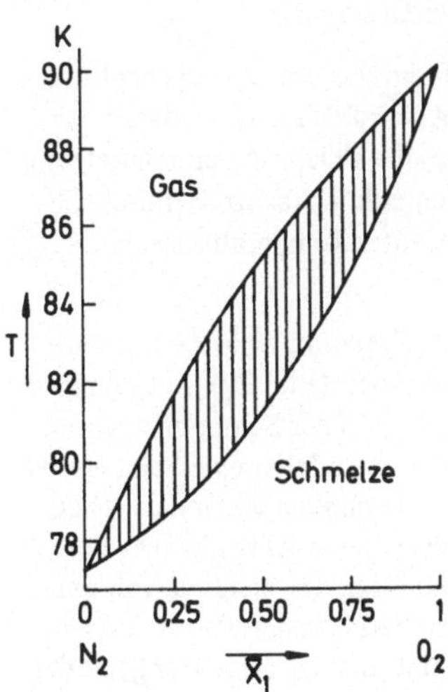

Bild 20. $T/\bar{x}_1$-Siede-Diagramm des Systems N_2/O_2 bei 1 atm

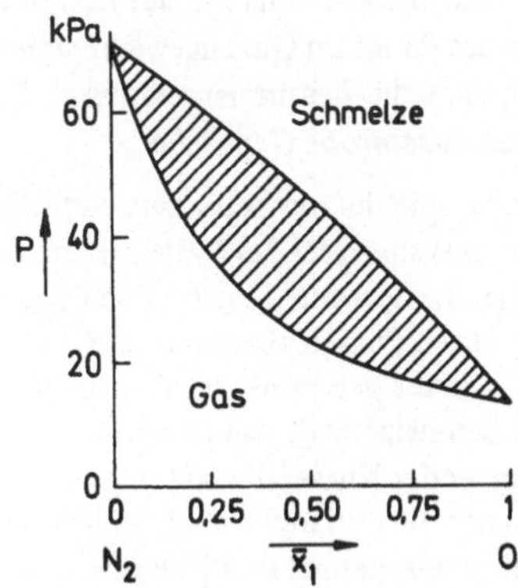

Bild 21. $P/\bar{x}_1$-Siede-Diagramm des Systems N_2/O_2 bei 75 K

die Einphasengebiete zu Flächen. Die schraffierten Flächen entsprechen nicht existenten Zuständen, d. h. eine Phase der Zusammensetzung und der Temperatur bzw. des Drucks wie bei einem Punkt im schraffierten Gebiet existiert nicht; bei gegebenem T bzw. P existieren dagegen nebeneinander ein Gasgemisch und ein flüssiges Gemisch, deren Zusammensetzung den Schnittpunkten der T-Geraden mit der linken bzw. der rechten Kurve im $T/\bar{x}_1$-Diagramm und den Schnittpunkten der P-Geraden mit der rechten bzw. der linken Kurve im $P/\bar{x}_1$-Diagramm entsprechen. Erhitzt man also beispielsweise bei Normaldruck eine flüssige Mischung mit $\bar{x}_1 = 0,5$, so steht diese bei ca. 82 K mit einem Dampf der Zusammensetzung $\bar{x}_1 = 0,24$ im Gleichgewicht; der Dampf ist demnach reicher an N_2 als die Lösung. Setzt man die Wärmezufuhr fort, dann geht der Stickstoffgehalt der Lösung in dem Maße weiter zurück, in welchem der stickstoffreichere Dampf entsteht, so daß die Zusammensetzung der Schmelze durch Punkte repräsentiert wird, die bei steigendem $\bar{x}_1$ auf der rechten Kurve von Bild 20 liegen usw. Analoge Verhältnisse trifft man beim Abkühlen eines Gasgemisches an. Man nennt die schraffierte Fläche auch ein Zweiphasengebiet, da bei einer gegebenen Temperatur 2 Phasen miteinander im Gleichgewicht stehen. Die Eigenschaft flüssiger Gemische, beim Sieden im allgemeinen mit einem Dampf anderer Zusammensetzung im Gleichgewicht zu stehen, ist für die Trennung von Gemischen auf dem Wege der Destillation von erheblicher Bedeutung, wie hier nicht weiter ausgeführt werden soll.

Den Umstand, daß der Siedepunkt einer Lösung eines Stoffes in einem Überschuß des anderen in einem von dessen Konzentration abhängigen und bei kleinen Konzentrationen nahezu linear abhängigen Maße ansteigt, kann man sich zunutze machen, um aus der gemessenen Siedepunktserhöhung bei bekannter Masse des gelösten Stoffes dessen Molmasse zu bestimmen (*Ebullioskopie*).

In vielen Systemen gibt es Siedepunktsmaxima (z. B. im System Hydrogenchlorid/ Wasser) oder Siedepunktsminima (z. B. im System Alkohol/Wasser). In diesen Maxima oder Minima hat der Dampf eines Gemisches die gleiche Zusammensetzung wie das damit im Gleichgewicht stehende flüssige Gemisch. Derartige Gemische, die, ohne die Zusammensetzung zu ändern, bei konstanter Temperatur sieden, heißen *azeotrope Gemische*.

Als Beispiel für ein besonders einfaches $T/\bar{x}_1$-Schmelzdiagramm eines Zweikomponentensystems sei das System Benzol/Naphthalin behandelt (Bild 22). Bei genügend hoher Temperatur besteht eine vollständige Mischbarkeit in der Schmelze, während die festen Phasen überhaupt nicht mischbar sind. Kühlt man daher eine Schmelze ab, so scheidet sich reines Naphthalin ab, sobald man auf den linken Kurvenast stößt; die Schmelze wird dadurch Benzol-reicher, und beim weiteren Abkühlen wandert man an der Kurve, der sog. Liquidus-Kurve, unter ständiger Abscheidung von reinem Naphthalin entlang, bis schließlich im Punkte E, dem *eutektischen Punkt*, ein Gemenge von Benzol und Naphthalin auskristallisiert; eine analoge Bedeutung hat der rechte Kurvenast. Man beachte, daß die Geraden $\bar{x}_1 = 0$ und $\bar{x}_1 = 1$ eine analoge Bedeutung haben wie die untere Kurve in Bild 20; man nennt sie die *Soliduskurven*.

Am eutektischen Punkt sind 3 Phasen miteinander im Gleichgewicht, so daß $f = 1$ wird; arbeitet man also bei Normaldruck, dann ist E hinsichtlich T und $\bar{x}_1$ festgelegt. Die durch E hindurchlaufende, die eutektische Temperatur repräsentierende Gerade verbindet die $\bar{x}_1$-Werte der 3 im Gleichgewicht stehenden Phasen miteinander, also $\bar{x}_1 = 0$, $\bar{x}_1 = x_E$ und $\bar{x}_1 = 1$.

Die in Bild 22 zum Ausdruck kommende Erniedrigung des Kristallisationspunkts eines Stoffes, die beim Auflösen eines anderen Stoffes in der Schmelze des gegebenen Stoffes eintritt, kann man bei bekannter Masse des gelösten Stoffes zur Bestimmung von dessen Molmasse nutzen (*Kryoskopie*).

Anstatt zu fragen, bei welcher Temperatur Naphthalin aus seinen Lösungen in Benzol ausfällt, könnte man auch umgekehrt fragen, wieviel Naphthalin sich in Benzol bei gegebener Temperatur maximal auflöst. Man bezeichnet die Abszissenwerte der Kurven von Bild 22 als die Sättigungskonzentrationen oder Löslichkeiten bei bestimmter Temperatur und rechnet sie meist in Molaritäten oder Molalitäten um.

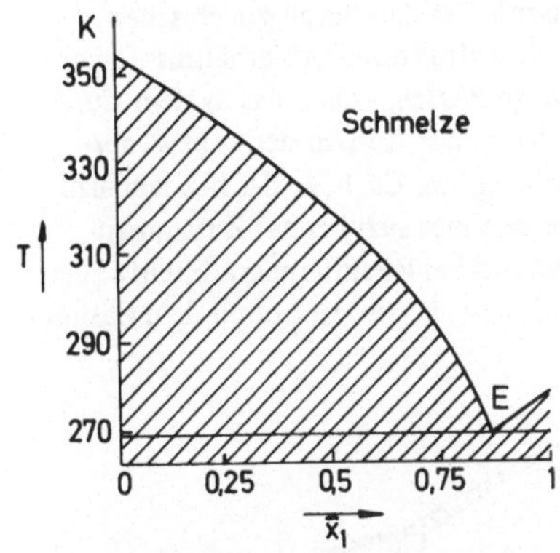

Bild 22. $T/\bar{x}_1$-Schmelzdiagramm des Systems Benzol/Naphthalin mit $\bar{x}_1$ als Molenbruch von Benzol

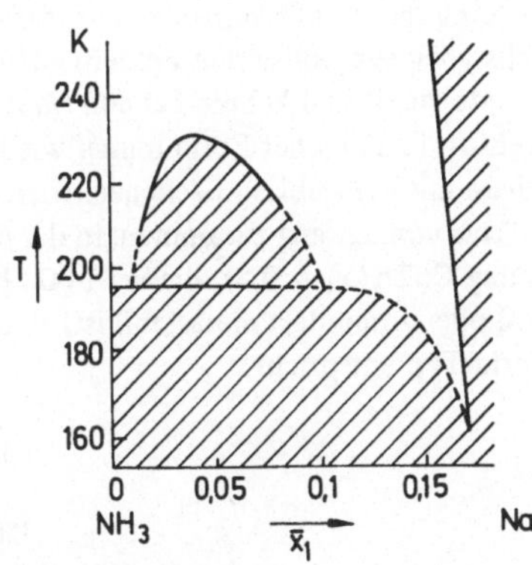

Bild 23. $T/\bar{x}_1$-Diagramm des Systems Natrium/Ammoniak

Auch im System Ammoniak/Natrium, das nur auf der Ammoniak-reichen Seite interessant ist, gibt es keine Mischkristalle. Dieses System unterscheidet sich vom eben behandelten vor allem dadurch, daß im Bereich der Schmelze eine Mischungslücke auftritt, in deren Bereich zwei flüssige Phasen nebeneinander koexistieren, deren Zusammensetzungen bei bestimmter Temperatur T' durch die Schnittpunkte der Geraden $T = T'$ mit der oberen Kurve von Bild 23 gegeben sind. Der nicht ausgezogene Teil der Kurven soll andeuten, daß in diesem Teil des Kurvenverlaufs noch keine genauen Meßdaten bekannt sind. Außergewöhnlich ist auch die negative Steigung der rechten Liquiduskurve; sie bedeutet, daß die Löslichkeit von Natrium in Ammoniak mit steigender Temperatur abnimmt.

Beim nächsten Beispiel – dem Zustandsdiagramm Cu/Mg (Bild 24) – lernen wir ein System kennen, in dem es zur Ausbildung von Verbindungen, nämlich Cu_2Mg und $CuMg_2$, kommt, aber weder zwischen $CuMg_2$ und Mg noch zwischen Cu_2Mg und $CuMg_2$ bilden sich Mischkristalle, vielmehr scheiden sich beim Abkühlen einer Schmelze, deren Zusammensetzung zwischen E_1 und E_2 liegt, Kristalle Cu_2Mg ab, zwischen E_2 und E_3 Kristalle $CuMg_2$ und zwischen E_3 und $\bar{x}_1 = 1$ Kristalle Mg; die Geraden $\bar{x}_1 = 1/3, \bar{x}_1 = 2/3$ und $\bar{x}_1 = 1$ sind mithin Soliduskurven. Zwischen Cu_2Mg und Cu sind Mischkristalle möglich, deren Zustandsgebiet durch die links nicht schraffierte Fläche dargestellt wird; erhitzt man einen solchen Mischkristall der bestimmten Zusammensetzung $\bar{x}_1'$, so steht er am Schnittpunkt der Geraden $\bar{x}_1 = \bar{x}_1'$ mit der Soliduskurve im Gleichgewicht mit einer Schmelze, deren Zusammensetzung durch den entsprechenden isothermen Punkt auf der Liquidus-Kurve dargestellt wird. Wie kompliziert ein den festen und flüssigen Bereich umfassendes $T/\bar{x}_1$-Diagramm im Normalfall ist, sei anhand der in der Praxis als *Messing* bedeutsamen Phasen des Systems Cu/Zn gezeigt (Bild 25). In der Schmelze sind die Komponenten vollständig mischbar; im festen Zustand treten neben breiten Mischungslücken Mischkristalle auf, deren Phasenbreite den durch griechischen Buchstaben symbolisierten Feldern entspricht. Die strukturellen Verhältnisse sind gut untersucht und kehren bei den *Hume-Rothery-Phasen*, denen das System Cu/Zn angehört, in ähnlicher Form immer wieder; so hängt der Aufbau der α- bzw. der η-Phase mit der kubisch-flächenzentrierten Struktur von Cu bzw. der hexagonalen Struktur von Zn eng zusammen; in der β-Phase zeichnet sich bei der Zusammensetzung $CuZn\,(\bar{x}_1 = 0,5)$, die bei 1 000 K stabil und bei Raumtemperatur entweder stabil oder zumindest metastabil ist, eine Anordnung ab, die strukturell dem Cäsiumchlorid-Typ entspricht.

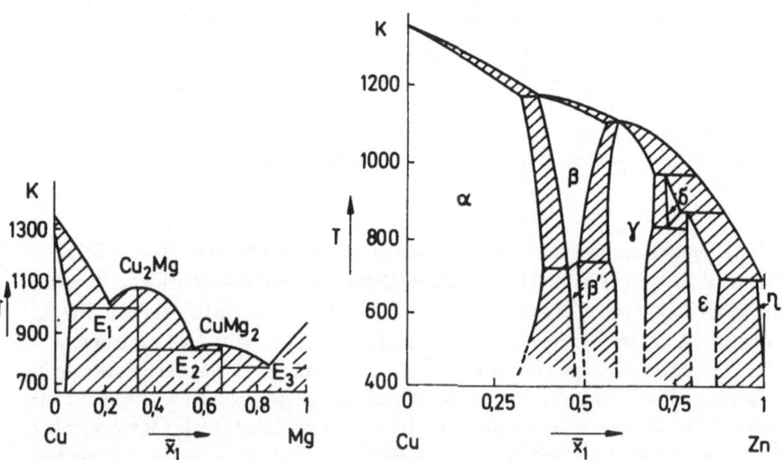

Bild 24. $T/\bar{x}_1$-Schmelzdiagramm des Systems Cu/Mg

Bild 25. $T/\bar{x}_1$-Schmelzdiagramm des Systems Cu/Zn

Als weiteres Beispiel aus der Metallreihe ist in Bild 26 das Zustandsdiagramm des Systems Au/Cu dargestellt. Im gesamten $\bar{x}_1$-Bereich gibt es Mischkristalle mit statistischer Verteilung der Atome auf die Plätze der kubisch dichtesten Kugelpackung. Bei $\bar{x}_1 = 0{,}56$ und $T = 1062$ K haben die Liquidus- und die Soliduskurve ein gemeinsames Minimum, in welchem Mischkristalle und eine Schmelze der gleichen Zusammensetzung im Gleichgewicht stehen; als Gegenstück zum *azeotropen Sieden* spricht man vom *kongruenten Schmelzen.* Beim schnellen Abkühlen kann man die Mischkristalle mit statistischer Verteilung bei Raumtemperatur in metastabiler Form isolieren. Thermodynamisch stabil sind jedoch bei Raumtemperatur Verbindungen wie $AuCu_3$, $AuCu$ und wahrscheinlich auch andere, deren Stellung im Zustandsdiagramm erst teilweise bekannt ist; die tetragonale $AuCu$-Phase geht bei tieferer Temperatur in die in Bild 26 nicht eingezeichnete rhombische Form über. Man beachte, daß man bei den Kurvenzügen im unteren Bereich des Diagramms nicht von Liquidus-Solidus-Kurven sprechen kann, da nicht ein Mischkristall mit einer Schmelze, sondern ein geordneter mit einem ungeordneten Mischkristall im Gleichgewicht steht.

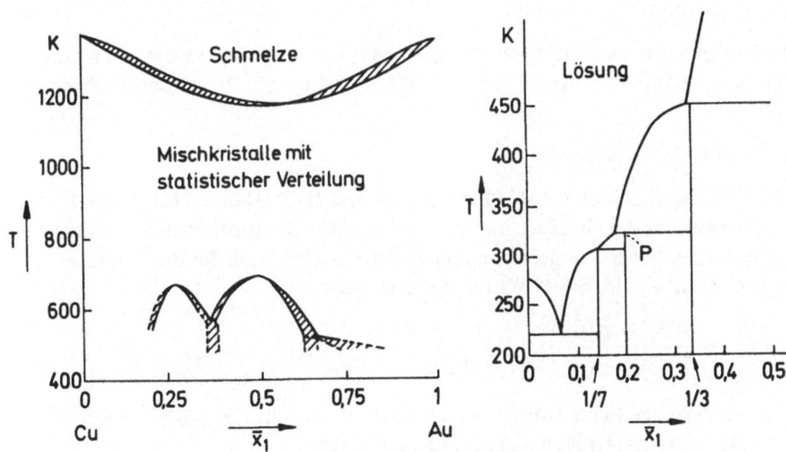

Bild 26. $T/\bar{x}_1$-Schmelzdiagramm des Systems Au/Cu

Bild 27. $T/\bar{x}_1$-Schmelzdiagramm des Systems $CaCl_2/H_2O$

Schließlich sei noch das System $CaCl_2/H_2O$ behandelt, das eigentlich aus mehr als 2 Komponenten besteht, wenn man bedenkt, daß die *Schmelze* nicht aus einer Mischung der Moleküle H_2O und $CaCl_2$ aufgebaut ist, sondern daß $CaCl_2$ in Wasser in Form der Ionen Ca^{2+} und Cl^- vorliegt (s. u.). Für das Schmelzdiagramm ist das aber unerheblich, solange keine Bedingungen geschaffen werden, die die Stoffbilanzgleichung $\bar{c}_{Cl^-} = 2\bar{c}_{Ca^{2+}}$ ungültig machen. In Bild 27 sind 4 Soliduskurven eingezeichnet: $\bar{x}_1 = 0$ (H_2O), $\bar{x}_1 = 1/7$ ($CaCl_2 \cdot 6H_6O$), $\bar{x}_1 = 1/5$ ($CaCl_2 \cdot 4H_2O$)

und $\bar{x}_1 = 1/3\,(CaCl_2 \cdot 2H_2O)$. Mischkristalle zwischen diesen 4 festen Phasen sind nicht bekannt. Erhitzt man die Verbindung $CaCl_2 \cdot 4H_2O$ auf die durch den Punkt P charakterisierte Temperatur, so erhält man ein Gleichgewicht zwischen festem $CaCl_2 \cdot 4H_2O$, festem $CaCl_2 \cdot 2H_2O$ und einer wasserreicheren Lösung: ein derartiges Dreiphasengleichgewicht heißt *Peritektikum*. Wenn umgekehrt eine Lösung mit einem $\bar{x}_1$-Wert von ca. 0,2 bis 0,3 abgekühlt wird, dann scheidet sich $CaCl_2 \cdot 2H_2O$ ab, und beim weiteren Abkühlen verändert sich die Zusammensetzung der Schmelze so, wie es die Liquiduskurve angibt, bis schließlich bei der peritektischen Temperatur die 3 genannten Phasen im Gleichgewicht stehen; entzieht man hier dem System weiter Wärme, dann ergibt die Schmelze zusammen mit dem Dihydrat das feste Tetrahydrat.

4.4.4. Mehrkomponentensysteme

Die eben behandelten Ein- und Zweikomponentensysteme wurden von der Phasenregel beherrscht. Im vorliegenden Abschnitt sollen Mehrphasensysteme behandelt werden, an denen Gasgemische oder verdünnte Lösungen mit mindestens 2 Konzentrationsvariabeln beteiligt sind, so daß die Affinität außer vom Druck und der Temperatur auch von Konzentrationen abhängt und ein dem MWG analoger Ausdruck gelten muß.

Der wichtigste Satz über die Anwendung des MWG in Mehrphasensystemen sei anhand eines Beispiels plausibel gemacht! Wir betrachten ein Dreiphasengleichgewicht:

$$CuO + H_2 \rightleftarrows H_2O + Cu$$

CuO und Cu stellen je eine feste Phase dar, H_2 und H_2O gehören bei genügend hoher Temperatur der Gasphase an. Nun herrscht über Reinstoff-Phasen wie CuO und Cu bei gegebener Temperatur ein konstanter Dampfdruck der Reinstoffe (s. o.). Wenden wir also das MWG auf die Gasphase an,

$$K_p' = \frac{\bar{p}(H_2O) \cdot \bar{p}(Cu)}{\bar{p}(CuO) \cdot \bar{p}(H_2)}$$

so sind die Gleichgewichts-Drucke der mit festen Phasen im Gleichgewicht stehenden Stoffe konstante Größen und man kann schreiben:

$$K_p' \cdot \frac{\bar{p}(CuO)}{\bar{p}(Cu)} = K_p = \frac{\bar{p}(H_2O)}{\bar{p}(H_2)}$$

Dieser Befund läßt sich verallgemeinern: Für Gleichgewichte zwischen der Gasphase und anderen Phasen gilt das MWG in derselben Form wie bei reinen Gasgleichgewichten, nur daß man statt der Konzentrationsgrößen fester in der zugehörigen Reaktionsgleichung stehender Reaktanden A_i jeweils die Zahl 1 in das MWG einsetzt. Außerdem gilt auch ein den Einphasensystemen entsprechender Ausdruck für die Affinität A in Abhängigkeit von den Nichtgleichgewichts-Konzentrationen.

Nachdem durch das obige Beispiel die Gasphase neben festen Phasen behandelt wurde, soll jetzt ein Beispiel für ein Gleichgewicht zwischen einem Salz als fester Phase und den entsprechenden Ionen in wäßriger Lösung behandelt werden; die Gesetze der idealen Lösung und das MWG gelten dabei allerdings nur, wenn die Lösung verdünnt und das Salz folglich nur wenig löslich ist. Dies trifft beispielsweise für CaF_2 zu. Aus der Lösungsreaktion

$$CaF_2 \rightarrow Ca^{2+} + 2\,F^-$$

folgt

$$A = RT \cdot \ln \frac{L}{c_2 \cdot c_3^2} \qquad \text{mit} \qquad L = \bar{c}_2 \cdot \bar{c}_3^2$$

Die Gleichgewichtskonstante heißt in derarigen Fällen *Löslichkeitsprodukt* (Symbol: L). (Die Indices von $\bar{c}$ entsprechen wieder einer schematischen Durchnumerierung der Reaktanden in der Reaktionsgleichung.) Die Löslichkeit oder Sättigungskonzentration $\bar{c}_L$ bedeutet im Gegensatz zu L die im Liter gelöste Stoffmenge an CaF_2, d. h. $\bar{c}_L = \bar{c}_2 = 1/2 \cdot \bar{c}_3$ und daher $L = 4\bar{c}_L^3$. Im Sinne der Phasenregel muß man das Lösungsgleichgewicht eines Salzes so interpretieren: Im Falle der Lösung von CaF_2 in Wasser haben wir 4 Komponenten: festes CaF_2, Wasser sowie Ca- und F-Ionen. Da eine Reaktionsgleichung und eine weitere Bedingungsgleichung ($2\bar{c}_2 = \bar{c}_3$) gegeben ist, haben wir nur 2 unabhängige Komponenten k', so daß sich bei 2 Phasen $f = 2$ ergibt. Legt man P und T fest, dann gibt es keine frei wählbare Konzentration mehr, was in der Gleichung $L = 4\bar{c}_L^3$ zum Ausdruck kommt. Im Falle der Lösung von CaF_2 in einer entweder Ca- oder F-Ionen von vornherein schon enthaltenden Lösung entfällt die genannte Bedingungsgleichung und wir haben $f = 3$. Bei freier Wahl von P und T ist daher noch eine Konzentration frei wählbar, die andere ergibt sich aus dem MWG-Ansatz.

Als weiteres Beispiel einer Reaktion zwischen festen Phasen und einer wäßrigen Lösung sei die Reaktion angeführt, die sich im Bleiakkumulator abspielt:

$$PbO_2 + Pb + 2\,H^+ + 2\,HSO_4^- \rightarrow 2\,PbSO_4 + 2\,H_2O$$

Es ist

$$A = RT \cdot \ln (c_3^2 \cdot c_4^2 \cdot K) \qquad \text{mit} \qquad K = \bar{c}_3^{-2} \cdot \bar{c}_4^{-2}$$

Bei der systematischen Behandlung mehrphasiger Mehrkomponentensysteme müßten die Zahlen φ und k der Reihe nach kombiniert werden. Wir wollen uns stattdessen mit zwei weiteren Spezialbeispielen begnügen, nämlich der homogenen Verteilung eines Stoffes A zwischen 2 aneinandergrenzende Phasen 1 und 2, wobei sich die Bausteine der beiden Phasen nicht miteinander mischen sollen. Die einer derartigen Verteilung zugrundeliegende Reaktion kann man so formulieren:

$$A(\varphi_1) \rightarrow A(\varphi_2)$$

Man geht also davon aus, daß A zunächst in der Phase 1 gelöst ist und nach dem Kontaktschluß der Phase 1 mit der Phase 2 solange in die Phase 2 wandert, bis ein Gleichgewicht erreicht ist.

Als erstes Beispiel behandeln wir die Verteilung von Iodmolekülen I_2 zwischen die schlecht ineinander löslichen Flüssigkeiten Wasser und Tetrachlormethan: Das MWG stellt sich hier in einer Form mit $\bar{c}$ als molarer Konzentration an I_2 dar, die *Nernstscher Verteilungssatz* heißt:

$$K_c = \frac{\bar{c}(H_2O)}{\bar{c}(CCl_4)}$$

Verteilen wir zweitens Sauerstoff-Moleküle O_2 zwischen Wasser und der Gasphase, so erhält man mit $\bar{c}$ als der molaren Konzentration an O_2 in der Flüssigkeit und mit $\bar{p}$ als dem Partialdruck von O_2 in der Gasphase ein Anwendungsbeispiel des *Henryschen Gesetzes:*

$$K_{cp} = \frac{\bar{c}}{\bar{p}}$$

Wie immer bei der Anwendung des MWG muß man sich darüber im klaren sein, daß die Gleichgewichtskonstanten von der Temperatur abhängen. Man überzeuge sich, daß die zitierten Verteilungsgleichgewichte die Phasenregel erfüllen, wobei man in beiden Fällen mit $k' = 3$ rechnen muß bzw. im zweiten Fall mit $k' = 2$ dann, wenn die Gasphase nur aus O_2 besteht ($P = \bar{p}$).

4.5. Allgemeine Klassifizierung von Reaktionen

Die *Reaktion im Sinne der Chemie* wurde in Abschnitt 1.5 definiert. Die Definition bedarf einer Ergänzung, die den Festkörper mit in die Reaktanden einbezieht; beispielsweise erfüllt die oben wiedergegebene Reaktion von CuO mit H_2 die Definition von Abschnitt 1.5 insofern nicht, als nicht eine Partikel CuO, sondern der gesamte Festkörperverband mit H_2 reagiert. Im Falle der Beteiligung von Festkörpern ist es daher zweckmäßig, im Symbol der Reaktanden A_i nicht eine Partikel, sondern die Einheit der Stoffmenge zu sehen; die stöchiometrischen Zahlen sind dann die Maßzahlen der Stoffmenge.

Die Obereinteilung von Reaktionen in Reaktionen des Atomkerns und in Reaktionen der Atomhülle ist klar; im folgenden interessieren nur die letzteren. Diese kann man in Reaktionen einteilen, bei denen lediglich die Phase der beteiligten Stoffe geändert wird (*physikalische Reaktion* oder *Phasenänderung eines Stoffs*) und in Reaktionen, bei denen sich die stoffliche Zusammensetzung der beteiligten Edukte ändert (*chemische Reaktion* oder *Reaktion im engeren Sinne*).

4.5.1. Physikalische Reaktionen

Die Reaktionsgleichung lautet hier

$$A(\varphi_1) \longrightarrow A(\varphi_2)$$

Als Phasenänderungen kommen bei Einkomponentensystemen infrage: Schmelzen, Sieden, Sublimieren oder (als Umkehrung dieser Reaktionen) Kristallisieren, Kondensieren sowie Modifikationswechsel. Bei Mehrkomponentensystemen müssen Verteilungsreaktionen, Lösevorgänge und dergleichen in Betracht gezogen werden.

Von all diesen Reaktionen bedarf vor allem die Auflösung eines Stoffes in einem andern der näheren Erörterung. Die Bildung von Mischkristallen wurde oben schon behandelt, so daß wir uns hier auf flüssige Lösungen beschränken können. Kovalente Festkörper lösen sich in Flüssigkeiten überhaupt nicht, es sei denn bei sehr hoher Temperatur, bei der die kovalenten Gitterkräfte zusammenbrechen. Metalle lösen sich mehr oder weniger nur in Metallschmelzen, wenn man von Ausnahmen wie der Lösung von Natrium in Ammoniak u. a. absieht. Über die Löslichkeit von Salzen und in Molekülgittern kristallisierenden Feststoffen muß mehr gesagt werden.

Salzlösungen

Salze lösen sich nur in *polaren* Lösungsmitteln auf und zwar unter Aufspaltung (*Dissoziation*) in die das Salz aufbauenden Ionen. *Polar* ist ein Lösungsmittel dann, wenn es einerseits zufolge einer hohen Dielektrizitätskonstanten die elektrostatischen Anziehungskräfte zwischen den gelösten Ionen vermindert und wenn seine Moleküle zum anderen mit den gelösten Ionen Wechselwirkungen ausüben können, die von der Stärke van der Waalsscher Bindungen bis hin zu Bindungen 1. Art reichen können und die man unter dem Begriff *Solvatation* zusammenfaßt. Das bei weitem wichtigste polare Lösungsmittel ist das Wasser, das sowohl eine sehr hohe Dielektrizitätszahl als auch starke Solvatationskräfte — hier auch *Hydratationskräfte* genannt — aufweist. Die Hydratation besteht sowohl in der Ausbildung koordinativer Kation-Wasser-Bindungen, zu denen das O-Atom des Wassers die freien Elektronenpaare liefert, als auch in der Ausbildung von Ionen-Dipol-Wechselwirkungen und Wasserstoffbrückenbindungen. Ob die Hydratation mehr als kovalente oder mehr als elektrostatische Bindungsbeziehung aufzufassen ist, kann oft schwer entschieden werden. Auf jeden Fall sind die Hydratationskräfte so stark, daß sie in der Größenordnung der Gitterenergie der Salze liegen können.

In diesem Zusammenhang ist ein thermodynamischer Gedankengang von Interesse, der anhand eines Beispiels aufgezeigt sei! Das Salz $CaCl_2$ löst sich in Wasser unter starker Wärmeentwicklung auf; diese Wärme ist auf die starke Hydratation der Ca-Ionen zurückzuführen, die offenbar die Gitterenergie von $CaCl_2$ überkompensiert. Das entsprechende feste Hexahydrat $CaCl_2 \cdot 6\,H_2O$ löst sich in Wasser ebenfalls auf, allerdings unter Abkühlung der Lösung; eine Hydratationsenergie kann nicht gewonnen werden, da im Kristallgitter der festen Verbindung $CaCl_2 \cdot 6\,H_2O$ die Ca-Ionen bereits von H_2O-Molekülen koordiniert sind. Die Negativität der Triebkraft kann im Falle der Lösung von $CaCl_2$ leicht auf die Negativität von ΔH zurückgeführt werden, im Falle von $CaCl_2 \cdot 6\,H_2O$ ist aber offensichtlich die Entropiezunahme für den Lösevorgang ausschlaggebend, die daraus resultiert, daß die Ionen in der wäßrigen Lösung frei beweglich sind.

Wägt man die Solvatation von Kationen und Anionen gegeneinander ab, so überwiegt beim Wasser die Kation-Solvatation, d. h. die Kation-Hydratation ist stärker als die Anion-Hydratation. Ein augenfälliges Indiz hierfür liefert beispielsweise das Salz $CuSO_4 \cdot 5\,H_2O$ („Kupfervitriol"), bei dem im Kristallgitter jedes Cu-Kation außer von zwei SO_4-Resten von vier H_2O-Molekülen umgeben ist, während das fünfte H_2O-Molekül über H-Brücken an zwei SO_4-Reste und an zwei der das Kupfer koordinierenden H_2O-Moleküle gebunden ist; beim Erhitzen von Kupfervitriol spaltet sich dieses fünfte Molekül sehr viel leichter ab als die anderen Wassermoleküle.

Ein Beispiel für ein stark Anion-solvatisierendes Lösungsmittel ist die wasserfreie Ameisensäure HCOOH mit ihrer hohen Tendenz zur Ausbildung von H-Brücken.

Es gilt die Regel, daß Salze umso schwerer in Wasser löslich sind, je stärker die kovalenten Bindungsanteile ausgeprägt sind. So sinkt beispielsweise die Löslichkeit in der Reihe AgF (gut löslich) − $AgCl(p_L = 10)$ − $AgBr(p_L = 12)$ − $AgJ(p_L = 16)$ stark ab, da das Silber-Kation die Halogen-Anionen umso leichter polarisieren kann, je größer sie sind. In ganz analoger Weise sinkt die Löslichkeit in Wasser von ZnO zum ZnS ab usw.

Insofern bei der Lösung von Salzen in polaren Mitteln Verbindungen zwischen den Ionen des Salzes und den Lösungsmittelmolekülen entstehen, sollte man derartige Lösungsreaktionen gar nicht zu den physikalischen, sondern man sollte sie zu den chemischen Reaktionen zählen und dort behandeln. In den seltensten Fällen sind indes die Koordinationsverhältnisse von Ionen in solvatisierenden Lösungsmitteln genau bekannt, da man wenig experimentelle Methoden zur Untersuchung räumlicher Verhältnisse in Flüssigkeiten kennt. Bei den im Lösungsmittel Wasser gelösten Ionen hat es sich daher eingebürgert, ihren unbekannten Hydratations-Zustand durch das Symbol *aq* anzudeuten, also z. B. $Ca^{2+} \cdot aq$ zu schreiben; noch häufiger allerdings schreibt man − wie es auch im letzten Abschnitt geschehen ist − nur Ca^{2+} und denkt sich dazu „in Wasser gelöst". Aufgrund dieser Schreibübung ist es aus dem Bewußtsein mancher Chemiker verschwunden, daß es sich bei der Auflösung von Salzen in polaren Mitteln oftmals um chemische Reaktionen handelt.

Moleküllösungen

In Molekülgittern kristallisierende Festkörper lösen sich im allgemeinen leicht in *unpolaren* Lösungsmitteln, das sind Lösungsmittel, die eine kleine Dielektrizitätskonstante, ein geringes Dipolmoment, keine Solvatationsmöglichkeiten und in Sonderheit keine *Protonenaktivität* (also u. a. keine Möglichkeit, H-Brücken auszubilden) aufweisen, dafür aber aufgrund ihres Gehalts an leicht polarisierbaren großen und mit freien Elektronenpaaren versehenen Atomen starke van der Waals-Bindungen zum gelösten Stoff eingehen. Es gilt mit bemerkenswerter Allgemeinheit die alchimistische Regel *similia similibus dissoluntur*, nach der es verständlich ist, daß sich S_8-Moleküle in Dithiomethan CS_2, aber nicht in Wasser, und daß sich I_2-Moleküle besser in Tetrachlormethan als in Wasser lösen. Organische Moleküle, die durch ihren Gehalt an O- und N-Atomen und speziell auch an OH- und NH-Gruppierungen die Möglichkeit zur Ausbildung von H-Brücken bieten, lösen sich dagegen in protonenaktiven Lösungsmitteln vielfach recht gut auf, wofür die Löslichkeit von Zucker in Wasser ein bekanntes Beispiel ist.

4.5.2. Chemische Reaktionen

Es gibt zahlreiche Kriterien, nach denen man die chemischen Reaktionen einteilen kann, z. B. nach ihrer Triebkraft, ihrer Geschwindigkeit, dem Medium, ihrem Mechanismus, der Natur der Reaktanden, den angewendeten experimentellen Methoden oder nach formalen Kriterien wie der Oxidationszahl.

Triebkraft als Kriterium

Man hat Reaktionen, deren Ablauf durch die Triebkraft determiniert und mittels thermodynamischer Funktionen beschreibbar ist, wohl zu unterscheiden von Reaktionen, die nur zu metastabilen Stoffen führen und deren Ablauf durch kinetische Parameter determiniert wird. Beispiele für den ersten Typ von Reaktionen sind alle Reaktionen, auf die oben das MWG angewendet wurde. Kinetisch determiniert ist beispielsweise die folgende Reaktion:

$$C_6H_5-CH(CH_3)_2 + O_2 \rightarrow C_6H_5-C(OOH)(CH_3)_2$$

Die im Überschuß von O_2 durchgeführte Reaktion sollte — wäre sie thermodynamisch determiniert — so verlaufen:

$$C_6H_5-CH(CH_3)_2 + 12\,O_2 \rightarrow 9\,CO_2 + 6\,H_2O$$

Geschwindigkeit als Kriterium

Die Geschwindigkeit einer Reaktion ist als die Zunahme der Konzentration eines bestimmten Produkts oder als die Abnahme der Konzentration eines bestimmten Edukts — jeweils mit der Zeit — definiert, die Einheit der Geschwindigkeit ist daher $1\ \text{mol}\ l^{-1}\ s^{-1}$, wenn man von molaren Konzentrationen ausgeht. Die hier nicht näher erörterte Form der Abhängigkeit der Reaktionsgeschwindigkeit von den Konzentrationen der Edukte nennt man die *Reaktionsordnung*.

Die Differenz zwischen der Freien Energie des Systems zu Beginn der Reaktion und der während der Reaktion durcheilten maximalen Freien Energie nennt man die *Freie Aktivierungsenergie*; zwischen ihr, der Aktivierungsenergie und der Aktivierungsentropie existiert eine Beziehung der gleichen Form wie für die entsprechenden thermodynamischen Reaktionsgrößen (s. o.). Zwischen der Freien Aktivierungsenergie und der Reaktionsgeschwindigkeit besteht ein logarithmischer Zusammenhang. Statt einer makromolekularen, das Gesamtsystem ins Auge fassenden Betrachtung kann man die Aktivierungsenergie auch vom molekularen Geschehen her verstehen: Die zu Beginn der Reaktion durch eine bestimmte Gesamtenergie charakterisierten Moleküle der Reaktionsgleichung treten während der Reaktion zu einem Knäuel höherer Energie, dem *aktivierten Komplex,* zusammen, um nach Durchlaufen eines Zustands mit einem Maximum an Freier Energie, des *Übergangszustands,* in die Produktmoleküle oder in die Zwischenproduktmoleküle überzugehen; als *Zwischenprodukte* wollen wir Produkte bezeichnen, die zwar nachweisbar, aber in Substanz deshalb nicht erhältlich sind, weil sie unter Aufbietung einer nur noch geringen Aktivierungsenergie in die Endprodukte übergehen.

Die *Theorie des Übergangszustands* regelt die Zusammenhänge zwischen der Reaktionsgeschwindigkeit, den Aktivierungsgrößen und der Struktur des aktivierten Komplexes. Die Lageveränderung der Partikeln während der Reaktion nennt man den *Reaktionsmechanismus*. Die Zahl der Partikeln, die an der Bildung des Übergangszustands beteiligt sind, heißt die *Molekularität* der Reaktion; am meisten verbreitet sind unimolekulare und bimolekulare Reaktionen.

Grundsätzlich verlaufen Reaktionen bei Temperaturerhöhung schneller. In vielen, besonders in biologischen Systemen gilt die Faustregel, daß man die Geschwindigkeit der in diesen Systemen ablaufenden Reaktionen durch eine Temperaturerhöhung um 10 K verdoppeln kann. Oft ist es von Bedeutung, daß eine Temperaturerhöhung zwar zu einer Beschleunigung, aber auch zu einer Ausbeuteminderung führt, wenn das Gleichgewicht bei höherer Temperatur weiter auf der Seite der Edukte liegt.

Reaktionen zwischen verschiedenen Phasen spielen sich an der Phasengrenze ab. Es ist für die Geschwindigkeit förderlich, die Phasengrenzen groß, also die eine Phase repräsentierenden Stoffteile klein zu halten, was man beispielsweise durch Pulverisieren fester Phasen oder durch die Herstellung feinverteiler Flüssigkeitströpfchen in Emulgatoren oder durch eine Vielzahl ähnlicher Verfahren, die eine große technische Bedeutung haben, erreichen kann. Wichtig ist auch das Rühren flüssiger Lösungen, wenn es gilt, gelöste Produkte von der Phasengrenze fester Edukte weg-, oder gelöste Edukte dorthin zu transportieren. Oft kommt es vor, daß die Phasengrenze eines festen Edukts von einem festen Produkt bedeckt wird, dann können entweder die Edukte durch das Produkt hindurchdiffundieren und an einer der Phasengrenzen des Produkts weiterreagieren oder aber die Reaktion kommt zum Stillstand (*Passivierung*).

Eine Reaktion kann auch durch die Vermittlung von Stoffen beschleunigt werden, die mit den Edukten Wechselwirkungen eingehen und dadurch die Aktivierungsenergie der Reaktion zwischen den Edukten erniedrigen, am Ende der Reaktion aber wieder unverbraucht anfallen und deshalb in der Reaktionsgleichung nicht in Erscheinung treten; die Gleichgewichtskonzentrationen werden durch sie nicht beeinflußt. Solche Stoffe heißen *Katalysatoren* und ihre Wirkungsweise *Katalyse*. Man unterscheidet homogen verteilte Katalysatoren (*homogene Katalyse*) von solchen Katalysatoren, die eine eigene Phase bilden (*heterogene Katalyse*). Die Reaktionen in biologischen Systemen, von denen die *Biochemie* handelt, werden von Katalysatoren gesteuert, die man *Enzyme* nennt.

Die Geschwindigkeiten von Reaktionen können — ebenso wie die Methoden zu ihrer Untersuchung — überaus verschieden sein. In vielen bei Raumtemperatur metastabilen Systemen tritt bei höherer Temperatur eine heftige Reaktion unter starker Wärmeentwicklung ein; oft bedarf das metastabile System nur der Zündung, da die exotherme Wärmeentwicklung im gezündeten Systemteil zur Aufbringung der Aktivierungsenergie für die benachbarten Systemteile hinreicht. Hat eine Reaktion eine besonders große Wärmetönung, so kann sie nach der Zündung mit so großer Geschwindigkeit weiterlaufen, daß man von einer *Wärmeexplosion* spricht. Es ist die Regel, daß die Geschwindigkeit einer Reaktion, an der feste Phasen beteiligt sind, bei Raumtemperatur im allgemeinen recht gering ist. Die Reaktion zwischen Molekülen in homogener Phase laufen bei gewöhnlichen Temperaturen vielfach mit bequem beobachtbarer Geschwindigkeit ab. Sehr rasch und nur mit sehr speziellen Methoden beobachtbar sind die Reaktionen zwischen Ionen in homogener Phase oder auch jene im biologischen Bereich besonders wichtigen Reaktionen, die im wesentlichen die Lösung und Bildung von Wasserstoffbrücken beinhalten.

Als Einteilungskriterium für Reaktionen bieten sich die Reaktionsgeschwindigkeit oder mit ihr zusammenhängende Größen nunmehr in mannigfacher Form an: Man kann zwischen schnellen und langsamen Reaktionen oder zwischen katalysierten und unkatalysierten oder zwischen Reaktionen erster Ordnung und anderer Ordnung, zwischen unimolekularen und bimolekularen Reaktionen, zwischen Aktivierungsenergie- und Aktivierungsentropie-bestimmten Reaktionen, zwischen diffusionsbestimmten und nicht diffusionsbestimmten Reaktionen unterscheiden usw.

Medium als Kriterium

Unter *Medium* versteht man die Substanz, in die die Reaktanden homogen eingebettet sind, bei Reaktionen in flüssiger Phase also das sog. Lösungsmittel oder die Salzschmelze. Da die Partikeln des Mediums an der Bildung des aktivierten Komplexes durch van der Waalssche Bindungen beteiligt sein können, kommt ihnen gelegentlich eine erhebliche katalytische Aktivität zu. Lösungsmittel, die mit den gelösten Stoffen nahezu keine Wechselwirkung ausüben und die Triebkraft ihrer Lösungsfunktion hauptsächlich einer Entropievermehrung verdanken, nennt man *inert;* inerte Lösungsmittelmoleküle haben in der Regel kein Dipolmoment und keine leicht polarisierbaren Molekülteile.

Nimmt man das Reaktionsmedium als Kriterium der Einteilung von Reaktionen, so kann man unterscheiden zwischen einphasigen und mehrphasigen Reaktionen, zwischen Reaktionen in der Gasphase und in flüssiger Phase, zwischen Reaktionen in polaren und unpolaren, in protischen (d. h. leicht beweglichen Wasserstoff enthaltenden) und aprotischen, in wäßrigen und nichtwäßrigen Lösungsmitteln usw.

Typus der Konstitutionsveränderung als Kriterium

Eine Klassifizierung von Reaktionen nach dem Typus der Konstitutionsveränderung läßt sich vorzugsweise bei Reaktionen zwischen Molekülen, weniger bei Reaktionen unter Beteiligung fester Phasen vornehmen. Im folgenden werden einige besonders wichtige und einfache Reaktionstypen aufgezählt; komplizierte Reaktionen lassen sich vielfach als eine Folge dieser einfachen Typen ansehen. Mit der Einführung

kleiner Buchstaben a, b, c ... als Symbole für die Teile von Molekülen kann man
bei Außerachtlassen des Mechanismus und eventuell auftretender Ionenladungen
die folgende Klassifizierung treffen:

Dissoziation:

$$a{-}b \quad \longrightarrow \quad a + b$$

Assoziation:

$$a + b \quad \longrightarrow \quad a{-}b$$

Substitution:

$$\overset{c}{\underset{a{-}b}{|}} + d \quad \longrightarrow \quad \overset{d}{\underset{a{-}b}{|}} + c \qquad (1, i)$$

Umlagerung:

$$\overset{c{-}d}{\underset{a{-}b}{|}} \quad \longrightarrow \quad \overset{c{-}d}{\underset{a{-}b}{|}} \qquad (i, j)$$

Addition:

$$a{=}b + c{-}d \quad \longrightarrow \quad \overset{c\ \ d}{\underset{a{-}b}{|\ \ |}} \qquad (1, i)$$

Eliminierung:

$$\overset{c\ \ d}{\underset{a{-}b}{|\ \ |}} \quad \longrightarrow \quad a{=}b + c{-}d \qquad (1, i)$$

Kondensation:

$$a{-}b + c{-}d \quad \longrightarrow \quad a{-}c + b{-}d$$

Cycloaddition:

$$a{=}b + c{=}d \quad \longrightarrow \quad \overset{c{-}d}{\underset{a{-}b}{|\ \ |}} \qquad (i + j)$$

Cycloreversion:

$$\overset{c{-}d}{\underset{a{-}b}{|\ \ |}} \quad \longrightarrow \quad a{=}b + c{=}d \qquad (i + j)$$

Die Assoziation und die Dissoziation, die Addition und die Eliminierung sowie
die Cycloaddition und die Cycloreversion sind jeweils die Umkehrungen voneinander. Die Umlagerung stellt sich lediglich als ein Spezialfall der Substitution und
die Kondensation sowie die Cycloaddition als ein Spezialfall der Addition dar. Die
Molekülteile c und d mögen jeweils an Atome im Molekül oder Molekülteil a–b
gebunden sein, die an den Enden einer von 1 bis i durchnumerierbaren Atomkette
stehen, ebenso möge bei der Umlagerung und der Cycloaddition (bzw. der Cycloreversion) der Abstand der bindenden Atome in der Kette c–d j Atome betragen;
dann bezeichnet man die Umlagerungen genauer als (i, j)-Umlagerungen, die
Cycloadditionen (bzw. Cycloreversionen) als $(i + j)$-Cycloadditionen (bzw. -Cyclo-
reversionen) und die Substitutionen, Additionen und Eliminierungen als entsprechende $(1, i)$-Reaktionen.

Bei den Substitutionen tritt bei weitem am häufigsten die (1,1)-Substitution auf,
die vorliegt, wenn man von Substitution schlechthin spricht. Bei den Umlagerungen,
Additionen und Eliminierungen rekrutieren sich die meisten Beispiele aus dem Bereich der entsprechenden (1,2)-Reaktionen.

Die Substitution, die Umlagerung, die Addition, die Eliminierung, die Cycloaddition und die Cycloreversion können nach zwei verschiedenen Mechanismen verlaufen, dem Einstufen- oder Synchronmechanismus oder dem Zweistufen- oder

Zwischenstufenmechanismus; bei der Kondensation können außer einem Einstufen- oder einem Zweistufenmechanismus auch Vielstufenmechanismen vorliegen, die uns hier nicht weiter interessieren sollen. Im folgenden sei zunächst der Zweistufenmechanismus für die erst erwähnten 5 Reaktionstypen so dargestellt, daß durch die Addition der linken und der rechten Reaktionsgleichung die oben aufgeschriebene Gesamtgleichung herauskommt:

Typ	Edukte		Zwischenstufen		Produkte
Substitution:	$\begin{matrix} c \\ | \\ a{-}b \end{matrix}$	$\xrightarrow[-c]{\text{Diss.}}$	$a{-}b$	$\xrightarrow[+d]{\text{Ass.}}$	$\begin{matrix} d \\ | \\ a{-}b \end{matrix}$
Umlagerung:	$\begin{matrix} c{-}d \\ | \\ a{-}b \end{matrix}$	$\xrightarrow{\text{Diss.}}$	$a{-}b + c{-}d$	$\xrightarrow{\text{Ass.}}$	$\begin{matrix} c{-}d \\ | \\ a{-}b \end{matrix}$
Addition:	$a{=}b + c{-}d$	$\xrightarrow{\text{Ass.}}$	$\begin{matrix} c{-}d \\ | \\ a{-}b \end{matrix}$	$\xrightarrow{\text{Uml.}}$	$\begin{matrix} c \;\; d \\ | \;\; | \\ a{-}b \end{matrix}$
Eliminierung:	$\begin{matrix} c \;\; d \\ | \;\; | \\ a{-}b \end{matrix}$	$\xrightarrow{\text{Uml.}}$	$\begin{matrix} c{-}d \\ | \\ a{-}b \end{matrix}$	$\xrightarrow{\text{Diss.}}$	$a{=}b + c{-}d$
Cycloaddition:	$a{=}b + c{=}d$	$\xrightarrow{\text{Ass.}}$	$\begin{matrix} c{-}d \\ | \\ a{-}b \end{matrix}$	$\xrightarrow{\text{Ass.}}$	$\begin{matrix} c{-}d \\ | \;\; | \\ a{-}b \end{matrix}$
Cycloreversion:	$\begin{matrix} c{-}d \\ | \;\; | \\ a{-}b \end{matrix}$	$\xrightarrow{\text{Diss.}}$	$\begin{matrix} c{-}d \\ | \\ a{-}b \end{matrix}$	$\xrightarrow{\text{Diss.}}$	$a{=}b + c{=}d$

Die schematische Darstellung ist in mehrerlei Hinsicht stark vereinfacht. Insbesondere trägt sie dem Umstand nicht Rechnung, daß nicht nur ein Satz von Molekülteilen a, b, c und d am Aufbau oder Abbau der Moleküle abcd beteiligt sein kann (*intramolekulare Reaktion*), sondern mehrere Sätze (*intermolekulare Reaktion*); so ist es bei der Umlagerung keine ausgemachte Sache, daß das abdissoziierte und das sich addierende Molekül c–d das gleiche Molekül darstellen, oder im Falle der Eliminierung muß der Molekülteil d im Edukt und in der Zwischenstufe nicht derselbe sein, und man kennt auch nicht wenige Eliminierungen, wo gar nicht c–d als Produkt auftritt, sondern c und d getrennt, und Entsprechendes gilt für die Addition. Eine weitere Vereinfachung ist bei den Valenzstrichformeln insofern in Betracht zu ziehen, als diese u. U. mesomere Grenzformeln minderen Gewichts bedeuten. Schließlich muß noch angemerkt werden, daß es sich immer mehr durchsetzt, von *Cycloaddition* und *Cycloreversion* nur zu sprechen, wenn der Synchronmechanismus vorliegt, und andernfalls von doppelter Assoziation bzw. doppelter Dissoziation.

Die Zwischenstufen lassen sich im allgemeinen durch eine einzige Valenzstrichformel nicht eindeutig beschreiben oder sie erfüllen die Oktettregel nicht; sie sind nur von geringer kinetischer Stabilität. Alle Typen von Molekülreaktionen lassen sich im Zweistufenschema auf eine Folge von Dissoziationen, Assoziationen oder synchronen Umlagerungen zurückführen.

Beim Synchronmechanismus treten keine Zwischenstufen auf, vielmehr ereignen sich bei einer nach diesem Mechanismus verlaufenden Reaktion das in ihr involvierte Knüpfen und Lösen von Bindungen gleichzeitig. Die Übergangszustände der infragekommenden Reaktionen pflegt man so darzustellen, daß man die während der Reaktion geknüpften und gelösten Bindungen punktiert:

$$\text{Substitution:}\quad \begin{array}{c} c\ \vdots\ d \\ a{-}b \end{array} \qquad \text{Umlagerung:}\quad \begin{array}{c} c{-}d \\ \vdots\ \vdots \\ a{-}b \end{array}$$

$$\begin{array}{l}\text{Addition bzw.}\\ \text{Eliminierung:}\end{array}\quad \begin{array}{c} c\cdots d \\ a\cdots b \end{array} \qquad \begin{array}{l}\text{Cycloaddition bzw.}\\ \text{Cycloreversion:}\end{array}\quad \begin{array}{c} c{=}d \\ a\cdots b \end{array}$$

Die Stärken der geknüpften und die der gelösten Bindung müssen im Übergangszustand nicht gleich groß sein. Beispielsweise kann bei einer Addition im Übergangszustand die ac-Bindung stärker als die bd-Bindung sein; treibt man diesen Unterschied bis zum Grenzfall keiner bd-Bindung im Übergangszustand voran, dann liegt ein Zweistufenmechanismus vor. Wir lernen daraus, daß die Grenzen zwischen den beiden Mechanismen fließen können. Es gibt heute experimentelle Methoden, die es gestatten, eine Molekülreaktion nicht nur im Sinne unserer schematischen Darstellung zu klassifizieren, sondern auch noch feinere Aussagen über die räumlichen Veränderungen der beteiligten Molekülteile zu gewinnen. Die grobe und noch besser die feine Kenntnis des Reaktionsmechanismus ist dann von besonderer Bedeutung, wenn sie die Beurteilung gestattet, welche Alternativen für einen Reaktionsverlauf und welche Chancen für die einzelnen Alternativen bestehen. Darzustellen, wie dabei im einzelnen argumentiert wird, würde hier zu weit führen.

Es ist nun an der Zeit, die abstrakte schematische Klassifizierung von Molekülreaktionen nach dem Typus der Konstitutionsveränderung und nach ihrem Mechanismus durch Beispiele zu beleben! Vorausgeschickt muß aber werden, daß von den vielen in der Chemie hinsichtlich der isolierbaren Edukte und Produkte vollständig bekannten Reaktionen nur ein kleiner Teil mechanistisch klassifizierbar ist, da man nur bei wenigen Reaktionen den Mechanismus durch Meßdaten oder gar durch theoretische Ansätze belegen kann und da man bei der sehr verbreiteten mechanistischen Klassifizierung noch nicht kinetisch durchgemessener Reaktionen auf der Grundlage von Analogieschlüssen gar nicht vorsichtig genug verfahren kann.

Dissoziationen und Assoziationen sind sehr häufig; indem man einen Gleichgewichtspfeil zeichnet, kann man in einer einzigen Reaktionsgleichung beide Reaktionstypen symbolhaft darstellen:

$$H_2 \ \rightleftarrows\ 2\,H$$

$$CH_3{-}COOH \ \rightleftarrows\ CH_3COO^- + H^+$$

$$F_3B{-}NR_3 \ \rightleftarrows\ BF_3 + NR_3$$

Für die Substitutionen seien zunächst zwei einstufig und dann zwei zweistufig verlaufende Reaktionen angeführt; beim 4. Beispiel führt die nebeneinander ablaufende (1,1)- und (1,3)-Substitution zum gleichen Produkt:

$$CH_3-CH_2-I + CN^- \quad \rightarrow \quad CH_3-CH_2-CN + I^-$$

$$Co(CO)_3(NO) + PPh_3 \rightarrow Co(CO)_2(NO)(PPh_3) + CO$$

$$(CH_3)_3C-Cl + OH^- \quad \rightarrow \quad (CH_3)_3C-OH + Cl^-$$

$$CH_2{=}CH-CH_2-Cl + OH^- \rightarrow HO-CH_2-CH{=}CH_2 + Cl^-$$

Bei den Umlagerungen seien eine (1,2)- und eine (1,3)-Umlagerung zitiert, beide sehr wahrscheinlich einstufig; beim ersten Beispiel stellen sowohl Edukt als auch Produkt der Umlagerung nur Zwischenstufen dar, die isolierbaren Substanzen stehen in Klammern:

$$\left(HO-CR_2-CR_2-OH \xrightarrow[-H_2O]{+H^+} \right) HO-CR_2-\overset{\oplus}{C}R_2 \rightarrow HO-\overset{\oplus}{C}R-CR_3$$

$$\left(\xrightarrow[-H^+]{} O{=}CR-CR_3 \right)$$

$$R_2B-CH_2-CH{=}CHR' \rightarrow R_2B-CHR'-CH{=}CH_2$$

Es folgen zwei Beispiele für Additionen und zwei für Eliminierungen, von denen je eines für eine (1,1)- bzw. für eine (1,2)-Reaktion steht; anstelle von (1,1)-Addition bzw. (1,1)-Eliminierung spricht man auch von α-*Addition* bzw. α-*Eliminierung;* beim 3. Beispiel ist das sog. Dichlor-carben CCl_2 ein rasch weiterreagierendes Zwischenprodukt:

$$SO_2 + Cl_2 \qquad\qquad \rightarrow \quad SO_2Cl_2$$

$$H_2C{=}CH_2 + ICl \quad \rightarrow \quad IH_2C-CH_2Cl$$

$$Ph-Hg-CCl_2-Br \quad \rightarrow \quad PhHgBr + CCl_2$$

$$H_3B-NHR_2 \qquad\qquad \rightarrow \quad H_2B{=}NR_2 + H_2$$

Für die Kondensation, die Cycloaddition und die Cycloreversion möge je ein Beispiel genügen:

$$R_3Si-OH + H-OSiR_3 \rightarrow (R_3Si)_2O + H_2O$$

$$\underset{(CH_3)HC-CH(CH_3)}{H_2C-CH_2} \rightarrow H_2C{=}CH_2 + (H_3C)HC{=}CH(CH_3)$$

Nicht unerwähnt bleiben sollten jene in der Zahl praktisch unbegrenzten Folgen einfacher Reaktionstypen, die zu den vielfach als Kunststoffen angewendeten Makromolekülen führen. Besonders wichtig sind unbegrenzte Folgen von Assoziationen (*Polymerisation*) und Kondensationen (*Polykondensation*), wie anhand je eines Beispiels erläutert sei:

$$n\ CH_2{=}CH_2 \quad \longrightarrow \quad (-CH_2-)_{2n}$$

$$n\ HO{-}SiR_2{-}OH \quad \longrightarrow \quad (-SiR_2-O-)_n + n\ H_2O$$

Das erste der beiden makromolekularen Produkte heißt *Polyethylen* (*n*-Werte bis zu 100 000), das zweite gehört zu den *Siliconen* (*n*-Werte bis zu 40 000); die Enden der polymeren Kohlenstoff- bzw. Silicium-Sauerstoff-Ketten sind durch Gruppen wie H, QH bzw. SiR$_3$ abgesättigt.

Natur der Reaktanden als Kriterium

Nach der Natur der Reaktanden oder eines der Reaktanden lassen sich beliebig viele spezielle und sofort durchsichtige Klassifizierungsansätze wie *intermetallische Reaktionen, Radikalreaktionen, Reaktionen des Phosphors, Reaktionen der Lanthanoidfluoride* usw. finden. Von allgemeinerer Bedeutung sind die folgenden Gegenüberstellungen!

Was unter dem Dualismus *Molekülreaktionen/Festkörperreaktionen* zu verstehen ist, leuchtet sofort ein. Diese Klassifizierung ist von der experimentellen Methodik her recht bedeutsam.

Um die Unterscheidung zwischen *organischen* und *anorganischen Reaktionen* zu verstehen, ist es nötig, einige der in Abschnitt 2.1 gemachten Aussagen zu ergänzen: Die Organische Chemie handelt von Substanzen, die aus den Elementen C und H und gegebenenfalls dazu noch aus den nichtmetallischen Elementen aufgebaut sind. Ist ein organischer Molekülteil, der also aus einer Kombination der nicht-metallischen Elemente mit den beiden Elementen C und H als obligaten Bestand-teilen aufgebaut ist, über ein C-Atom an ein metallisches oder halbmetallisches Ele-ment gebunden, so handelt es sich um eine *metallorganische* Verbindung. Alle Verbindungen, die Kohlenstoff-Wasserstoff-Gruppierungen nicht enthalten, zählen zu den *anorganischen* Verbindungen. An *organischen Reaktionen* sind organische Reaktanden beteiligt usw. Man sieht sofort ein, daß die historisch gewachsene Unterscheidung zwischen *organisch* und *anorganisch* überaus willkürlich ist. Das besondere Merkmal der Organischen Chemie ist es, daß wegen der geringen Zahl der beteiligten Elemente nur eine realtiv kleine Zahl von Verknüpfungsmöglich-keiten verschiedener Elemente besteht und daß alle diese Verknüpfungsmöglich-keiten nichtmetallische Elemente betreffen und daher kovalente Verbindungen zum Gegenstand haben. Hieraus folgt, daß sich die organischen Verbindungen sehr systematisch klassifizieren lassen. Andererseits hat der Kohlenstoff beliebig viele Verknüpfungsmöglichkeiten mit sich selbst, was allein auf dem Gebiet der Kohlen-wasserstoffe zu einer unübersehbaren Menge an Verbindungen führt; als Folge da-von beinhaltet die Organische Chemie nach dem bisherigen Stand der Forschung viel mehr Verbindungen als die Anorganische Chemie, wenn sich auch diese Ver-bindungen leichter ordnen lassen. Die Metallorganische Chemie steht zwischen der Organischen und der Anorganischen Chemie und es ist eine reine Geschmacks-frage, ob man sie als separate Disziplin oder als Teil der einen oder anderen Schwesterwissenschaft ansieht. Trotz der Willkür bei der Definition von Organischer und Anorganischer Chemie, trotz der geringen Sinnfälligkeit einer Unterscheidung beider in methodischer, in theoretischer und in didaktischer Hinsicht, läßt sich der historisch bedingte, institutionalisierte Dualismus beider aus dem Wissenschaftsbetrieb kaum austreiben.

Andere besonders wichtige Klassifizierungsbegriffe, die den Stoff betreffen, sind die der Biochemie, der Radiochemie, der Pharmazeutischen Chemie, der Lebensmittelchemie, der Makromolekularen Chemie usw., die in sinnfälliger Weise von den chemischen Reaktionen biologisch wichtiger, radioaktiver, pharmazeutisch bzw. als Nahrungsmittel genutzter bzw. makromolekular aufgebauter Stoffe handeln.

Eine Unterteilung nach stofflichen Kriterien im weitesten Sinne liegt schließlich noch darin begründet, daß man Reaktionen ausführen kann, weil entweder die Produkte technologisch verwertbar sind oder weil die Analyse der Reaktion einen wissenschaftlichen Erkenntnisgewinn verspricht; man spricht von *Angewandter Chemie* bzw. von *Reiner Chemie.* Die Unterschiede sind fließend.

Methoden als Kriterium

Selbstverständlich lassen sich die Reaktionen auch in Bezug auf die experimentelle Arbeitstechnik oder auch in Bezug auf die Form der aus kinetischen oder thermodynamischen Gründen zugeführten Energie unterteilen. Im ersten Fall spricht man beispielsweise von *Reaktionen unter Luftausschluß,* von *isothermen Reaktionen* (das sind Reaktionen, die bei konstanter Temperatur ablaufen), von *Transportreaktionen* usw. Hinsichtlich der Form der Energiezufuhr unterscheidet man elektrochemische, photochemische, strahlenchemische, thermochemische Reaktionen oder Reaktionen bei hohem Druck u.a.m.

Formale Kriterien

Durchsichtige formale Kriterien, nach denen man Reaktionen einteilen kann, sind beispielsweise die Änderung der stöchiometrischen Zahlen $\Sigma \nu_i$, die oben schon in anderem Zusammenhang erwähnte Molekularität und ganz besonders die Änderung der Oxidationszahl. Ändern sich die Oxidationszahlen von Atomen in Reaktanden, so spricht man von *Redoxreaktionen,* andernfalls von *Nichtredoxreaktionen.*

Aus nicht sehr systematischen, aber praktisch wichtigen Gründen stellt man der Redoxreaktion oft die koordinative Assoziation bzw. Dissoziation als eine spezielle Form einer im allgemeinen nicht als Redoxreaktion ablaufenden Reaktion gegenüber. Die koordinative Assoziation bzw. Dissoziation heißt auch *Lewissche Säure-Base-Reaktion* oder *Säure-Base-Reaktion* schlechthin. Aus dem folgenden, oben schon einmal zitierten Beispiel möge erhellen, was gemeint ist:

Säure-Base-Reaktion: $H^+ + Cl^- \longrightarrow H{-}Cl$

Redoxreaktion: $H\cdot + \cdot Cl \longrightarrow H{-}Cl$

Die Säure-Base-Reaktionen und die Redoxreaktionen spielen eine so große Rolle, daß in den beiden folgenden Kapiteln von ihnen speziell die Rede sein wird.

5. Säure-Base-Reaktionen

5.1. Lewisscher Säure-Base-Begriff

In einem Gleichgewicht der Form

$$a\, A^m + d\, D^n \;\rightleftharpoons\; A_a D_d^{am+dn}$$

zeichnet sich das Atom A ($m = 0$), Molekül A ($m = 0$) bzw. das Ion A ($m \neq 0$) durch eine Elektronenlücke aus und heißt *Elektronenpaarakzeptor* oder kurz *Akzeptor* oder *Lewissäure*, während das Molekül D ($n = 0$) bzw. Ion D ($n \neq 0$) *Elektronenpaardonator* oder kurz *Donator* oder *Lewisbase* heißt. Zum Produkt $A_a D_d^{am+dn}$ sagt man *Lewissches Säure-Base-Adduit* und zur Reaktion insgesamt *Lewissche Säure-Base-Reaktion*. Zur quantitativen Beschreibung des Gleichgewichts bei bestimmter Temperatur benutzt man das MWG, wobei man als Symbol für die Gleichgewichtskonzentrationen auch eckige Klammern anwenden kann:

$$K = \frac{\overline{c}_3}{\overline{c}_1^{\,a} \cdot \overline{c}_2^{\,d}} = \frac{[A_a D_d^{am+dn}]}{[A^m]^a\,[D^n]^d}$$

Die Konstante K heißt allgemein *Assoziationskonstante* und speziell auch *Komplexbildungskonstante*, jedoch steht der zugrundeliegende Komplexbegriff unter denselben sprachlichen Vorbehalten, die in Abschnitt 2.3 erläutert wurden. Um obige Definitionen durch Beispiele zu illustrieren, seien im folgenden je eine neutrale und eine kationische Lewissäure mit je einer neutralen und einer anionischen Lewisbase kombiniert (die Werte für K gelten im ersten Beispiel bei 373 K in der Gasphase, in den anderen Beispielen bei 298 K in wäßriger Lösung):

$$B(CH_3)_3 + P(CH_3)_3 \;\rightleftharpoons\; (CH_3)_3 B\!-\!P(CH_3)_3 \qquad K = \frac{\overline{p}_3}{\overline{p}_1\,\overline{p}_2} = 77\ \mathrm{MPa}^{-1}$$

$$Co^{3+} + 6\,NH_3 \;\rightleftharpoons\; [Co(NH_3)_6]^{3+} \qquad K = \frac{[[Co(NH_3)_6]^{3+}]}{[Co^{3+}][NH_3]^6} \approx 10^{35}\ \mathrm{l^6\,mol^{-6}}$$

$$B(OH)_3 + OH^- \;\rightleftharpoons\; [B(OH)_4]^- \qquad K = \frac{[[B(OH)_4]^-]}{[B(OH)_3][OH^-]} \approx 6 \cdot 10^4\ \mathrm{l\,mol^{-1}}$$

$$H^+ + CH_3COO^- \;\rightleftharpoons\; CH_3COOH \qquad K = \frac{[CH_3COOH]}{[H^+][CH_3COO^-]} = 5{,}75 \cdot 10^4\ \mathrm{l\,mol^-}$$

Als kationische Lewissäuren kommen ganz allgemein vor allem die Atomkationen der Metalle infrage, als Beispiele für neutrale Lewissäuren greift man immer wieder auf die Verbindungen EX_3 von Elementen E der Gruppe IIIb zurück, da sie eine

Elektronenlücke am Atom E aufweisen. Bei genauerer Analyse der bekannten Beispiele für Lewissäuren stellt man allerdings fest, daß *freie* Lewissäuren im allgemeinen gar nicht bekannt sind. Z. B. liegen bei den zitierten Beispielen in wäßriger Lösung die Säuren Co^{3+}, $B(OH)_3$ und H^+ als Aquokomplexe vor, so daß die jeweiligen Basen lediglich die Substitution von Wasser gegen die Base bewirken. Auch in der Gasphase weisen die Säuren EX_3 im allgemeinen keine „echte" Elektronenlücke auf; denn in den Boranen wie BF_3, $B(OCH_3)_3$ oder $B(N(CH_3)_2)_3$ füllen die freien Elektronenpaare der Borliganden die Elektronenlücke am Bor durch Doppelbindungsbeziehungen auf (s. o.), und viele Aluminiumverbindungen wie $AlCl_3$ oder $Al(CH_3)_3$ u.a. liegen in der Gasphase in dimerer Form, also als Moleküle Al_2Cl_6 (mit 2 brückenständigen Chloratomen) bzw. $Al_2(CH_3)_6$ (mit 2 brückenständigen, mit Elektronenmangelbindungen an die Al-Atome gebundenen Methylgruppen) vor, so daß am Al-Atom jeweils eine Absättigung gegeben ist.

Beispiele für freie Lewissäuren finden sich vor allem dort, wo die Elektronenlücke nicht auf einem nicht erreichten Elektronenoktett, sondern auf der Möglichkeit beruht, das Elektronenoktett aufgrund energetisch zugänglicher d-Elektronenniveaus zu erweitern. Das ist beispielsweise bei der Umsetzung von SiF_4, PF_5, SF_4 und IF_5 mit Fluoridionen zu SiF_6^{2-}, PF_6^-, SF_5^- bzw. IF_6^- der Fall. Eines der wenigen Beispiele für eine Verbindung mit einer Oktettlücke, die weder durch Doppelbindungseffekte noch durch eine Assoziation mit Nachbarmolekülen elektronisch ausgeglichen wird, stellt das oben als Beispiel zitierte Trimethylboran dar.

Im Gegensatz zu den freien Lewissäuren sind freie Lewisbasen in großer Zahl bekannt und zwar in anionischer Form vorzugsweise in polaren Lösungsmitteln wie Wasser, das wegen seiner geringen Anion-Solvatationswirkung den Basen weitgehend ihre „Freiheit" beläßt, und in neutraler Form in der Gasphase oder in Lösung.

Will man die Säurestärke oder *Acidität* bzw. die Basenstärke oder *Basizität* von Säuren bzw. Basen quantitativ vergleichen, so ist es nötig, die MWG-Konstanten der Reaktionen der zu vergleichenden Säuren jeweils gegen die gleiche Base im gleichen Medium zu vermessen und umgekehrt. Vergleicht man beispielsweise die Basizität von Trimethylamin mit der von Trimethylphosphan, so ist bei Raumtemperatur in wäßriger Lösung gegenüber der Lewissäure H^+ das Amin die stärkere Base, in der Gasphase bei 373 K gegenüber der Lewissäure $B(CH_3)_3$ jedoch das Phosphan:

$$N(CH_3)_3 + H^+ \rightleftharpoons HN(CH_3)_3^+ \qquad K = 55 \cdot 10^8 \, l\,mol^{-1}$$

$$P(CH_3)_3 + H^+ \rightleftharpoons HP(CH_3)_3^+ \qquad K = 5 \cdot 10^8 \, l\,mol^{-1}$$

$$N(CH_3)_3 + B(CH_3)_3 \rightleftharpoons (CH_3)_3B{-}N(CH_3)_3 \quad K = 20{,}9 \, MPa^{-1}$$

$$P(CH_3)_3 + B(CH_3)_3 \rightleftharpoons (CH_3)_3B{-}P(CH_3)_3 \quad K = 77 \, MPa^{-1}$$

Um derartige Unterschiede auf einen allgemeinen Nenner zu bringen, hat man das empirische Konzept der *harten und weichen Säuren und Basen* entwickelt: Harte Säuren reagieren bevorzugt mit harten Basen und weiche Säuren mit weichen Basen. Es kommt also darauf an, die Säuren und Basen in der richtigen Weise nach ihrer Härte bzw. Weichheit zu klassifizieren! Hierfür gibt es einige qualitativ gültige empirische Regeln:

1. Basen sind umso weicher, je stärker polarisierbar ihre Elektronenhülle ist. In dieser Polarisierbarkeitsvorstellung ist auch die sprachliche Wurzel der Attribute *hart* und *weich* zu sehen. Für die wichtigsten Basen, nämlich die Derivate AE, A_2E und A_3E der Elemente der Gruppen 7B, 6B bzw. 5B gelten die folgenden Basizitätsfolgen (A ist ein elektropositiver Ligand):

Reaktion als harte Basen: Reaktion als weiche Basen:

$AF \gg ACl > ABr > AI$ $AF \ll ACl < ABr < AI$

$A_2O \gg A_2S > A_2Se > A_2Te$ $A_2O \ll A_2S \approx A_2Se \approx A_2Te$

$A_3N \gg A_3P > A_3As > A_3Sb$ $A_3N \ll A_3P > A_3As > A_3Sb$

Dieselben Basizitätsfolgen gelten auch für die entsprechenden Anionbasen E^-, AE^- bzw. A_2E^-. Im übrigen sind Basen umso weicher, je stärker sie bezüglich einer koordinativen Rückbindung als Säuren fungieren können (s. Abschnitt 2.3). Hierzu befähigt sind nicht nur die eben erwähnten besonders leicht polarisierbaren Basen, sondern überdies die vergleichsweise wenig polarisierbaren Basen CN^-, CO, N_2, NO^+, CNR, CR_2 usw.

2. Säuren sind hart, wenn das die Elektronenlücke tragende Atom, also das saure Zentrum, wenig polarisierbar ist, eine hohe Oxidationszahl aufweist und möglichst wenig d-Valenzelektronen zur Verfügung hat.

Harte Säuren sind beispielsweise: H^+, Alkalimetall-Kationen, Erdalkalimetall-Kationen, die meisten Borane BX_3 (außer BH_3 und $B(CH_3)_3$), die Derivate der höchsten Oxidationsstufe in den Gruppen 6B bis 7B (also z. B. SiF_4, PF_5, SO_3, IF_5 usw.) und die relativ hoch geladenen Kationen der Übergangsmetalle oder deren Derivate (z. B. Cr^{3+}, Fe^{3+}, Co^{3+}, Ir^{3+}, VO_2^+, UO_2^{2+} usw.).

Eine Zwischenstellung zwischen harten und weichen Säuren nehmen z. B. die Neutralsäuren $B(CH_3)_3$ und SO_2 sowie die zweifach positiven Kationen von Fe, Co, Ni, Cu, Zn und Pb ein.

Als weiche Säuren gelten die einwertigen Ionen von Cu, Ag, Au, Tl, Hg und Cs sowie die zweiwertigen Ionen von Cd, Hg, Pd und Pt. Ferner zählt man Derivate von Iod und Brom in niederen Oxidationszahlen zu den weichen Säuren, also z. B. I_2 selbst (das etwa mit der weichen Base I^- zu I_3^- reagieren kann).

Wendet man dieses Konzept auf die Basizität von Aminen und Phosphanen an, so ist evident, daß die harte Säure H^+ besser mit Aminen als mit Phosphanen reagiert, dagegen ist die Komplexbildungstendenz der Übergangsmetalle im allgemeinen mit Phosphanen größer als mit Aminen; auch das oben quantitativ behandelte Trimethylboran ist weich genug, um mit dem Phosphan *besser*, d. h. mit einem weiter auf der Seite des Säure-Base-Addukts liegenden Gleichgewicht zu reagieren als mit dem Amin.

Ein mit dem Konzept der harten und weichen Säuren und Basen gut verstehbares, wichtiges und weit verbreitetes Prinzip besteht darin, daß die höchsten Oxidations-

stufen der Elemente vielfach nur in ihren Fluor- oder Sauerstoffderivaten anzutreffen sind. Man kann dieses Prinzip nämlich auf die (allerdings nur hypothetische)
Bildung jener Derivate aus den sehr harten hochgeladenen Elementkationen mit
den sehr harten Basen F^- oder O^{2-} zurückführen! Als Beispiel für die Derivate von
Elementen, die außer als Fluor- oder Sauerstoff-Derivate in den jeweiligen extrem
hohen Oxidationsstufen unbekannt sind, seien angeführt:

$$XeO_6^{4-}, IO(OH)_5, IF_7, Te(OH)_6, MnO_4^-, FeO_4^{2-}, OsO_4, PtF_6, CuF_4^- \quad usw.$$

Das Konzept der harten und weichen Säuren und Basen ist in den letzten Jahren
sehr verfeinert und auf sehr spezielle Beispiele angewendet worden, deren Erörterung hier zu weit führen würde.

5.2. Solvosäuren und Solvobasen

Der Begriff der Solvosäuren und Solvobasen ist an flüssige Lösungsmittel geknüpft,
die zum überwiegenden Teil aus Molekülen, zum meist weitaus kleineren Teil aus
Kationen und Anionen aufgebaut sind, wobei die Ionen aus den Molekülen durch
Dissaziation hervorgehen. Solvosäuren sind Stoffe, deren Auflösung in einem
solchen Lösungsmittel zu einer Erhöhung der Konzentration an Lösungsmittel-
kationen führt, und dementsprechend muß die Auflösung von Solvobasen die Lö-
sungsmittelanion-Konzentration vermehren. Quantitative Vergleiche der Acidität
von Solvosäuren führt man durch, indem man eine genormte Säuremenge im betreffenden Lösungsmittel löst und die entstehende Lösungsmittelkation-Konzen-
tration mißt.

5.2.1. Wasser als Solvens

Das im Hinblick auf Solvosäuren und Solvobasen bei weitem wichtigste Solvens
ist das Wasser. Das Wasser dissoziiert in Hydroxid-Anionen OH^- und in Hydronium-
Kationen H_3O^+. Wegen der stark Kation-solvatisierenden Wirkung des Wassers
liegen jedoch die H_3O^+-Ionen nicht in freier Form vor, sondern — wie man vermutet
— in dreifach hydratisierter Form als $H_9O_4^+$-Ionen:

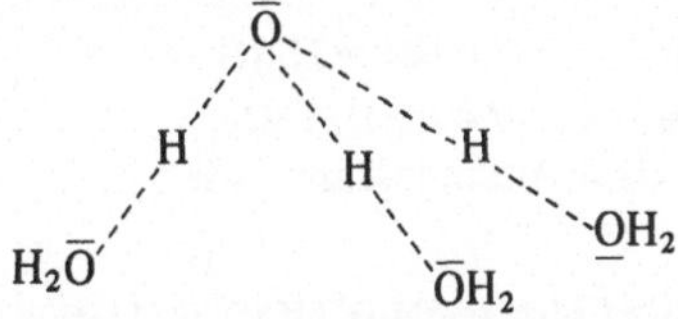

Über die Festigkeit der Bindungen zwischen dem Hydronium-Kation und seiner
Hydrathülle weiß man wenig, so daß es müßig ist zu überlegen, ob man richtiger
die Formel H_3O^+ oder $H_9O_4^+$ in die entsprechenden Reaktionsgleichungen ein-
trägt. Angesichts dieser Unsicherheit und weiterhin im Interesse eines Minimums
an Schreibaufwand kann die vielfach geübte Schreibweise „H^+" für den kationischen Bestandteil des Wassers empfohlen werden, wenn man sich nur dessen bewußt bleibt, daß keineswegs freie H^+-Ionen im Wasser anzutreffen sind.

Die MWG-Konstante für die Dissoziation von Wasser ist klein, sie beträgt bei 22 °C:

$$H_2O \rightleftharpoons H^+ + OH^- \qquad K_W = [H^+][OH^-] = 1,0 \cdot 10^{-14} \text{ mol}^2 \text{ l}^{-2}$$

Die Konzentration an Edukt ist in diesem Fall praktisch keine Variable, da das Wasser nur so wenig in Ionen dissoziiert, daß sich die Gesamtmenge an Wasser durch den Abzug des dissoziierenden Anteils nicht wesentlich vermindert. Die mithin konstante Konzentration des Wassers im Wasser — sie beträgt bei einer Molmasse von ca. 18 g mol^{-1} und einer Dichte von rund 1 g cm^{-3} ca. 55,5 mol l^{-1} — ist daher in die Konstante K_W mit einbezogen worden. Man nennt K_W auch das *Ionenprodukt des Wassers,* für dessen negativen dekadischen Logarithmus man das Symbol p_W gebraucht ($p_W = 14$).

Zweckmäßigerweise unterscheidet man die OH-Gruppe enthaltenden, sog. *hydroxylhaltigen* Säuren und Basen von nicht hydroxylhaltigen.

Hydroxylhaltige Säuren und Basen

Die Solvobase NaOH und die Solvosäure ClOH haben einen ähnlichen Formelaufbau, jedoch handelt es sich im ersten Fall um einen salzartigen Festkörper, im zweiten Fall um Moleküle. Es gilt die Regel, daß Verbindungen, die OH-Gruppierungen enthalten, dann als Solvosäuren gegenüber Wasser fungieren, wenn molekular aufgebaute Verbindungen vorliegen, wenn also das Zentralatom, an das die OH-Gruppe gebunden ist, eine möglichst hohe Oxidationszahl aufweist oder im PSE möglichst weit oben rechts steht. Analog hierzu reagieren die Hydroxide von Elementen, die eine tiefe Oxidationszahl aufweisen und im PSE links unten stehen, gegenüber Wasser als Basen.

Mit der genannten Regel gelingt ein qualitativer Acidität- bzw. Basizitätsvergleich von OH-haltigen Verbindungen, wie er sich in den folgenden Reihen fallender Acidität von *Sauerstoffsäuren* bzw. fallender Basizität von Metallhydroxiden manifestiert. Dabei wird in der Schreibung der Summenformel der betreffenden Säuren die Gewohnheit beibehalten, erst die Wasserstoffatome, dann das Zentralatom und dann die Sauerstoffatome zu schreiben, obgleich die aciden H-Atome nicht an das Zentralatom gebunden sind!

Aciditätsabfall mit steigender Periodenzahl:

Perchlorsäure $HClO_4$ > Perbromsäure $HBrO_4$ > Perjodsäure H_5IO_6
Schwefelsäure H_2SO_4 > Selensäure H_2SO_4 > Tellursäure H_6TeO_6
Phosphorsäure H_3PO_4 > Arsensäure H_3AsO_4 > Antimonsäure H_7SbO_6

Aciditätsabfall mit sinkender Oxidationszahl:

Perchlorsäure $HClO_4$ > Chlorsäure $HClO_3$ > Chlorige Säure $HClO_2$ > Unterchlorige Säure $HClO$
Schwefelsäure H_2SO_4 > Schweflige Säure H_2SO_3

Aciditätsabfall mit sinkender Gruppennummer und Oxidationszahl:

Salpetersäure HNO_3 > Kohlensäure H_2CO_3 > Borsäure H_3BO_3
Perchlorsäure $HClO_4$ > Schwefelsäure H_2SO_4 > Phosphorsäure H_3PO_4 > Kieselsäure H_4SiO_4

Basizitätsabfall mit sinkender Periodenzahl:

$$CsOH > RbOH > KOH > NaOH > LiOH$$

Basizitätsabfall mit steigender Gruppenzahl:

$$NaOH > Mg(OH)_2 > Al(OH)_3$$

Die Benennung der Basen folgt rationellen Gesichtspunkten, z. B. *Magnesiumhydroxid* für $Mg(OH)_2$; die wäßrigen Lösungen mancher Metallhydroxide haben Trivialnamen wie Natronlauge (NaOH in Wasser), Kalilauge (KOH in Wasser), Barytwasser ($Ba(OH)_2$ in Wasser) u.a. Die angegebenen Säuren kann man ebenfalls rationell benennen, z. B. Dioxochlor(III)-säure für $HClO_2$ oder Hexaoxoiod(VII)-säure für H_5IO_6, jedoch sind für die oben genannten Säuren die alt eingebürgerten Trivialnamen zulässig und im allgemeinen Gebrauch.

Ein Elementoxid, das durch die Aufnahme von Wasser in die entsprechende Säure bzw. Base übergeht, bezeichnet man als das *Anhydrid* jener Säure oder Base; so ist beispielsweise CO_2 das Anhydrid der Kohlensäure, SO_3 das der Schwefelsäure, Cl_2O das der Unterchlorigen Säure, WO_3 das der Wolframsäure H_2WO_4 und Na_2O das der Natronlauge. Der Definition der Solvosäure entsprechend ist auch ein Säureanhydrid eine Solvosäure, da seine Lösung in Wasser die Wasserstoffionenkonzentration verstärkt, und Analoges gilt für die Basenanhydride.

Für hydroxylhaltige Säuren kann man auch das Formelsymbol AcOH benutzen, wobei „Ac" für den sog. *Säurerest* oder *Acylrest* steht. Stoffe AcX, die aus AcOH formal durch die Substitution von OH^- gegen einen anionischen Rest X^- hervorgehen, heißen *Säurederivate*. Die wichtigsten Reste X sind die folgenden:

X:	F, Cl, Br, I	OR	SH	SR	NH_2	OAc
Name von AcX:	Säurehalogenid	Ester	Thiosäure	Thioester	Amid	Anhydrid

Im Abschnitt 2.6 sind für kationische Gruppierungen Trivialnamen wie Carbonyl, Sulfonyl usw. angegeben; bei diesen Gruppierungen handelt es sich um Acylreste.

Nicht-hydroxylhaltige Säuren und Basen

Unter den binären Elementwasserstoffverbindungen scheiden als Solvosäuren jene von vornherein aus, die Wasserstoff der Oxidationszahl -1 enthalten. Vielmehr reagiert beispielsweise die Verbindung LiH als salzartiges Hydrid wie eine Solvobase nach der Reaktionsgleichung:

$$LiH + H_2O \rightleftarrows Li^+ + OH^- + H_2$$

Unter den binären Elementwasserstoff-Verbindungen mit elektropositivem Wasserstoff reagieren die folgenden in Wasser als Säure (in der Reihenfolge abnehmender Acidität): $HI > HBr > HCl > HF > H_2Te > H_2Se > H_2S$. Als Trivialnamen merke man sich die Ausdrücke *Flußsäure* und *Salzsäure* für die wäßrigen Lösungen von HF und HCl; rationell muß man dazu *wäßrige Lösungen von Hydrogenfluorid* bzw. *Hydrogenchlorid* sagen. Die übrigen Hydrogenhalogenide und die Hydrogenchalkogenide benenne man am besten rationell, wenn auch die alten Wortbildungen wie *Schwefelwasserstoff* (für das Gas H_2S) bzw. *Schwefelwasserstoffsäure* (für die wäßrige Lösung von H_2S) und analog gebildete Namen für die übrigen Hydrogenverbindungen noch anzutreffen sind.

Von den übrigen binären Hydrogenverbindungen verhalten sich NH_3 und PH_3 in Wasser als Basen, und CH_4 reagiert mit Wasser praktisch überhaupt nicht. Die Basenwirkung von NH_3 (und analog von PH_3) in Wasser beruht auf der Reaktionsgleichung:

$$NH_3 + H_2O \rightleftarrows NH_4^+ + OH^-$$

Folgende binäre, ternäre bzw. quaternäre Hydrogenverbindungen, deren wäßrige Lösungen sich wie schwache Säuren verhalten, seien noch erwähnt: Das Hydrogencyanid („Blausäure") HCN, das Hydrogen-isocyanat („Isocyansäure") $HNCO$, das Hydrogen-cyanat („Cyansäure") $HOCN$, das Hydrogen-fulminat („Knallsäure") $HCNO$ und das Hydrogenazid („Stickstoffwasserstoffsäure") HN_3.

Eine quantitative Behandlung der Säure-Base-Gleichgewichte in wäßriger Lösung folgt im Abschnitt 5.3.

5.2.2. Andere protische Solventien

Bei den folgenden Beispielen für protonenaktive oder *protische* Molekülverbindungen ist eine gewisse Eigendissoziation nach den folgenden Gleichungen bekannt:

$$2\,NH_3 \quad \rightleftarrows \quad NH_4^+ + NH_2^-$$
$$3\,HF \quad \rightleftarrows \quad H_2F^+ + HF_2^-$$
$$2\,H_2SO_4 \quad \rightleftarrows \quad H_3SO_4^+ + HSO_4^-$$

Das Ionenprodukt für Ammoniak beträgt bei 223 K (Siedepunkt: 239,7 K) ca. $10^{-30}\ mol^2\,l^{-2}$. Ammoniak ist also viel schwächer dissoziiert als Wasser. Als Säuren fungieren in Ammoniak die salzartigen Ammoniumverbindungen wie Ammoniumchlorid NH_4Cl oder Ammonium-hydrogensulfat NH_4HSO_4, aber auch jene protonenaktiven Stoffe, die im Lösungsmittel Wasser wie Säuren reagieren, also HCl, H_2SO_4 usw. Als Basen lösen sich in Ammoniak die salzartigen Amide, Imide und Nitride (also z. B. KNH_2, $MgNH$, Mg_3N_2), die letzteren beiden, indem sie den Solvensmolekülen Protonen entziehen, aber auch Stoffe wie KH, Na_2O oder andere, und zwar gemäß Reaktionsgleichungen des Typs:

$$MgNH + NH_3 \quad \rightleftarrows \quad Mg^{2+} + 2\,NH_2^-$$
$$Mg_3N_2 + 4\,NH_3 \quad \rightleftarrows \quad 3\,Mg^{2+} + 6\,NH_2^-$$
$$KH + NH_3 \quad \rightleftarrows \quad K^+ + NH_2^- + H_2$$
$$K_2O + NH_3 \quad \rightleftarrows \quad K^+ + NH_2^- + KOH$$

Selbstverständlich liegen im flüssigen Ammoniak weder Kationen noch Anionen in freier Form vor, sondern sie sind mit Ammoniak solvatisiert.

Im flüssigen wasserfreien Hydrogenfluorid existieren außer den oben genannten Ionen wahrscheinlich noch die Ionen $H_3F_2^+$, $H_5F_4^+$, $H_2F_3^-$ und $H_4F_5^-$. Als Säuren fungieren nur jene Hydrogenverbindungen, die in Wasser als sehr starke Säuren zu gelten haben, da die Moleküle HF gegenüber Protonen viel schwächere Lewisbasen sind als die Moleküle H_2O; solche Säuren sind z. B. die in Wasser sehr starke Perchlorsäure oder die Fluorsulfonsäure FSO_3H (das ist eines der beiden Säurefluoride der Schwefelsäure). Weiterhin kommen als Solvosäuren starke Fluoridionen-Akzeptoren infrage, das sind z. B. die Verbindungen PF_5, AsF_5, SbF_5 oder BF_3. Als Solvobasen reagieren in Hydrogenfluorid aus durchsichtigen Gründen die salzartigen Metallfluoride wie KF, die salzartigen Metall-hydrogendifluoride wie KHF_2, aber auch jene Stoffe, an die die Solvensmoleküle Protonen übertragen können, wie H_2O oder CH_3COOH:

$$CH_3COOH + 2\,HF \; \rightleftarrows \; CH_3C(OH)_2^+ + HF_2^-$$

In reiner wasserfreier Schwefelsäure lösen sich ebenfalls nur jene Hydrogenverbindungen als Säuren, die gegenüber Wasser extrem starke Säuren sind, z. B. Fluorsulfonsäure FSO_3H oder Dischwefelsäure $H_2S_2O_7$. Die salzartigen Metallsulfate (z. B. Na_2SO_4) und die salzartigen Metallhydrogensulfate (z. B. $NaHSO_4$) oder Protonenakzeptoren wie H_2O oder CH_3COOH fungieren als Basen.

5.2.3. Aprotische Solventien

Als Beispiel für eine aprotische, schwach in Ionen dissoziierende Molekülverbindung sei das Bromtrifluorid genannt:

$$2\,BrF_3 \; \rightleftarrows \; BrF_2^+ + BrF_4^-$$

Definitionsgemäß fungieren Salze des Typs $[BrF_2][TaF_6]$ als Säuren und Salze des Typs $Ba[BrF_4]_2$ als Basen, jedoch wirken auch Fluoridionen-Akzeptoren wie BF_3, SiF_4, PF_5, TiF_4, PtF_4, UF_5 u. a. als Säuren und Fluoridionen-Donatoren wie die Salze NaF, BaF_2, AgF u. a. als Basen.

Unter den Salzschmelzen als Solventien seien im Zusammenhang mit dem Säure-Base-Begriff nur die Oxidschmelzen erwähnt. Bringt man etwa ein gleichmolares Gemisch von Na_2O und Al_2O_3 zum Schmelzen, so finden sich in der Schmelze zwar freie Na^+-, aber kaum Al^{3+}-Kationen:

$$Na_2O + Al_2O_3 \; \rightarrow \; 2\,Na^+ + 2\,AlO_2^-$$

In gewisser Analogie zum oben definierten Begriff der Solvosäure und Solvobase bezeichnet man nun Festkörper-Oxide, die in flüssigen Gemischen mit anderen Oxiden bevorzugt als Oxidionen-Akzeptoren wirken, als saure Oxide, während Oxidanionen-Donatoren als basische Oxide gelten. Man kann sich leicht klarmachen, daß die mehr kovalent aufgebauten Oxide als saure Oxide, die mehr ionogen aufgebauten dagegen als basische Oxide angesehen werden müssen.

Diese Anschauungen über die Acidität und Basizität spielen u. a. in der Mineralogie eine Rolle. Dort pflegt man noch vielfach den alten Brauch, die ja überwiegend als Nichtmetalle nur Sauerstoff enthaltenden Mineralien formal und ohne Rücksicht auf ihren strukturchemischen Bau in ihre oxidischen Bestandteile zu zerlegen, also z. B. den „Kalifeldspat" $K[AlSi_3O_8]$ in $K_2O \cdot Al_2O_3 \cdot 6\,SiO_2$ oder den „Olivin"

Mg_2SiO_4 in $2\,MgO \cdot SiO_2$. Da die Oxide K_2O und MgO in Oxidschmelzen basisch, die Oxide Al_2O_3 und besonders SiO_2 aber bevorzugt sauer reagieren, und da weiterhin der Kalifeldspat reicher an sauren, der Olivin vergleichsweise reicher an basischen Oxiden ist, sagt man, der Kalifeldspat sei ein *saureres* Mineral als der Olivin usw.

5.3. Brönstedscher Säure-Base-Begriff

5.3.1. Allgemeines

Nach *Brönsted* versteht man unter Säuren Stoffe, die Protonen abgeben, und unter Basen Stoffe, die Protonen aufnehmen. Da nach der Abspaltung von H^+ aus der Säure A ein Stoff B zurückbleibt, der – in Umkehrung der Abspaltungsreaktion – wieder H^+-Ionen aufzunehmen vermag, handelt es sich bei diesem Stoff B um eine Base; man spricht von A und von B als einem *korrespondierenden Säure-Base-Paar*. Da kein Medium bekannt ist, in welchem freie H^+-Ionen existieren, ist eine Brönstedsche Säure-Base-Reaktion nur möglich, wenn der Brönstedsäure A_1 eine Brönstedbase B_2 gegenübersteht, die durch die Aufnahme von H^+ in A_2 übergeht, so daß auch A_2 und B_2 ein korrespondierendes Säure-Base-Paar darstellen. Die vollständige Säure-Base-Reaktion nach Brönsted lautet demnach:

$$\begin{aligned} A_1 &\rightleftarrows B_1 + H^+ \\ H^+ + B_2 &\rightleftarrows A_2 \\ \hline A_1 + B_2 &\rightleftarrows A_2 + B_1 \end{aligned} \qquad K = \frac{[A_2][B_1]}{[A_1][B_2]}$$

Dabei sind die beiden *Halbreaktionen* lediglich Fiktionen; da die Konzentration an H^+ eine undefinierte Größe ist, läßt sich das MWG nur auf die Gesamtreaktion anwenden. Man beachte, daß mindestens eine der beiden Komponenten eines Säure-Base-Paars ein Kation oder Anion darstellen muß.

Der Lewissche und der Brönstedsche Säure-Base-Begriff haben gemeinsam, daß es sich in beiden Fällen um den Auf- oder Abbau koordinativer Bindungen handelt; ansonsten treten erhebliche begriffliche Unterschiede auf: Nach *Lewis* ist in obiger Reaktion die Säure A das Säure-Base-Addukt, H^+ die Säure und – wie bei *Brönsted* – B die Base. Die Säure H^+ ist nach *Lewis* umso stärker, je mehr A – bezogen auf B – vorliegt, während es bei der Brönstedsäure genau umgekehrt ist: die Säure A ist umso stärker, je mehr B – bezogen auf A – vorhanden ist.

5.3.2. Wasser als korrespondierende Base oder Säure

Ganz besonders wichtig ist der Fall, wo es sich bei einem der beiden korrespondierenden Säure-Base-Paare entweder um das Paar H_2O/H_3O^+ oder um das Paar OH^-/H_2O handelt. Im ersten Fall liegt folgendes Brönsted-Schema vor:

$$\begin{aligned} A &\rightleftarrows B + H^+ \\ H^+ + H_2O &\rightleftarrows H_3O^+ \\ \hline A + H_2O &\rightleftarrows H_3O^+ + B \end{aligned} \qquad K = \frac{[H_3O^+][B]}{[A][H_2O]}$$

Beschränkt man sich auf verdünnte Lösungen von A und B in Wasser, dann ändert sich der Wert der Wasserkonzentration nur unwesentlich, und man kann ihn in die Konstante miteinbeziehen. Aus den oben schon angeführten Gründen ist es sinnvoll, statt H_3O^+ nur H^+ zu schreiben, wenn man sich bewußt bleibt, daß mit H^+ das hydratisierte Proton gemeint ist. Setzen wir also im folgenden voraus, daß – wenn nichts dazu gesagt wird – immer auf Wasser Bezug genommen wird, so ist auch die eine Gleichung

$$A \rightleftarrows B + H^+ \qquad K_A = \frac{[H^+][B]}{[A]} = \frac{\overline{c}_H \cdot \overline{c}_B}{\overline{c}_A}$$

eine vollständige Reaktionsgleichung, deren MWG-Konstante K_A *Säurekonstante* heißt. Man bleibe sich stets bewußt, daß das MWG nur bei idealen wäßrigen Lösungen erfüllt ist, also in nicht zu konzentrierten Lösungen und insbesondere in Lösungen, die nicht zu konzentriert an Ionen sind.

Für den Fall, daß H_2O als Säure A_1 und OH^- als Base B_1 des allgemeinen Brönsted-Schemas fungieren, erhält man:

$$\begin{array}{rcl} H_2O & \rightleftarrows & OH^- + H^+ \\ H^+ + B & \rightleftarrows & A \\ \hline H_2O + B & \rightleftarrows & A + OH^- \end{array} \qquad K_B = \frac{[OH^-][A]}{[B]} = \frac{\overline{c}_{OH} \cdot \overline{c}_A}{\overline{c}_B}$$

Die Konzentration des Wassers wurde dabei von vornherein in die *Basenkonstante* K_B hineingesteckt. Der Zusammenhang zwischen der Säure- und der Basenkonstante eines koorespondierenden Säure-Base-Paars ergibt sich wie folgt:

$$K_A \cdot K_B = \frac{\overline{c}_H \cdot \overline{c}_B}{\overline{c}_A} \cdot \frac{\overline{c}_{OH} \cdot \overline{c}_A}{\overline{c}_B} = \overline{c}_H \cdot \overline{c}_{OH} = K_W = 10^{-14,0}\ \text{mol}^2\ \text{l}^{-2}$$

Es ist zweckmäßig, die p_K-Werte von Säuren und Basen nach ihrer Größe in die folgenden Klassen einzuteilen, wobei die gewählten Beispiele für Säuren und Basen miteinander korrespondieren:

Säure-Klasse:	stark		mittelstark		schwach		sehr schwach		extrem schwach	
p_{KA}-Bereich:	<-1		-1 bis 4		4 bis 10		10 bis 15		>15	
Beispiele:	$HClO_4$	-9	HF	$3,14$	CH_3COOH	$4,75$	HS^-	$12,5$	$K(H_2O)_6^+$	?
	HCl	-6	H_3PO_3	$1,8$	H_2S	$7,06$	HPO_4^{2-}	$12,3$	OH^-	24
	H_2SO_4	-3	H_3PO_4	$2,22$	NH_4^+	$9,2$	JOH	$10,8$	NH_3	23
	HNO_3	$-1,3$	HSO_4^-	$1,92$	$H_2PO_4^-$	$7,2$	H_2O_2	$11,6$	H_2	40

Basen-Klasse:	extrem schwach		sehr schwach		schwach		mittelstark		stark	
p_{KB}-Bereich:	>15		15 bis 10		10 bis 4		4 bis -1		<-1	
Beispiele:	ClO_4^-	23	F^-	$10,86$	CH_3COO^-	$9,25$	S^{2-}	$1,5$	$K(H_2O)_5OH$	?
	Cl^-	20	$H_2PO_3^-$	$12,2$	HS^-	$6,94$	PO_4^{3-}	$1,7$	O^{2-}	-10
	HSO_4^-	17	$H_2PO_4^-$	$11,78$	NH_3	$4,8$	JO^-	$3,2$	NH_2^-	-9
	NO_3^-	$15,3$	SO_4^{2-}	$12,08$	HPO_4^{2-}	$6,8$	HO_2^-	$2,4$	H^-	-26

5.3.3. Der p_H-Wert wäßriger Lösungen

Offenbar hängt die Gleichgewichtsmolarität (genauer: die Gleichgewichtsaktivität, s. o.) von H^+ bzw. OH^- mit der Stärke von Säuren und Basen zusammen. Man definiert mit $e^+ = 1\ mol\ l^{-1}$:

$$p_H = -\log \frac{\bar{c}_H}{c^\dagger} \qquad \text{und} \qquad p_{OH} = -\log \frac{\bar{c}_{OH}}{c^\dagger}$$

Die Chemiker nehmen es mit den Dimensionen meist nicht so genau und lassen die Größe $c^\dagger$ einfach weg; wir wollen uns im folgenden dieser Gewohnheit anschließen. In wäßriger Lösung muß stets erfüllt sein: $p_H + p_{OH} = 14$.

In reinem Wasser ist $p_H = p_{OH} = 7$. Lösungen mit $p_H = 7$ sind *neutral*, mit $p_H < 7$ *sauer* und mit $p_H > 7$ *basisch.*

Der p_H-Wert wäßriger Lösungen ist von großer praktischer Bedeutung. Zu seiner Berechnung setzt man das MWG für alle jene voneinander unabhängigen Reaktionen an, an denen im Einzelfall H^+-Ionen beteiligt sind; unabhängig voneinander sind Reaktionen dann, wenn ihre MWG-Konstanten nicht auseinander hervorgehen; z. B. sind von den über die Beziehung $K_W = K_A \cdot K_B$ zusammenhängenden 3 Konstanten nur 2 unabhängig. Ferner hat man die Elektroneutralitätsbedingung anzuwenden (d. h. die Summe der Kation- muß gleich der Summe der Anion-Konzentrationen sein), und schließlich müssen die (im folgenden mit null indizierten) Stoffmengen jener Substanzen bekannt sein, deren Auflösung in Wasser die zu einem bestimmten p_H-Wert führende Gleichgewichtseinstellung veranlaßt, und zwar unter Erfüllung bestimmter Stoffbilanzgleichungen.

Eine zweckmäßige Systematik der p_H-Berechnungen ergibt sich, wenn man zunächst die Lösung von Molekülverbindungen, die entweder direkt oder indirekt als Säuren oder Basen wirken, erörtert, sodann die Lösung von Salzen und schließlich die Lösung von Substanzgemischen diskutiert.

Lösungen von Neutralsäuren und -basen

Wir betrachten zunächst den Fall, daß der in Wasser gelöste, aus neutralen Molekülen aufgebaute Stoff A *direkt* als Brönstedsäure reagiert. Sind die Ausgangsmenge n_{A0} an A, das Volumen V der Gleichgewichtslösung und die Konstanten K_A und K_W gegeben, so resultieren für die 4 unbekannten Größen $\bar{c}_H$, $\bar{c}_{OH}$, $\bar{c}_A$ und $\bar{c}_B$ die folgenden 4 Beziehungen:

$$K_A = \frac{\bar{c}_H \cdot \bar{c}_B}{\bar{c}_A}; \qquad\qquad K_W = \bar{c}_H \cdot \bar{c}_{OH}$$

$$\bar{c}_H = \bar{c}_B + \bar{c}_{OH} \qquad \text{(Elektroneutralitätsbedingung)}$$

$$\frac{n_{A0}}{V} = c_{A0} = \bar{c}_A + \bar{c}_B \qquad \text{(Stoffbilanzgleichung)}$$

Hieraus ergibt sich für $\bar{c}_H$ die Gleichung 3. Grades:

$$\bar{c}_H^3 + K_A\bar{c}_H^2 - (K_W + K_A c_{A0})\cdot\bar{c}_H - K_A K_W = 0$$

Im Falle einer *starken Säure* ($K_A \gg K_W$) in nicht zu hoher Konzentration ($\bar{c}_H < 1 < K_A$) können die Glieder mit K_W sowie $\bar{c}_H^3$ vernachlässigt werden und wir erhalten

$$\bar{c}_H \approx c_{A0}$$

d. h. in nicht zu konzentrierter Lösung sind starke Säuren praktisch vollständig dissoziiert. Man beachte jedoch, daß für verschwindend kleine Konzentrationen c_{A0} diese Näherungsformel verkehrt wird; vielmehr kann man dann $\bar{c}_H^3$ und das in $\bar{c}_H$ lineare Glied vernachlässigen und erhält mit $K_W \approx \bar{c}_H^2$ den p_H-Wert des Wassers; dies gilt auch für die folgenden Fälle.

Im Falle einer *mittelstarken Säure* ($K_A \gg K_W$) fallen die K_W-Glieder nicht ins Gewicht und man erhält

$$\bar{c}_H \approx -\frac{K_A}{2} + \sqrt{K_A c_{A0} + \frac{K_A^2}{4}}$$

Man beachte, daß man diesen Ansatz auch direkt aus dem Massenwirkungs-Ausdruck für K_A erhält, wenn man $\bar{c}_B \approx \bar{c}_H$ (d. h. die aus der Dissoziation von H_2O stammende H^+-Menge spielt keine Rolle) und $\bar{c}_A = c_{A0} - \bar{c}_B \approx c_{A0} - \bar{c}_H$ setzt.

Im Falle *schwacher Säuren* kann man im Ausdruck, der eben für mittelschwache Säuren gewonnen worden ist, das Glied $K_A/2$ und unter der Wurzel das K_A^2-Glied vernachlässigen und erhält dann denselben Näherungsausdruck, der sich auch aus dem MWG direkt ergibt, wenn man $\bar{c}_B \approx \bar{c}_H$ und $\bar{c}_A \approx c_{A0}$ setzt:

$$\bar{c}_H \approx \sqrt{K_A c_{A0}}$$

Im Falle *sehr schwacher Säuren* kann man wohl noch $K_A K_W$, aber nicht mehr K_W neben $K_A c_{A0}$ vernachlässigen, so daß man nach Streichen von K_A^2-Gliedern gegen K_A-Glieder erhält:

$$\bar{c}_H \approx \sqrt{K_W + K_A c_{A0}}$$

Man bedenke, daß oben die Grenzen zwischen schwachen und sehr schwachen Säuren willkürlich gezogen wurden, so daß in Grenzfällen die Qualität gemachter Näherungsannahmen jeweils kritisch zu beurteilen ist.

Im Falle *extrem schwacher Säuren* kann das Glied $K_A c_{A0}$ gegenüber K_W sehr klein werden, so daß man dann mit

$$\bar{c}_H \approx \sqrt{K_W}$$

den p_H-Wert des Wassers erhält.

Falls nun nicht eine Neutralsäure A, sondern eine aus Molekülen aufgebaute, direkt wirkende Neutralbase B in der gegebenen Menge n_{B0} in Wasser gelöst wird, dann

ändert sich an den 4 zur Berechnung von $\bar{c}_H$ nötigen Beziehungen nur die Elektro-
neutralitäts- und die Stoffbilanzgleichung:

$$\bar{c}_H + \bar{c}_A = \bar{c}_{OH}$$

$$\frac{n_{B0}}{V} = c_{B0} = \bar{c}_A + \bar{c}_B$$

Hieraus folgt:

$$\bar{c}_H{}^3 + (K_A + c_{B0}) \cdot \bar{c}_H{}^2 - K_W \bar{c}_H - K_A K_W = 0,$$

ein Ausdruck, der sich in dieselbe Gestalt wie der für Neutralsäuren gefundene
überführen läßt, wenn man $\bar{c}_H$ durch $K_W/\bar{c}_{OH}$ sowie K_A durch K_W/K_B substi-
tuiert, und natürlich auch, wenn man von vornherein das MWG mit K_B ansetzt:

$$\bar{c}_{OH}{}^3 + K_B \bar{c}_{OH}{}^2 - (K_W + K_B c_{B0}) \cdot \bar{c}_{OH} - K_B K_W = 0$$

Die oben für die 5 Säureklassen erörterten Näherungen lassen sich in analoger Form
auf die 5 Baseklassen übertragen. Da unter den Neutralbasen vor allem die organischen Derivate des Ammoniaks, das sind die sog. *Amine* NRR′R″, eine praktische
Bedeutung haben und da diese in der Regel zu den *schwachen* bis höchstens *mittelstarken Neutralbasen* gehören, seien hier nur die schwachen Basen behandelt. Indem
man sinngemäß die analogen Näherungen bedenkt wie bei den schwachen Säuren,
ergibt sich:

$$\bar{c}_{OH} \approx \sqrt{K_B c_{B0}}$$

ein Ausdruck, der auf $\bar{c}_H$ und K_A umgerechnet, die folgende Gestalt annimmt:

$$\bar{c}_H \approx \sqrt{\frac{K_A K_W}{c_{B0}}}$$

Vielfach wendet man statt der Näherungsausdrücke für $\bar{c}_H$ bzw. $\bar{c}_{OH}$ die entsprechen-
den logarithmierten Beziehungen an. Man mache sich klar, daß z. B. bei schwachen
Säuren bzw. Basen die Beziehungen für $\bar{c}_H$ in die folgenden Beziehungen für den
p_H-Wert übergehen:

$$p_H \approx \tfrac{1}{2}\, p_{KA} - \tfrac{1}{2} \log c_{A0} \qquad \text{(schwache Säuren)}$$
$$p_H \approx \tfrac{1}{2}\, p_{KA} + \tfrac{1}{2} \log c_{B0} - \tfrac{1}{2} \log K_W \qquad \text{(schwache Basen)}$$

In den bisher betrachteten Fällen reagierten die in Wasser gelösten Stoffe *direkt* als
Säuren bzw. Basen im Sinne der Brönsted-Definition. Gewisse Molekülverbindungen
vermögen aber auch nach ihrer Lösung in Wasser *indirekt* als Säuren oder Basen zu
fungieren, und zwar insbesondere, wenn es sich um Säurederivate AcX handelt,
deren Reaktion mit Wasser (*Hydrolyse*) gemäß

$$AcX + H_2O \;\longrightarrow\; AcOH + HX$$

genügend rasch verläuft. Die direkte Säurewirkung geht dann von AcOH und oft
auch von HX aus; HX kann auch als Base wirksam werden. Als Beispiele seien die
Hydrolyse von Säurechloriden, -amiden und -anhydriden behandelt!

Bei der Hydrolyse von Bortrichlorid, dem Anhydrid der Borsäure, entstehen gemäß

$$BCl_3 + 3\,H_2O \;\rightarrow\; B(OH)_3 + 3\,HCl$$

nebeneinander die schwache Borsäure ($p_{KA} \approx 9$) und die starke, praktisch völlig dissoziierte Salzsäure, die allein den p_H-Wert bestimmt. Hydrolisiert man die Chlorsulfonsäure, das Monochlorid der Schwefelsäure, so entstehen gleich 2 starke Säuren, die gemeinsam den p_H-Wert determinieren:

$$ClSO_3H + H_2O \;\rightarrow\; H_2SO_4 + HCl$$

Als Beispiel für ein leicht hydrolysierbares Säureamid sei das Tris(dimethyl-amino)boran zitiert:

$$B(NR_2)_3 + 3\,H_2O \;\rightarrow\; B(OH)_3 + 3\,HNR_2 \quad (R = CH_3)$$

Hier entsteht neben der sehr schwachen Säure $B(OH)_3$ die mittelstarke Base Di-methylamin ($p_{KB} \approx 3$), die eine p_H-Verschiebung in den basischen Bereich im Zuge der Hydrolyse verursacht.

Bei den Säureanhydriden sei ein für ein- und ein für zweibasige Säuren charakteri-stisches Beispiel behandelt. Im ersten Fall entsteht die Lösung einer schwachen Säure ($p_{KA} \approx 5$), im zweiten Fall die Lösung einer mittelstarken Säure ($p_{KA} \approx 2$):

$$(CH_3CO)_2O + H_2O \;\rightarrow\; 2\,CH_3COOH$$
$$SO_2 + H_2O \;\rightarrow\; H_2SO_3$$

Lösungen von Salzen

Salze dissoziieren in Wasser im allgemeinen vollständig in die Ionen. Die hydrati-sierten Kationen stellen Brönstedsche Kationsäuren und die schwächer hydrati-sierten Anionen Brönstedsche Anionbasen dar; darüberhinaus können Kationsäuren gleichzeitig noch Basencharakter (wie z. B. das Kation $[Al(OH)(H_2O)_5]^{2+}$) und Anionbasen Säurecharakter haben (wie z. B. das Anion HSO_4^-).

Zur Berechnung des p_H-Werts muß man im Prinzip alle im Spiele befindlichen Säure-Base-Gleichgewichte und ihre p_K-Werte sowie die Elektroneutralitätsbezie-hung und die entsprechenden Stoffbilanzgleichungen heranziehen, was im allge-meinen einen erheblichen Rechenaufwand bedeutet. Weiterhin hat man zu be-denken, daß man die Konzentrationen umso mehr durch die Aktivitäten zu er-setzen hat, je konzentrierter die betrachtete Lösung an Ionen ist; hierbei ist die Kenntnis der Aktivitätskoeffizienten Voraussetzung.

Einfacher gestaltet sich die p_H-Berechnung, wenn der p_K-Wert einer der vorhandenen Säuren oder Basen die p_K-Werte der anderen um Größenordnungen unterschreitet, so daß der p_H-Wert näherungsweise von diesem p_K-Wert allein bestimmt wird. Das ist besonders dann der Fall, wenn entweder die Kationsäure bzw. die Anionbase extrem schwach ist und das entsprechende Gegenion als Base bzw. Säure in die starke, mittelstarke oder schwache Klasse gehört. Auf diese einfachen Fälle lassen sich dann die bei der Diskussion der Neutralsäuren und -basen gewonnenen Nähe-rungen sinngemäß anwenden.

Musterbeispiele für extrem *schwache Kationsäuren* sind die Alkalimetallkationen $M^+ \cdot aq$. Sind sie mit starken Basen wie OH^-, O^{2-} ($p_{KB} \approx -10$), NH_2^- ($p_{KB} \approx -9$) usw. verknüpft, so reagieren die Lösungen der entsprechenden Salze (also z. B. NaOH, Na_2O, $NaNH_2$) in dem Sinne stark basisch, daß die Ausgangskonzentration an Salz c_0 ungefähr gleich der Konzentration an OH^--Ionen (NaOH, $NaNH_2$) bzw. halb so groß wie die Konzentration an OH^--Ionen wird (Na_2O). Haben extrem schwache Kationsäuren dagegen eine schwache Anionbase als Partner, so verfährt man zur Be-rechnung des p_H-Werts genauso, als würde eine schwache Neutralbase vorliegen, wo-bei man anstelle von c_{B0} die Salzkonzentration c_0 einsetzt; Beispiele solcher Salze sind etwa $Na(CH_3COO)$, Na_2HPO_4, NaHS usw. Musterbeispiele *extrem schwacher Anionbasen* sind z. B. die Halogenid-Ionen Cl^-, Br^- und I^- und natürlich auch Ionen wie ClO_4^-. Das wichtigste Beispiel für eine starke Kationsäure ist das H_3O-Ion, wie es etwa im salzähnlich aufgebauten Oxoniumperchlorat H_3OClO_4 vorliegt; es ist klar, daß die H^+-Konzentration in Lösungen derartiger Salze nahezu gleich der Salzkon-zentration ist. Als Beispiele für Salze, deren wäßrige Lösung extrem schwache Anion-basen und schwache Kationsäuren ergeben, seien NH_4Cl(p_{KA} von NH_4^+ ca. 9,3) und $ZnCl_2$ (p_{KA} von $[Zn(H_2O)_6]^{2+}$ ca. 9,6) genannt; der p_H-Wert errechnet sich wie der schwacher Neutralsäuren.

Liegen Salze vor, die in Wasser in extrem schwache Kationsäuren und extrem schwache Anionbasen zerfallen, so wird der p_H-Wert offenbar nicht beeinflußt, d. h. solche Lösungen bleiben *neutral,* es tritt nicht — wie in den vorausgegangenen Bei-spielen — *Hydrolyse* ein. Beispiele für derartige Salze stellen die Alkalihalogenide, ausgenommen die Alkalifluoride, dar.

Lösungen von Substanzgemischen

Löst man mehrere aus Molekülen oder Ionen aufgebaute Substanzen in Wasser auf, so hat man sinngemäß die eben für Salzlösungen entwickelten Vorstellungen für die p_H-Berechnung anzuwenden, sofern die in das MWG hineingesteckten Voraussetzun-gen über die Idealität der betrachteten Lösung noch zutreffen.

Von praktischer Wichtigkeit sind die Mischungen einer Säure und der mit ihr korrespondierenden Base, sofern beide der Klasse *schwach* oder allenfalls noch den korrespondierenden Klassen *mittelstark* und *sehr schwach* angehören. Solche Lösungen heißen *Pufferlösungen.* Für die p_H-Berechnung müssen die Ausgangsstoff-mengen an Säure und Base und das Endvolumen der Lösung und damit auch die fiktiven Ausgangskonzentrationen c_{A0} und c_{B0} bekannt sein. Da es sich bei einem korrespondierenden Säure-Base-Paar entweder um eine Kationsäure und eine Neu-tralbase (z. B. NH_4^+/NH_3) oder um eine Neutralsäure und eine Anionbase (z. B. CH_3COOH/CH_3COO^-) oder um eine Anionsäure und eine Anionbase (z. B. $H_2PO_4^-/HPO_4^{2-}$) handelt, ist bei der Herstellung einer Pufferlösung mindestens eine Komponente als Salz einzusetzen. Voraussetzung für das Wirksamwerden der für Pufferlösungen charakteristischen Eigenschaften ist es, daß das eine mindestens vor-handene Gegenion des betreffenden Salzes als extrem schwache Base bzw. als extrem schwache Säure nicht zu einer p_H-Veränderung beiträgt.

Nehmen wir an, es handle sich bei der Säure um ein einfach positives Kation A mit dem einfach negativ geladenen Gegenion X und bei der Base um eine Neutralbase B! Dann gilt:

$$K_A = \frac{\overline{c}_H \cdot \overline{c}_B}{\overline{c}_A}; \quad K_W = \overline{c}_H \cdot \overline{c}_{OH}$$

$$\overline{c}_H + \overline{c}_A = \overline{c}_{OH} + c_X \qquad \text{(Elektroneutralitätsbedingung)}$$

$$c_{A0} = c_X; \quad c_{A0} + c_{B0} = \overline{c}_A + \overline{c}_B \quad \text{(Stoffbilanzgleichungen)}$$

Hieraus erhält man:

$$\overline{c}_H{}^3 + (K_A + c_{B0}) \cdot \overline{c}_H{}^2 - (K_W + K_A c_{A0}) \cdot \overline{c}_H - K_A K_W = 0$$

Da voraussetzungsgemäß $K_A \ll c_{B0}$, $K_W \ll K_A$ und $\overline{c}_H \ll c_{B0}$ gelten sollen, folgt als Näherungsformel für Pufferlösungen:

$$\overline{c}_H \approx K_A \frac{c_{A0}}{c_{B0}}$$

Dieselbe Näherungsformel ergibt sich für alle möglichen Ladungsverteilungen bei A und B.

Um die besonderen Eigenschaften von Pufferlösungen zu verstehen, werden der *Säurebruch* $\overline{x}_A$ und der *Basebruch* $\overline{x}_B$ als Ausdrücke für die Stoffmengen an Säure und Base im Gleichgewicht eingeführt:

$$\overline{x}_A = \frac{\overline{n}_A}{\overline{n}_A + \overline{n}_B} = \frac{\overline{c}_A}{\overline{c}_A + \overline{c}_B}$$

$$\overline{x}_B = \frac{\overline{n}_B}{\overline{n}_A + \overline{n}_B} = \frac{\overline{c}_B}{\overline{c}_A + \overline{c}_B}$$

Mit $\overline{x}_A + \overline{x}_B = 1$ folgt:

$$K_A = \overline{c}_H \cdot \frac{\overline{x}_B}{\overline{x}_A} = \overline{c}_H \frac{1 - \overline{x}_A}{\overline{x}_A} \quad \text{und}$$

$$pH = pK_A + \log\left(\frac{1}{\overline{x}_A} - 1\right).$$

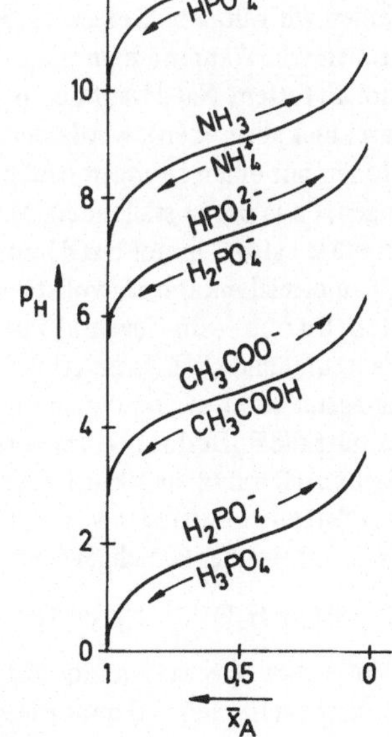

Bild 28

Die Funktion $p_H(\overline{x}_A)$ (*Pufferkurven*) für 5 ausgewählte Säure-Base-Paare

Die Funktionen $p_H(\bar{x}_A)$, die sog. *Pufferkurven*, sind für 5 Säure-Base-Paare in Bild 28
dargestellt. Die Kurven nähern sich den Grenzwerten $\bar{x}_A = 0$ und $\bar{x}_A = 1$ asymptotisch an; bei $\bar{x}_A = 1/2$ verlaufen die Kurven um den Funktionswert p_{KA} ziemlich flach
Die besondere Eigenschaft einer Pufferlösung ist es, daß starke Veränderungen von
$\bar{x}_A$ in dessen mittlerem Wertebereich nur geringe p_H-Veränderungen zur Folge haben.
Das bedeutet, daß der p_H-Wert einer Pufferlösung nur wenig empfindlich ist gegen
den Zusatz einer nicht zu großen Menge an starker Säure oder Base. Hat man etwa
in 1 l einer wäßrigen Lösung 0,1 mol Essigsäure und 0,1 mol Acetat gelöst
($p_H = p_{KA} = 4,75$) und setzt der Lösung 0,01 mol einer starken Säure zu, so erhält
man die wegen ihrer großen Konstante praktisch vollständig ablaufende Reaktion

$$CH_3COO^- + H^+ \rightarrow CH_3COOH \qquad p_K = -p_{KA} = -4,75$$

und die Menge an Essigsäure beträgt nunmehr 0,11 mol, die an Acetat 0,09 mol.
Hieraus errechnet sich ein p_H-Wert von 4,66, das ist eine p_H-Differenz von 0,09.
Hätte man die starke Säure 1 l reinem Wasser zugesetzt, dann hätte sich der p_H-Wert
um den Betrag 5 verändert!

Die Pufferlösungen sind in der Analytischen Chemie von so großer Bedeutung, daß
wir ihre praktische Bedeutung anhand eines Beispiels verdeutlichen wollen! Das beim
p_H-Wert 9 schwer lösliche $Al(OH)_3$ löst sich in stärker basischer oder in saurer
Lösung auf (s. u.). Will man also zum Zwecke der quantitativen Bestimmung der in
einer wäßrigen Lösung vorhandenen Menge an Al^{3+}-Kationen diese vollständig in
einen Niederschlag von $Al(OH)_3$ überführen, den man dann — nach der Dehydrati-
sierung zu Al_2O_3 — wägen kann (*Gravimetrie*), so muß man bei der Fällung des
Hydroxids auf die Konstanz des p_H-Werts achten!

Nehmen wir ganz konkret an, es lägen in 0,1 l einer neutralen Lösung 1 mmol
Al-Ionen vor. Während man nun 0,1 l reines Wasser durch den Zusatz von 0,001
mmol an festem NaOH auf den p_H-Wert 9 bringen könnte (von Volumenänderun-
gen sei hier abgesehen), würde der Zusatz von 0,001 mmol NaOH zur Lösung der
Al-Ionen nur einen geringen Bruchteil der Al-Menge zum Kristallisieren als $Al(OH)_3$
bringen, da ja pro ausfallendem Molekül $Al(OH)_3$ drei OH-Ionen verbraucht werden.
Man müßte also 3 mmol NaOH zusetzen und dann noch soviel, um den p_H-Wert von
ca. 9 zu erreichen, um ein vollständiges Fällen der gesamten Al-Menge zu gewähr-
leisten. Da nun — im Gegensatz zu unserem Gedankenexperiment — in der Praxis
die auszufällende Menge an Al unbekannt und ihre Ermittlung ja das Ziel der
Fällungsreaktion ist, kann man die nötige Menge an NaOH gar nicht berechnen.
Hier hilft die Pufferlösung! Im vorliegenden Fall setzt man der Lösung 10 mmol an
NH_3 und 10 mmol an NH_4Cl zu, so daß sich ein p_H-Wert von 9,2 einstellt. Durch
das vollständige Ausfällen von $Al(OH)_3$ werden der Lösung 3 mmol OH-Ionen ent-
zogen. Zufolge des Gleichgewichts

$$NH_3 + H_2O \rightleftharpoons NH_4^+ + OH^-$$

bedeutet dies, daß ca. 3 mmol NH_3 in 3 mmol NH_4^+ übergehen. Die Lösung enthält dann nicht mehr 10 mmol NH_3 und 10 mmol NH_4^+, sondern 7 mmol NH_3

und 13 mmol NH_4^+. Der p_H-Wert der Lösung ergibt sich aus den obigen Puffer-gleichungen zu 8, 9, das ist ein Wert, bei dem die Vollständigkeit der Niederschlags-bildung noch gewährleistet ist.

5.3.4. Brönstedsche Säure-Base-Paare in nichtwäßrigen Systemen

Der oben allgemein entwickelte Brönstedsche Säure-Base-Formalismus läßt sich selbstverständlich auf alle protischen Solventien anwenden, z. B. auf Ammoniak, Hydrogenfluorid, Schwefelsäure, wasserfreie Essigsäure usw. Dabei treten gegen-über der Behandlung des Brönsted-Formalismus in Wasser als Medium keine prinzipiell neuen Gesichtspunkte auf; im übrigen spielt Wasser als Lösungsmittel in der Praxis eine bedeutendere Rolle als alle anderen protischen Mittel.

Wichtig zu wissen ist es, daß die Affinität für die Übertragung eines Protons von der Säure A_1 auf die Base B_2 keineswegs in wäßriger Lösung Maximalwerte erreicht. Viele der Säuren, die in Wasser nicht vollständig dissoziieren, wirken in reiner Form oder in anderen Lösungsmitteln stärker protonierend als in Wasser. So wurde schon oben bei der Behandlung der Solvosäuren erwähnt, daß in wasserfreiem Hydrogenfluorid selbst die überaus schwache Base Essigsäure protoniert wird.

Die als *Supersäuren* bezeichneten stärksten bisher bekannten Protonierungsmittel trifft man bei Gemischen von SbF_5 und FSO_3H an, und die stärkste Säure über-haupt liegt dann vor, wenn man dem Gemisch noch SO_3 zusetzt. Über die Kon-stitution der in solchen Gemischen vorliegenden Moleküle und Ionen gibt es eine Reihe von Hinweisen, deren Erörterung hier zu weit führen würde. In Supersäuren werden selbst die extrem schwach basischen Kohlenwasserstoffe von Protonen attackiert, was zu Gleichgewichten der Form

$$RH + H^+ \rightleftarrows R^+ + H_2$$

führt. Als Quelle für die Carboniumionen R^+ haben die Supersäuren ganz besondere Bedeutung.

Bei starken Säuren gilt das MWG und die Konstanz von p_{KA}, solange sehr verdünnte Lösungen vorliegen, nicht aber bei konzentrierten Lösungen. Um die Acidität starker Säuren in konzentrierten wäßrigen Lösungen oder auch in ungelöster reiner Form miteinander vergleichen zu können, bedient man sich sehr schwacher bis extrem schwacher Indikatorbasen B, die durch starke Säuren zum Teil in die mittelstarke bis starke Indikatorsäure A übergeführt werden; A und B sollen charakteristisch gefärbt und daher der Quotient $\overline{c}_A/\overline{c}_B$ durch sog. photometrische Methoden be-quem meßbar sein. Für gewöhnliche wäßrige Lösungen gilt für das Gleichgewicht zwischen A und B nach Einführung der Aktivitäten gemäß $\overline{a}_i = f_i \overline{c}_i$:

$$K_A = \frac{\overline{a}_H \cdot \overline{a}_B}{\overline{a}_A} = \frac{\overline{a}_H f_B \overline{c}_B}{f_A \overline{c}_A} \implies -\log \frac{\overline{a}_H f_B}{f_A} \equiv H_0 = p_{KA} - \log \frac{\overline{c}_A}{\overline{c}_B}$$

Die Größe H_0 heißt *Hammettsche Säurefunktion*. In genügend verdünnten Lösun-gen ist sie dem p_H-Wert proportional. Die Verwendbarkeit von H_0 als Maß der Acidität starker Säuren beruht auf der empirischen Erkenntnis, daß die H_0-Werte,

die für eine starke Säure in einer bestimmten hohen Konzentration nach der oben
gegebenen Definitionsgleichung für H_0 aus den Meßwerten p_{KA}, $\bar{c}_A$ und $\bar{c}_B$ berechnet werden, für verschiedene Indikatorsysteme A/B konstant sind. Diese Erkenntnis läßt sich auf die reinen nichtwäßrigen Säuren ausdehnen. So fand man
z. B. für die wasserfreien Säuren Hydrogenfluorid, Schwefelsäure, Fluorsulfonsäure
und das supersaure System $FSO_3H/7\ \%\ SbF_5 \cdot 3\ SO_3$ H_0-Werte von -10.2, -11.9,
-15.1 und -19.35.

5.3.5. Amphoterie

Stoffe, die sowohl als Säuren als auch als Basen reagieren können, nennt man
amphotere Elektrolyte oder kurz *Ampholyte;* die Erscheinung selbst heißt
Amphoterie. Wir behandeln hier nur die Amphoterie im Sinne des Brönstedschen
Säure-Base-Formalismus. Hiernach ist es plausibel, daß alle protonenhaltigen
Stoffe Ampholyte sind, da beispielsweise im Falle einer starken Säure immer die
(oft nur hypothetische) Möglichkeit besteht, eine noch stärkere Säure zu finden,
der gegenüber die starke Säure als Base fungiert. So verhält sich die gegenüber
Wasser eindeutig als Säure in Erscheinung tretende Essigsäure gegenüber Hydrogenfluorid als Base (s. o.) und selbst die starke Schwefelsäure reagiert in supersauren
Medien wie eine Base. Umgekehrt kann man aus Ammoniak, das gegenüber Wasser
eindeutig als Base fungiert, mithilfe sehr starker Basen auch Protonen entfernen
usw. Der am weitesten verbreitete Ampholyt ist das Wasser selbst.

Betrachten wir die wäßrige Lösung eines Ampholyten A! Im alkalischen Bereich
möge A als Säure, im stark sauren Bereich als Base reagieren. Mithin muß es einen
bestimmten p_H-Wert der Lösung geben, bei welchem sowohl hinsichtlich der Säure-
als auch der Basefunktion von A ein Maximum der Konzentration an A selbst vorliegt; dieser p_H-Wert heißt der *isoelektrische Punkt* von A.

Wir haben oben die Hydroxylverbindungen von Metallen in niedriger Oxidationszahl als Salze kennengelernt, die sich gegen Wasser wie Basen verhalten, während
die kovalent gebauten Hydroxylverbindungen der Nichtmetalle oder der Metalle
höchster Oxydationszahl gegenüber Wasser als Säuren fungieren. Es ist daher naheliegend anzunehmen, daß die Hydroxylverbindungen der Halbmetalle oder der
Metalle in mittlerer Oxidationszahl ganz typische Ampholyte darstellen, nämlich
solche, deren isoelektrischer Punkt nicht weit vom isoelektrischen Punkt des
Wassers selbst (das ist der p_H-Wert 7) entfernt ist. In der Tat sind Stoffe wie
$Be(OH)_2$, $Al(OH)_3$, $Ga(OH)_3$, $In(OH)_3$, $Sn(OH)_2$, $Pb(OH)_2$ oder $Zn(OH)_2$ typische Ampholyte im Sinne eines nicht weit vom Wert 7 entfernten isoelektrischen
Punkts. Daß beispielsweise der isoelektrische Punkt von $Al(OH)_3$ bei ca. 9 liegt,
wurde bei der Diskussion des Puffer-Begriffs ausführlich erörtert; das Aluminium-
hydroxid ist auch ein Beispiel für jene Ampholyte, die in wäßrigen Lösungen vom
p_H-Wert des isoelektrischen Punkts schwer löslich sind, sich jedoch ohne weiteres
lösen, wenn durch Base- oder Säurezusatz ihre Säure- bzw. Basefunktion ange-
sprochen wird.

Das Aufstellen der Reaktionsgleichungen für die saure und die basische Wirkung von Ampholyten kann ohne weiteres dem allgemeinen Brönsted-Formalismus entsprechen, wie es etwa bei Ammoniak der Fall ist:

$$NH_3 \rightleftarrows H^+ + NH_2^- \qquad p_K = 23$$
$$NH_3 + H^+ \rightleftarrows NH_4^+ \qquad p_K = -9,2$$

Dagegen muß man in anderen Fällen in Rechnung stellen, daß die mit dem Ampholyten korrespondierende Säure bzw. Base nicht einfach durch Proton-Addition bzw. Proton-Abgabe entsteht, sondern daß noch einige Moleküle Wasser im Spiel sind, wie es für das Beispiel $Al(OH)_3$ dargestellt sei:

$$Al(OH)_3 + H_2O \rightleftarrows H^+ + [Al(OH)_4]^- \qquad p_K = 12,4$$
$$Al(OH)_3 + 3\,H^+ \rightleftarrows Al^{3+} + 3\,H_2O \qquad p_K = -9,3$$

Kompliziert werden im vorliegenden Falle die Verhältnisse dadurch, daß in stark alkalischen Lösungen $[Al(OH)_4]^-$ noch mit $[Al(OH)_5]^{2-}$ und $[Al(OH)_6]^{3-}$ im Gleichgewicht steht. (Al^{3+}-Ionen bevorzugen im Festkörper ebenso wie in Lösung die Koordinationszahl 6. Anstatt Al^{3+}, $[Al(OH)_4]^-$ etc. müßte es daher genauer $[Al(H_2O)_6]^{3+}$, $[Al(H_2O)_2(OH)_4]^-$ usw. heißen. Auch hier sparen wir wie schon an anderer Stelle die Schreibarbeit, Hydratwasser zu notieren, wo es nicht unbedingt nötig ist.)

5.4. Zusammengesetzte Säure-Base-Gleichgewichte

Die letzte Reaktionsgleichung des letzten Abschnitts läßt sich wie folgt zusammensetzen:

$$Al(OH)_3 \rightleftarrows Al^{3+} + 3\,OH^- \qquad L = [Al^{3+}][OH^-]^3 = 10^{-33}\,\mathrm{mol^4\,l^{-4}}$$

$$3\,HO^- + 3\,H^+ \rightleftarrows 3\,H_2O \qquad 1/K_W^3 = \frac{1}{[H^+]^3[OH^-]^3} = 10^{42}\,\mathrm{mol^{-6}\,l^6}$$

$$Al(OH)_3 + 3\,H^+ \rightleftarrows Al^{3+} + 3\,H_2O \qquad K = \frac{[Al^{3+}]}{[H^+]^3} = 10^9\,\mathrm{mol^{-2}\,l^2}$$

Wie oben schon bei der Herstellung eines Zusammenhangs zwischen p_{KA} und p_{KB} korrespondierender Säuren und Basen dargelegt worden war und wie es auch hier wieder durchsichtig wird, ergibt sich die MWG-Konstante einer Summenreaktion, indem man die Konstanten der Teilreaktionen miteinander multipliziert. In Analogie hierzu kann man den p_K-Wert einer Summenreaktion als die Summe der p_K-Werte der Teilreaktionen bestimmen; dieser Satz ergibt sich aus dem logarithmischen Zusammenhang zwischen K und p_K und er entspricht der physikalischen Notwendigkeit, daß sich die zu den negativen p_K-Werten proportionalen Affinitäten der Teilreaktionen zur Affinität der Gesamtreaktion addieren müssen.

In der Analytischen Chemie spielen Reaktionen zwischen festen Phasen und Säuren bzw. Basen eine große Rolle. Sie lassen sich quantitativ als die Kombination eines

Löslichkeitsprodukts mit einer Säurekonstanten beschreiben. Dies sei im folgenden anhand dreier wichtiger Beispiele diskutiert!

Kombination von Lösungsreaktionen und Brönstedscher Säure-Base-Reaktion

Die Schwermetallsulfide MS sind im allgemeinen in Wasser schwer löslich, wie aus folgenden p_L-Werten hervorgeht:

MS:	MnS	FeS	NiS	CoS	ZnS	CdS	PbS	HgS
p_L :	15	21	21	22	23	28	28	54

Von Bedeutung ist die Fragestellung: Welche dieser Sulfide lösen sich in 1 molarer Salzsäure auf? Zur Beantwortung der Frage setzt man an:

$$
\begin{aligned}
MS &\rightleftharpoons M^{2+} + S^{2-} & p_L & \\
S^{2-} + H^+ &\rightleftharpoons HS^- & p_{K1} &= -12{,}9 \\
HS^- + H^+ &\rightleftharpoons H_2S & p_{K2} &= -7{,}06 \\
\hline
MS + 2H^+ &\rightleftharpoons M^{2+} + H_2S & p_K &= p_L - 20
\end{aligned}
$$

$$
K = \frac{[M^{2+}][H_2S]}{[H^+]^2} = 10^{20} \, L
$$

Da pro Mol sich auflösendem M^{2+} auch 1 mol H_2S in Freiheit gesetzt und 2 mol H^+ verbraucht werden, ergibt sich mit $[M^{2+}] = x$:

$$
\frac{x^2}{(1 - 2x)^2} = 10^{20} \, L
$$

und hieraus:

MS:	MnS	FeS	NiS	CoS	ZnS	CdS	PbS	HgS	
x :	0,5	0,2	0,2	0,08	0,03	10^{-4}	10^{-4}	10^{-17}	$mol\,l^{-1}$

Der einschneidende Löslichkeitssprung liegt offenbar zwischen ZnS und CdS: In 1 l Salzsäure der Molarität $1 \, mol\,l^{-1}$ lösen sich ca. 3 g ZnS, aber nur 0,014 g CdS und 0,024 g PbS, während HgS praktisch überhaupt nicht löslich ist. Diesen Löslichkeitssprung kann man sich bei der qualitativ-analytischen Trennung der Metalle zunutze machen.

Kombination von Lösungsreaktion und Lewisscher Säure-Base-Reaktion

Die Silberhalogenide AgHal sind mit Ausnahme von AgF in Wasser schwer löslich. Andererseits bilden Ag^+-Ionen mit Liganden wie NH_3, $S_2O_3^{2-}$ oder CN^- recht stabile Komplexe. Es erhebt sich die Frage, wieviel AgHal gelöst werden kann, wenn man es mit einer Lösung behandelt, die 0,1 molar an Komplexbildner ist?

$$
\begin{aligned}
AgHal &\rightleftharpoons Ag^+ + Hal^- & p_L & \\
Ag^+ + 2D^{n-} &\rightleftharpoons [AgD_2]^{1-2n} & p_K' & \\
\hline
AgHal + 2D^{n-} &\rightleftharpoons [AgD_2]^{1-2n} + Hal^- & p_K &= p_L + p_K'
\end{aligned}
$$

AgHal:	AgCl	AgBr	AgI		D^{n-}:	NH_3	$S_2O_3^{2-}$	CN^-
p_L:	10,0	12,3	16,0		p'_K:	$-7,1$	$-13,5$	$-20,8$

Mit

$$[Hal^-] = [[AgD_2]^{1-2n}] = x \quad \text{und} \quad [D^{n-}] = 0,1 - 2x$$

findet man

$$\frac{x^2}{(0,1 - 2x)^2} = LK'$$

und hieraus:

D:	NH_3	NH_3	NH_3	$S_2O_3^{2-}$	$S_2O_3^{2-}$	$S_2O_3^{2-}$	CN^-	CN^-	CN^-	
Hal:	Cl	Br	I	Cl	Br	I	Cl	Br	I	
x:	0,0033	0,00025	$3,5 \cdot 10^{-6}$	0,05	0,044	0,0051	0,05	0,05	0,05	$mol\,l^{-1}$

Da sich bei $[D^{n-}] = 0,1\ mol\,l^{-1}$ maximal $0,05\ mol\,l^{-1}$ AgHal lösen können, erkennt man, daß sich alle 3 Silberhalogenide in Cyanid-Lösungen vollständig auflösen, in Thiosulfat-Lösungen sind AgCl und AgBr gut löslich, und in Ammoniak-Lösungen löst sich AgCl sehr viel weniger schlecht auf als AgBr und AgI.

Kombination zweier Löslichkeitsprodukte

Bei der qualitativ-analytischen Bestimmung von Anionen spielt der *Sodaauszug* eine Rolle. Seine Wirkungsweise sei an einem Beispiel studiert! Man vergleiche die Stoffmenge an Sulfat, die sich über festem $BaSO_4$ einmal in 1 l Wasser und zum anderen in der Lösung von 1 mol Natriumcarbonat („Soda") in 1 l Wasser löst!

$BaSO_4 \rightleftarrows Ba^{2+} + SO_4^{2-}$	L_1	$= 1,0 \cdot 10^{-10}\ mol^2\,l^{-2}$
$Ba^{2+} + CO_3^{2-} \rightleftarrows BaCO_3$	L_2^{-1}	$= (6,9 \cdot 10^{-9}\ mol^2\,l^{-2})^{-1}$
$BaSO_4 + CO_3^{2-} \rightleftarrows BaCO_3 + SO_4^{2-}$	K	$= 1,45 \cdot 10^{-2}$

Mit

$$K = \frac{[SO_4^{2-}]}{[CO_3^{2-}]} = \frac{x}{1-x} = 1,45 \cdot 10^{-2}$$

erhält man

$$x = 0,0143\ mol\,l^{-1}.$$

In 1 l Wasser gehen also zunächst nur $1,0 \cdot 10^{-5}$ mol, nach dem Zusatz von 1 mol Soda dagegen 0,0143 mol Sulfat aus festem $BaSO_4$ in Lösung.

Da praktisch alle Schwermetall-Carbonate in Wasser schlecht löslich sind, ist der Sodaauszug das geeignete Mittel, um die Anionen in unlöslichen Schwermetallsalzen in die zum qualitativen Nachweis angestrebte gelöste Form zu bringen. Die Methode versagt allerdings bei zu kleinen Löslichkeitsprodukten; so kann man beispielsweise S^{2-}-Ionen aus dem äußerst schwer löslichen HgS mithilfe des Sodaauszugs nicht in einer zum grob-qualitativen Nachweis geeigneten Menge in die Lösung überführen.

5.5. Titrimetrie

Unter Titrimetrie versteht man die quantitative Bestimmung der Stoffmenge n_{X0} eines in einer Flüssigkeit vom Volumen V_0 gelösten Stoffes X, indem man der Lösung tropfenweise eine Lösung der bekannten Molarität c_{T0} an Titriermittel T solange zusetzt, bis die zugesetzte Stoffmenge n_T an T der Stoffmenge n_{X0} im Sinne einer Umsetzung

$$a\,X + b\,T \;\rightleftarrows\; X_a\,T_b, \qquad\qquad a:b = n_{X0}:n_T$$

entspricht; Voraussetzung ist, daß die MWG-Konstante K_T der Reaktion von X mit T so groß ist, daß das Gleichgewicht praktisch vollständig auf der rechten Seite liegt. Gemessen wird das mit $n_T = b \cdot n_{X0}/a$ korrespondierende Volumen V_{T0} der zugesetzten Titrierlösung. Das Hauptproblem ist das Erkennen des Titrationsendpunkts oder *Äquivalenzpunkts*, bei dem die Äquivalenzrelation $n_T = b \cdot n_{X0}/a$ erfüllt ist.

Man bedient sich zur Erkennung des Äquivalenzpunkts vielfach sog. Indikatoren I, das sind Stoffe, die man der Analysenlösung in einer gegenüber n_{X0} vernachläßigbaren Menge zusetzt. Der Indikator muß entweder mit X oder mit T im Gleichgewicht stehen:

$$c\,X + d\,I \;\rightleftarrows\; X_c\,I_d \quad \text{oder} \quad e\,T + f\,I \;\rightleftarrows\; T_e\,I_f$$

Das Gleichgewicht muß dabei so liegen, daß vor Erreichung des Äquivalenzpunkts fast nur $X_c\,I_d$ und kein freies I (bzw. fast nur freies I und kein $T_e\,I_f$), nach Durchlaufen des Äquivalenzpunkts jedoch umgekehrt fast nur freies I und kein $X_c\,I_d$ (bzw. fast nur $T_e\,I_f$ und kein freies I) vorliegen. Beim Äquivalenzpunkt soll der Indikator also *umschlagen*, d. h. von $X_c\,I_d$ in I (bzw. von I in $T_e\,I_f$) übergehen. Ein wesentliches Kennzeichen des Indikators muß sein, daß sich $X_c\,I_d$ und I (bzw. I und $T_e\,I_f$) in einer leicht beobachtbaren Eigenschaft auffällig unterscheiden, im einfachsten Fall durch ihre Farbe; der Äquivalenzpunkt wird dann durch einen Farbumschlag des Indikators indiziert.

Die Stoffmenge n_{X0} kann dann mit großer Genauigkeit durch Titration bestimmt werden, wenn der Zusatz einer beliebig kleinen Menge an V_T den Farbumschlag des Indikators am Äquivalenzpunkt bewirkt. Man versteht die Zusammenhänge, wenn man die *Titrationskurven* studiert, das sind die Abbildungen des Gangs der Gleichgewichts-Konzentration $\overline{c}_X$ mit dem Zusatz V_T an Titriermittel. Zur Herleitung der Funktion $\overline{c}_X(V_T)$ vereinfachen wir die Titrationsgleichung, indem wir $a = b = 1$ setzen, um nicht zu viele Koeffizienten mitzuschleppen. Die zugesetzte Menge n_T an T verteilt sich auf die im Gleichgewicht nebeneinander vorliegenden Mengen $\overline{n}_T$ an T und $\overline{n}_{XT}$ an XT: $n_T = \overline{n}_T + \overline{n}_{XT}$. Die Gesamtmenge an n_{X0} verteilt sich im Titrationsgleichgewicht auf $\overline{n}_X$ und $\overline{n}_{XT}:n_{X0} = \overline{n}_X + \overline{n}_{XT}$. Das MWG muß in der Form

$$K_T = \frac{\overline{c}_{XT}}{\overline{c}_X \cdot \overline{c}_T}$$

erfüllt sein. Um die Variablen $\overline{c}_{XT}$ und $\overline{c}_T$ als Funktionen von $\overline{c}_X$ und den Anfangsbedingungen darstellen zu können, müssen die eben erläuterten Stoffmengenrelationen in Molaritätsrelationen umgeformt werden. Hierzu setzen wir das Volumen der Lösung während der Titration additiv aus V_0 und V_T zusammen; dabei beziehen wir einen Näherungsstandpunkt, der die im allgemeinen sehr kleinen Volumen-Verengungs- bzw. -Erweiterungs-Effekte beim Mischen von Lösungen außer Betracht läßt, ein Näherungs-standpunkt übrigens, den man nicht zu beziehen brauchte, wenn man anstelle der Molaritäten die in diesem Zusammenhang günstigeren Molalitäten ansetzte, da sich die Massen von Lösungen im Gegensatz zu deren Volumina beim Mischen in aller Strenge addieren. Wir erhalten:

$$n_T = c_{T0} V_T = \bar{c}_T (V_0 + V_T) + \bar{c}_{XT} (V_0 + V_T) \qquad \text{und}$$

$$n_{X0} = \bar{c}_X (V_0 + V_T) + \bar{c}_{XT} (V_0 + V_T).$$

Aus diesen beiden Stoffbilanzgleichungen lassen sich Ausdrücke für $\bar{c}_{XT}$ und $\bar{c}_T$ gewinnen und in das MWG der Titrationsreaktion einsetzen. Löst man nach $\bar{c}_X$ auf und vernachlässigt dabei $1/K_T$ gegenüber n_{X0}/V_0, dann erhält man die Titrations-funktion:

$$\bar{c}_X \approx \frac{1}{2} \frac{n_{X0} - c_{T0} V_T}{V_0 + V_T} + \frac{1}{2} \sqrt{\left(\frac{n_{X0} - c_{T0} V_T}{V_0 + V_T} \right)^2 + \frac{2 n_{X0} + 2 c_{T0} V_T}{K_T (V_0 + V_T)}}$$

Für Titrationen typische Randbedingungen sind beispielsweise $c_{T0} = 0{,}1 \text{ mol l}^{-1}$, $V_0 = 100 \text{ cm}^3$ und $n_{X0} = 0{,}001 \text{ mol}$, woraus sich $V_{T0} = 10 \text{ cm}^3$ ergibt. Unter diesen Randbedingungen hat der Ausdruck $V_0 + V_T$ einen Wertbereich von 100 bis 110 cm^3, ist also nahezu konstant.

Am Äquivalenzpunkt ($V_T = V_{T0}$; $n_{X0} = c_{T0} V_{T0}$) erhalten wir

$$\bar{c}_X \approx \sqrt{\frac{n_{X0}}{K_T (V_0 + V_{T0})}}$$

eine Beziehung, die mit $\bar{c}_{XT} \approx n_{X0}/(V_0 + V_T)$ und $\bar{c}_X \approx \bar{c}_T$ aus dem MWG-Ansatz auch direkt errechenbar ist. Außerhalb der unmittelbaren Umgebung des Äquivalenz-punkts wird das K_T-Glied in der Titrationsfunktion vernachlässigbar klein. Vor Erreichen des Äquivalenzpunkts, also bei positiven Werten $n_{X0} - c_{T0} V_T$, fällt unter den angegebenen Randbedingungen $\bar{c}_X$ mit V_T nahezu linear, während nach dem Überschreiten des Äquivalenzpunkts, also bei negativen Werten von $n_{X0} - c_{T0} V_T$, die Funktion sich dem Wert $\bar{c}_X = 0$ asymptotisch nähert. Die Titrationsfunktion ist für die genannten Randbedingungen und für 3 verschiedene K_T-Werte in Bild 29 dargestellt.

Die 3 Kurven von Bild 29 unterscheiden sich lediglich durch die Größe des Bereichs, in dem der nahezu lineare linke Kurvenast in den nahezu linearen rechten Kurvenast übergeht. Bei Kurve a hat dieser Bereich keine sichtbare Ausdehnung. Bei Kurve c ist dieser Bereich jedoch verhältnismäßig weit; um Funktionswerte $\bar{c}_X$ in der Nähe von V_{T0} auszurechnen, muß man die Titrationsfunktion in ihrer allgemeinen Gestalt heran-ziehen, da $1/K_T$ nicht mehr vernachlässigbar klein ist. Die Kurve b nimmt eine Mittel-stellung ein.

Noch augenfälliger werden die Unterschiede zwischen den Kurven a, b und c, wenn man log $\bar{c}_X$ gegen V_T aufträgt. Bei allen 3 logarithmischen Kurven von Bild 29 be-

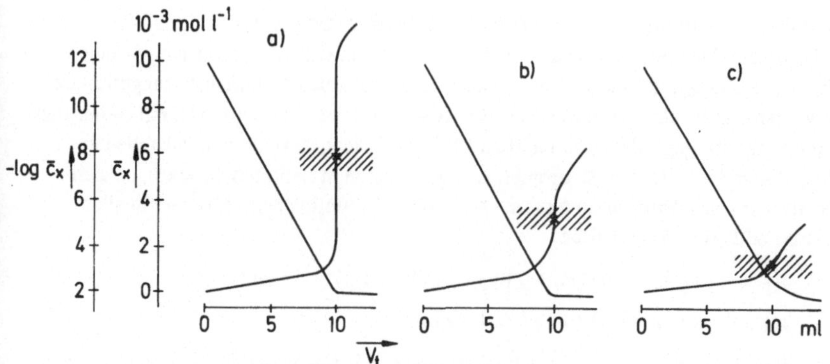

Bild 29. Schematische Titrationskurven $\bar{c}_X(V_T)$ und $\log \bar{c}_X(V_T)$ für Titrationsgleichgewichte
mit a) $p_K = -14$, b) $p_K = -9$, c) $p_K = -5$

obachtet man im Bereich des Äquivalenzpunkts einen steilen Abfall von $\log \bar{c}_X$. Bei
Kurve a liegt der Hauptteil des steilen Abfalls in einem V_T-Bereich, der so eng ist, daß
er beim Maßstab von Bild 29 praktisch verschwindet; für die Titration bedeutet dies,
daß beim Äquivalenzpunkt der Zulauf des Bruchteils eines Tropfens der Lösung von
T die Veränderung von $\bar{c}_X$ um mehrere Zehnerpotenzen zur Folge hat. Im Falle der
Kurve b ist — um im qualitativ-beschreibenden Bild zu bleiben — die Zugabe eines
dicken Tropfens und im Falle der Kurve c die Zugabe einer ansehnlichen Menge an
Lösung T nötig, um eine vergleichbare Änderung von $\bar{c}_X$ herbeizuführen.

Die Qualität eines Indikators bemißt sich nach der Enge seines Umschlagbereichs. Auch
beim besten Indikator muß $\bar{c}_X$ (bzw. $\bar{c}_T$) einige wenige Zehnerpotenzen durchlaufen,
um den Umschlag eindeutig zu machen. Die schraffierten Zonen in Bild 29 geben die
Umschlagbereiche guter Indikatoren im logarithmischen Maßstab an. Wie man sieht,
läßt sich der Äquivalenzpunkt im Falle a mit großer Genauigkeit und im Falle b mit
hinreichender Genauigkeit indizieren; im Falle c dagegen läuft die logarithmierte
Titrationsfunktion so wenig steil durch den Umschlagbereich hindurch, daß der zur
eindeutigen Indikation des Umschlags nötige V_T-Bereich für eine genaue V_T-Messung
zu groß wird. Im Falle einer einfachen Titrationsgleichung ($a = b = 1$) und im Falle
wäßriger Lösungen gilt die Faustregel, daß Titrationen noch mit hinreichender Genauigkeit durchführbar sind, wenn K_T den Grenzwert $10^8\ mol^{-1}\ l$ nicht unterschreitet.
Nach der allgemeinen Behandlung der Titrimetrie wenden wir uns jetzt solchen
Titrationsgleichgewichten zu, bei denen es sich um Säure-Base-Gleichgewichte
handelt. Praktisch am wichtigsten ist die Komplexometrie und die Acidimetrie.

Komplexometrie

Das Titrationsgleichgewicht beinhaltet im Falle der Komplexometrie die Lewissche
Säure-Base-Reaktion zwischen einem Metall-Kation und einem Komplexbildner;
dabei dient die Komplexometrie zur Bestimmung der Stoffmenge an Metall-Kation.
Um K_T möglichst groß zu machen, verwendet man als Titriermittel fast ausschließlich mehrzähnige Liganden und nutzt dabei den Chelat-Effekt aus. Man nennt

solche Titriermittel *Komplexone.* Das bekannteste Komplexon ist das oben als
sechszähniger Ligand eingeführte EDTA, mit dessen wäßriger Lösung sich eine
ganze Reihe von Metall-Kationen bestimmen läßt (z. B. das Ion Ca^{2+}). Als Indikatoren benutzt man meist ziemlich kompliziert gebaute organische Farbstoffe, die
mit dem betreffenden Metall-Kation jeweils einen gefärbten Komplex bilden. Am
Äquivalenzpunkt muß der Indikator durch die in einem einzigen Tropfen ent-
haltene Menge an Komplexon praktisch vollständig aus seinem Komplex unter Farbumschlag verdrängt werden.

Acidimetrie

Bei der Acidimetrie bestimmt man die Stoffmenge an starker bis schwacher Säure
oder Base mit einer starken Base bzw. einer starken Säure als Titriermittel. Im
Falle der Bestimmung der Menge an schwacher Säure A oder schwacher Base B
lauten die Titrationsgleichungen:

$$A + OH^- \rightleftarrows B + H_2O \qquad p_{KT} = p_{KA} - p_W$$

$$B + H^+ \rightleftarrows A \qquad p_{KT} = {}^-p_{KA} = p_{KB} - p_W$$

Da K_T den Wert 10^8 mol^{-1} l nicht unterschreiten sollte, darf im Falle der Bestimmung von A der Wert $p_{KA} = 6$ nicht überschritten werden; das bedeutet, daß
man Essigsäure ($p_{KA} = 5$) mit Natronlauge noch titrieren kann, nicht aber Am-
monium-Ionen ($p_{KA} = 9$). Im Falle der Bestimmung von B darf p_{KB} den Wert 6
nicht überschreiten; dies bedeutet, daß man mit Salzsäure zwar Ammoniak ($p_{KB} = 5$)
noch bestimmen kann, nicht aber Natriumacetat ($p_{KB} = 9$).

Als Indikator verwendet man im Falle der Titration von A eine schwache Säure A_i,
deren p_K-Wert ungefähr gleich dem p_H-Wert des Äquivalenzpunkts sein muß, so daß
die Säure A_i zusammen mit der mit ihr korrespondierenden Base B_i am Äquivalenzpunkt ein Puffergemisch bildet; die Säure A_i oder die Base B_i oder beide sollten
charakteristisch gefärbt sein. Im Falle der Titration einer Base B verfährt man
umgekehrt. Den p_H-Wert des Umschlagbereichs ermittelt man nach der o. a. Näherungsformel

$$\bar{c}_X \approx \sqrt{\frac{n_{X0}}{K_T(V_0 + V_{T0})}}$$

wobei am Äquivalenzpunkt die Näherungen $\bar{c}_X = \bar{c}_A \approx \bar{c}_{OH}$ bzw. $\bar{c}_X = \bar{c}_B \approx \bar{c}_H$
gelten. Man beachte, daß die Berechnung des p_H-Werts am Äquivalenzpunkt eine
Aufgabe darstellt, die im Falle der Bestimmung von Essigsäure bzw. Ammoniak
mit der Aufgabe übereinstimmt, den p_H-Wert einer Natriumacetat- bzw. einer
Ammoniumchlorid-Lösung nach dem Verfahren von Abschnitt 5.3.3 zu berechnen.
Für das unbekannte n_{X0}, dessen Bestimmung ja das Ziel der Acidimetrie darstellt, macht man lediglich eine plausible Annahme, da es für die Wahl des Indikators genügt, den p_H-Wert des Äquivalenzpunkts nur ungefähr zu kennen.

Bei der acidimetrischen Bestimmung schwacher Säuren oder Basen benutzt man
anstelle der Funktionen $-\log \bar{c}_A$ bzw. $-\log \bar{c}_B$ vielfach die in ähnlicher Weise von

V_T abhängende Funktion p_H. Diese Verfahrensweise wird obligat, wenn man starke Säuren oder starke Basen bestimmt, bei denen die Titrationsgleichung lautet:

$$H^+ + OH^- \rightleftharpoons H_2O \qquad\qquad K_T = 10^{14}\ mol^{-2}\ l^2$$

Die oben zur Ableitung von $\bar c_X(V_T)$ angesetzten Stoffbilanzgleichungen treffen hier nicht zu, da XT im Falle XT = H_2O nicht nur bei der Titration entsteht, sondern von vornherein im Überschuß vorhanden ist. Da im Falle der Titration einer starken Säure des Säureanion in der konstanten Stoffmenge n_{A0} und das Basenkation in der veränderlichen Stoffmenge $c_{T0}V_T$ vorliegen, gilt die folgende Elektroneutralitätsbedingung:

$$\frac{n_{A0}}{V_0 + V_T} + \bar c_{OH} = \frac{c_{T0}V_T}{V_0 + V_T} + \bar c_H$$

Zusammen mit dem MWG für die Titrationsgleichung läßt sich nunmehr $\bar c_H$ berechnen:

$$\bar c_H = \frac{n_{A0} - c_{T0}V_T}{2(V_0 + V_T)} + \sqrt{\left(\frac{n_{A0} - c_{T0}V_T}{2(V_0 + V_T)}\right)^2 + K_W}$$

Am Äquivalenzpunkt ($n_{A0} = c_{T0}V_{T0}$) ergibt sich $\bar c_H = 10^{-7}\ mol\ l^{-1}$. Da die Funktion $\bar c_H(V_T)$ hier im wesentlichen der Kurve a von Bild 29 entspricht, kann der Umschlagbereich des Indikators in einem breiten p_H-Bereich liegen.

Das Besondere bei der acidimetrischen Titration in wäßriger Lösung ist, daß X auch im Titriermittel T enthalten ist: Titriert man etwa eine Säure mit Natronlauge der Molarität 0,1 mol l^{-1}, so beträgt die Konzentration $\bar c_X = \bar c_H$ im Titriermittel bereits $10^{-13}\ mol\ l^{-1}$; die Funktion $\bar c_H(V_T)$ nähert sich daher nicht asymptotisch der Geraden $\bar c_X = 0$, sondern der Geraden $\bar c_X = 10^{-13}\ mol\ l^{-1}$; für die Abbildung der nicht logarithmierten Funktion $\bar c_X(V_T)$ ist allerdings der Unterschied zwischen den Funktionswerten 0 und 10^{-13} ohne Bedeutung.

6. Redox-Reaktionen

6.1. Allgemeine Definitionen

Der Begriff *Redoxreaktion* ist eng verknüpft mit der Oxidationszahl (vgl. Abschnitt 2.5). Im Falle freier Ionen oder im Falle von Salzen ist die Oxidationszahl mit der Ionenladung identisch. Die Änderung der Oxidationszahl eines freien oder in

Salzen gebundenen Ions muß daher mit einer Aufnahme oder Abgabe von Elektronen verknüpft sein. Bezeichnet man ein Ion, das Elektronen abgibt, als *Reduktionsmittel* (Rd) und ein Ion, das Elektronen aufnimmt als *Oxidationsmittel* (Ox), so kann man sich Gleichgewichte ausdenken, bei denen Rd mit Ox in dem Sinne korrespondiert, daß der Reaktionsablauf von links nach rechts in einer Aufnahme und von rechts nach links in einer Abgabe von n Elektronen besteht bzw. daß – wie man sagt – der Reaktionsablauf von links nach rechts in einer Reduktion von Ox zu Rd und von rechts nach links in einer Oxidation von Rd zu Ox besteht:

$$Ox + n\,e \rightleftarrows Rd$$

Solche fiktiven Reaktionen nennt man *Redox-Halbreaktionen*. Sie sind deshalb experimentell nicht direkt beobachtbar, weil es im allgemeinen keine freien, ungebundenen Elektronen gibt. Die Halbreaktion wird vielmehr erst dadurch Teil einer realen Reaktion, nämlich der *Redoxreaktion,* daß man die n verbrauchten Elektronen durch ein zweites anwesendes Reduktionsmittel Rd_2 erzeugt, wobei dieses in das mit ihm korrespondierende Oxidationsmittel Ox_2 übergeht. Die Redoxreaktion läßt sich mithin aus zwei Redox-Halbreaktionen in der folgenden Weise zusammensetzen:

$$Ox_1 + n\,e \rightleftarrows Rd_1$$
$$Rd_2 \rightleftarrows Ox_2 + n\,e$$
$$\overline{Ox_1 + Rd_2 \rightleftarrows Ox_2 + Rd_1}$$

Man beachte, daß der fiktive Charakter der Redox-Halbreaktion in völliger Analogie zum fiktiven Charakter der für ein korrespondierendes Brönsted-Säure-Base-Paar definierten Halbreaktion steht; die Elektronen hier entsprechen dabei den Protonen dort.

Eine erste Verallgemeinerung des Redox-Begriffs erhält man, wenn anstatt von Ionen auch chemische Elemente mit der für sie typischen Oxidationszahl 0 in die Redoxpaare miteinbezogen werden. Von den 4 folgenden Reaktions-Beispielen spielen sich die beiden oberen Reaktionen in der wäßrigen Phase ab, beim dritten Beispiel liegt ein Gleichgewicht zwischen der wäßrigen Phase und der Gasphase und beim vierten Beispiel zwischen der wäßrigen, der festen und der Gasphase vor:

$$Co^{3+} + e \rightleftarrows Co^{2+} \qquad\qquad 2\,Fe^{3+} + 2\,e \rightleftarrows 2\,Fe^{2+}$$
$$Fe^{2+} \rightleftarrows Fe^{3+} + e \qquad\qquad 2\,J^- \rightleftarrows J_2 + 2\,e$$
$$\overline{Co^{3+} + Fe^{2+} \rightleftarrows Co^{2+} + Fe^{3+}} \qquad \overline{2\,Fe^{3+} + 2\,J^- \rightleftarrows 2\,Fe^{2+} + J_2}$$

$$Cl_2 + 2\,e \rightleftarrows 2\,Cl^- \qquad\qquad 6\,H^+ + 6\,e \rightleftarrows 3\,H_2$$
$$H_2 \rightleftarrows 2\,H^+ + 2\,e \qquad\qquad 2\,Al \rightleftarrows 2\,Al^{3+} + 6\,e$$
$$\overline{Cl_2 + H_2 \rightleftarrows 2\,Cl^- + 2\,H^+} \qquad \overline{6\,H^+ + 2\,Al \rightleftarrows 3\,H_2 + 2\,Al^{3+}}$$

Eine Redoxreaktion setzt sich also aus zwei korrespondierenden Redoxpaaren in der Weise zusammen, daß der pro Formelumsatz sich ergebende Unterschied in

den Oxidationszahlen, das ist die Zahl der transportierten Elektronen, für beide
Redoxpaare gleich ist.

Eine spezielle Art von Redoxreaktionen liegt vor, wenn die beteiligten Ionen Ox_2
und Rd_1 aneinander gebunden sind. Bei einer formalen Zerlegung solcher Redoxreaktionen in Teilreaktionen kann man noch eine dritte fiktive Teilreaktion einführen, die jener Bindung Rechnung trägt (in der Praxis wird bei dieser Art von
Redoxreaktionen eine Zerlegung in Teilreaktionen allerdings wenig geübt):

$$
\begin{aligned}
F_2 + 2\,e &\rightarrow 2\,F^- \\
2\,Na &\rightarrow 2\,Na^+ + 2\,e \\
\hline
2\,Na^+ + 2\,F^- &\rightarrow 2\,NaF \\
\hline
F_2 + 2\,Na &\rightarrow 2\,NaF
\end{aligned}
\qquad
\begin{aligned}
O_2 + 4\,e &\rightarrow 2\,O^{2-} \\
2\,H_2 &\rightarrow 4\,H^+ + 4\,e \\
\hline
4\,H^+ + 2\,O^{2-} &\rightarrow 2\,H_2O \\
\hline
2\,H_2 + O_2 &\rightarrow 2\,H_2O
\end{aligned}
$$

Eine letzte und besonders wichtige Verallgemeinerung des Redoxbegriffs erreicht
man schließlich dadurch, daß man von den freien Ionen als den Redox-Partnern zu
Molekülen bzw. Molekülionen übergeht. Bei ihnen sind die Oxidationszahlen der
beteiligten Atome durch den formalen Akt der heterolytischen Bindungsöffnung
entsprechend den Elektronegativitäten definiert. Ein korrespondierendes Redoxpaar kann daher auch aus Molekülen oder Molekülionen Rd und Ox bestehen, die
beide ein bestimmtes Atom in verschiedener Oxidationszahl enthalten. Hierfür
seien zunächst einfache Beispiele zitiert; der Leser mache sich selbst klar, welche
Oxidationszahlen dabei eine Änderung erfahren:

$$
\begin{aligned}
3\,N_2 + 2\,e &\rightarrow 2\,N_3^- \\
MnO_4^- + e &\rightarrow MnO_4^{2-} \\
[Fe(CN)_6]^{3-} + e &\rightarrow [Fe(CN)_6]^{4-}
\end{aligned}
$$

Komplizierter werden derartige Reaktionen, wenn die Zusammensetzung von Rd
und die von Ox nicht miteinander übereinstimmen. Als Beispiel sei die folgende
Halbreaktion diskutiert:

$$
MnO_4^- + 8\,H^+ + 5\,e \rightarrow Mn^{2+} + 4\,H_2O
$$

Unabhängig vom wirklichen Mechanismus der Reduktion von MnO_4^- zu Mn^{2+} kann
man diese komplizierte in eine einfache fiktive Redox-Halbreaktion und eine fiktive
Säure-Base-Reaktion zerlegen:

$$
\begin{aligned}
Mn^{7+} + 5\,e &\rightleftharpoons Mn^{2+} \\
MnO_4^- + 8\,H^+ &\rightleftharpoons Mn^{7+} + 4\,H_2O
\end{aligned}
$$

Diese beiden Teilschritte sind deshalb fiktiv, weil freie Mn-Kationen der extrem
hohen Ladung +7 nicht existieren, auch nicht als kurzlebige Zwischenstufen.

Die Zerlegung einer Reaktion nach dem Muster unserer Beispielreaktion ist allerdings nicht üblich. Wenn man vor dem Problem steht, eine komplizierte Redox-
Halbreaktion aufzustellen, von der man nur Ox und Rd sowie das Reaktionsmedium kennt, dann kann man schematisch so verfahren, wie es im folgenden für

wäßrige Lösungen angegeben sei: Auf die linke bzw. rechte Seite der Halbreaktions-Gleichung schreibt man Ox bzw. Rd und setzt auf die Seite von Ox so viele Elektronen, wie es dem Unterschied von Ox und Rd in der Oxidationszahl entspricht. Jetzt berücksichtigt man den Satz, daß auf beiden Seiten einer Reaktionsgleichung insgesamt dieselbe Zahl derselben Atome stehen muß und zieht in diesem Sinne zuerst die Bilanz der Sauerstoffatome, dann die der Wasserstoffatome. In unserem Beispiel ergibt sich aus dem Vorhandensein von MnO_4^- auf der linken Seite, daß auf der rechten Seite 4 O-Atome der Oxidationszahl -2 untergebracht werden müssen; da es sich um eine Reaktion in wäßriger Lösung handelt, kommt als Substanz, die Sauerstoff der Oxidationszahl -2 enthält, in erster Linie H_2O infrage. Ist durch die Unterbringung von 4 Molekülen H_2O auf der rechten Gleichungsseite die Sauerstoffbilanz gezogen, so hat man zur Vervollständigung der Wasserstoffbilanz noch 8 H^+-Ionen auf der linken Gleichungsseite zu notieren. Zum Schluß überprüfe man die Richtigkeit der Halbreaktionsgleichung: die Summe der Ionenladungen bzw. der Elektronenladungen muß auf beiden Seiten der Gleichung übereinstimmen!

Die Affinität A^0 für eine Halbreaktion vom Typ der Beispielgleichung bezieht sich definitionsgemäß auf eine Lösung der Molarität $1 \ mol \ l^{-1}$ der H^+-Ionen. Oft ist die Frage nach der Affinität A^0 in einer Lösung der Molarität $1 \ mol \ l^{-1}$ der OH^--Ionen von Interesse. Die entsprechende Reaktionsgleichung gewinnt man, indem man durch Addition der Dissoziationsgleichung von Wasser die H^+-Ionen eliminiert, z. B.:

$$O_2 + 4\,H^+ + 4\,e \rightleftarrows 2\,H_2O$$
$$4\,H_2O \rightleftarrows 4\,H^+ + 4\,OH^-$$
$$O_2 + 2\,H_2O + 4\,e \rightleftarrows 4\,OH^-$$

6.2. Elektrochemische Behandlung des Redoxbegriffs

6.2.1. Galvanische Ketten: Das Daniell-Element

Wie für alle chemischen Reaktionen ist auch für Redoxreaktionen eine temperaturabhängige Gleichgewichtskonstante K_c oder K_p, eine Affinität A für beliebige Konzentrationen oder Partialdrucke sowie eine Standard-Affinität A^0 für die Einheiten der Konzentrationen oder Partialdrucke bzw. (im Realfall) für die Einheiten der Aktivitäten definiert. Das im Abschnitt 4.3, Bild 17, behandelte Wassergasgleichgewicht ist hierfür ein Beispiel.

Das Besondere an den Redoxreaktionen ist es, daß man bei ihnen einen meß- und betriebstechnischen Kunstgriff anwenden kann, indem man nämlich die beiden Halbreaktionen in getrennten *Zellen* durchführt, die auf zweierlei Art miteinander in Verbindung stehen: einmal durch einen elektrischen Leiter, durch den die Elektronen von Rd_1 zu Ox_2 fließen, und zum anderen durch eine Vorrichtung, die einen Ionentransport zum Zwecke des Ausgleichs der elektrischen Ladungen in beiden Zellen erlaubt. Zwei derartige Zellen nennt man eine *Galvanische Kette*.

Zur Illustration sei das aus historischen Gründen bekannte und in seiner idealisierten
Form besonders durchsichtige *Daniell-Element* beschrieben (Bild 30)!

Die Reaktionsgleichungen lauten:

$$Cu^{2+} + 2\,e \rightleftarrows Cu$$
$$\underline{\phantom{Cu^{2+}}Zn \rightleftarrows Zn^{2+} + 2\,e}$$
$$Cu^{2+} + Zn \rightleftarrows Cu + Zn^{2+}$$

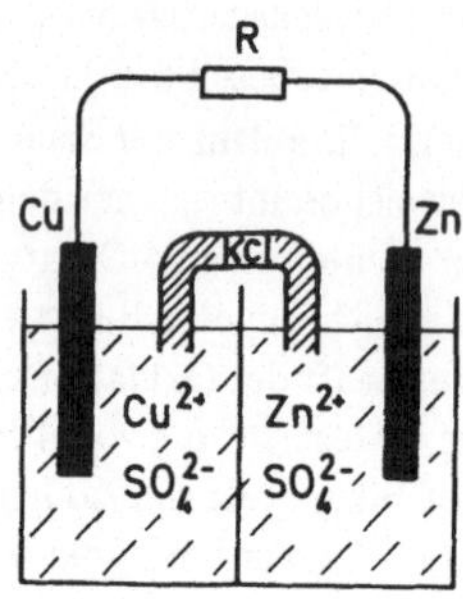

Bild 30. *Daniell*-Element

In der Kurzschreibweise der Elektrochemie gibt man stattdessen den in der Kette
vorhandenen Phasengrenzen durch Querstriche Ausdruck:

$$Cu^{2+}(aq)/Cu$$
$$Zn/Zn^{2+}(aq)$$
$$\overline{Zn/Zn^{2+}(aq)//Cu^{2+}(aq)/Cu}$$

In der linken Zelle taucht ein Kupferstab (Kupfer-*Elektrode*) in eine Lösung von
Kupfersulfat, in der rechten ein Zinkstab (Zink-*Elektrode*) in eine Lösung von
Zinksulfat. Wenn die Reaktion von links nach rechts läuft, dann gehen aus der
Zinkelektrode Zinkatome als Zinkionen in Lösung, und in demselbem Maße
scheiden sich Kupferionen am Kupferstab ab. Die durch das Auflösen von Zink
freiwerdenden Elektronen wandern durch einen Draht zum Kupferstab, wo sie bei
der Abscheidung von Kupfer benötigt werden. Der gesamte Kreislauf wird erst dadurch geschlossen, daß der in der linken Zelle entstehende Unterschuß und der in
der rechten Zelle entstehende Überschuß an Kationenladung ausgeglichen wird.

Dieser Ausgleich kann so erfolgen, daß man die beiden Zellen lediglich durch eine
poröse, *halbdurchlässige* oder *semipermeable* Wand voneinander trennt. Eine solche
Wand ist dicht genug, um eine Vermischung der Zn^{2+}- und der Cu^{2+}-Ionen durch
thermische Diffusion zu verhindern. Die Wand ist jedoch so porös, daß sie den
Durchtritt von Zn^{2+}-Ionen in die Kupferzelle oder von SO_4^{2-}-Ionen in die Zinkzelle
erlaubt, wenn zu den thermischen Diffusionspotentialen die viel größeren elektrischen Diffusions-Potentiale nach Ingangsetzen der Reaktion treten. Würde man
die Zellen überhaupt nicht trennen und dadurch die Durchmischung der Cu^{2+}-
und Zn^{2+}-Ionen erlauben, dann würde unsere Redoxreaktion ebenfalls ablaufen;
die Cu^{2+}-Ionen würden sich aber nicht am Kupferstab, sondern direkt am Zinkstab
abscheiden, da sie dort die nötigen Elektronen ohne den Umweg über den Draht
und die dazu nötige Leistung elektrischer Arbeit in Empfang nehmen könnten.

Der Zinkstab würde sich also mit einer Kupferschicht überziehen, und die Redoxreaktion käme dann zum Stillstand, wenn Zinkionen durch die dichte Kupferschicht hindurch nicht mehr in die Lösung wandern könnten.

Der Ladungsausgleich im Daniellschen Element kann auch über einen *Stromschlüssel*
erfolgen, das ist ein U-förmig gebogenes Rohr, das mit einem in eine gallertartige
Masse eingebetteten Salz gefüllt ist. Die gallertartige Masse verhindert die thermische
Durchmischung des Salzes mit den in beiden Zellen gelösten Salzen. Bei der Inbetriebnahme der Kette, also bei Einsetzen des Stromflusses durch den Draht, wandern
die Anionen aus dem Stromschlüssel in die Zinkzelle und die Kationen aus dem
Stromschlüssel in die Kupferzelle und stellen so den Ladungsausgleich her. Der
Vorteil des Stromschlüssels ist es, daß man ein Salz wie KCl darin einbetten kann,
bei dem das Kation und das Anion ungefähr die gleiche Ionenwanderungsge-
schwindigkeit haben; wenn dies der Fall ist, resultieren aus dem Unterschied in
der Wanderungsgeschwindigkeit der Ionen keine sog. *Flüssigkeitspotentiale,* und
die von der Galvanischen Kette am elektrischen Widerstand R maximal leistbare
Arbeit entspricht vollständig der Affinität der der Kette zugrundeliegenden Redoxreaktion.

Die Einschränkung *maximal leistbare Arbeit* ist nötig, weil ein im allgemeinen geringer Teil der Triebkraft der Redoxreaktion für den Transport von Ionenladungen
im Inneren der Kette verbraucht wird. Die fiktive *maximale Arbeit* wird daher nur
geleistet, wenn die Redoxreaktion unendlich langsam abläuft bzw. wenn das zur
Leistung der elektrischen Arbeit nötige elektrische Potential, das am Widerstand R
(Bild 30) anliegt, stromlos gemessen wird. Eine solche stromlose Messung gelingt
mithilfe der Poggendorfschen Kompensationsschaltung (s. Lehrbücher der Physik).
Das stromlos gemessene elektrische Potential einer Galvanischen Kette heißt dann
seine *Elektromotorische Kraft* („EMK", Symbol: E), wenn in allen Phasen und
an allen Phasengrenzen der Kette Gleichgewicht herrscht außer an der Grenze
zwischen den Elektrolytlösungen.

Die beim Formelumsatz transportierte Ladung beträgt $L \cdot n \cdot e = F \cdot n =$
$96486{,}70 \cdot n$ C mol^{-1}; F heißt *Faraday-Konstante.* Die Thermodynamik lehrt,
daß die Affinität einer Redoxreaktion mit der EMK wie folgt zusammenhängt:

$$A = n \cdot F \cdot E$$

Die Anwendung der Gleichung für A aus Abschnitt 4.3 ergibt dann für die EMK:

$$E = \frac{A}{nF} = \frac{RT}{nF} \ln \prod_i \frac{\bar{b}_i^{\,\nu_i}}{b_i^{\dagger \nu_i}} - \frac{RT}{nF} \ln \prod_i \frac{b_i^{\,\nu_i}}{b_i^{\dagger \nu_i}}$$

$$= \frac{RT}{nF} \ln \frac{K}{K^\dagger} - \frac{RT}{nF} \ln \prod_i \frac{b_i^{\,\nu_i}}{b_i^{\dagger \nu_i}}$$

Setzen wir für die Gaskonstante R den Wert 8,31434 J K^{-1} mol^{-1}, für T die der
Zimmertemperatur von 25 °C entsprechende Temperatur und für F den o. a. Zahlenwert ein, gehen wir weiterhin zum dekadischen Logarithmus über und unterschlagen

wir (wie es oben schon mehrfach – nicht ganz korrekterweise – geschehen ist) die
nur aus Dimensionsgründen eingeführten gekreuzten Größen, so ergibt sich für die
EMK die Gleichung:

$$E = \frac{0{,}05916}{n} \log K - \frac{0{,}05916}{n} \log \prod_i b_i{}^{\nu_i} \approx E^0 - \frac{0{,}05916}{n} \log \prod_i b_i{}^{\nu_i}$$

E^0 versteht sich als die *Standard*-EMK, das ist die EMK, die vorliegt, wenn alle
gelösten Reaktanden der Redoxreaktion in den Einheiten der Konzentration vorliegen. Wegen der Proportionalität von E^0 und log K sind EMK-Messungen ein
gutes Mittel, um die Konstanten K von Redoxreaktionen zu bestimmen, was
dann besonders wichtig wird, wenn bei Extremwerten von K die Gleichgewichtskonzentrationen experimentell nicht genau zugänglich sind.

Speziell für das *Daniell*-Element schreibt sich die Gleichung für die EMK in folgender Form:

$$E = 1{,}10 - 0{,}02958 \log \frac{[\mathrm{Zn}^{2+}]}{[\mathrm{Cu}^{2+}]} \ \mathrm{V}$$

Bezüglich der festen Phasen in der zugrundeliegenden Redoxreaktion verfährt man
also genau so, wie es im Abschnitt 4.4.4 allgemein angegeben wurde.

Das Vorzeichen der EMK wurde so gewählt, daß die Galvanische Kette elektrische
Arbeit leisten kann, wenn E positiv ist. Ist die dem Element zugrundeliegende
Redoxreaktion zum Gleichgewicht gekommen, dann verschwindet E. Wenn man
die beiden Zellen einer solchen Kette an einen Generator anschließt, dann kehrt
sich bei genügend großer Generatorspannung die Redoxreaktion um, und die Kette
wird *aufgeladen;* beispielsweise geht im Falle des *Daniell*-Elements beim Laden
Kupfer in Lösung und Zink scheidet sich ab, und das Vorzeichen von E ist negativ.

6.2.2. Andere Galvanische Ketten

Die für das *Daniell*-Element aufgezeigten Zusammenhänge gelten im Prinzip für
alle Galvanische Ketten.

Gaselektroden

Sind Gase an der Redoxgleichung beteiligt, so setzt man in die Gleichung für die
EMK den Gasdruck ein, und E^0 bezieht sich auf den Standarddruck von 1 atm
des betreffenden Gases.

Experimentell wird eine galvanische Gaszelle verwirklicht, indem man den Draht,
der die beiden Zellen der Gesamtkette verbindet, in die Gaszelle als Elektrode ein-
führt und mit dem Gas gegebenen Drucks umspült. Die Elektrode sollte eine möglichst große Oberfläche haben, damit das Gas an ihr leicht adsorbiert oder noch
besser im Oberflächenbereich unter Mischkristallbildung gelöst werden kann. Bei
der Inbetriebnahme der Kette nimmt die Elektrode Elektronen aus dem reduzierenden Gas (z. B. H_2) auf bzw. sie führt dem oxidierenden Gas (z. B. Cl_2) Elektronen
zu oder umgekehrt, falls das betreffende Gas nicht gelöst, sondern abgeschieden
wird.

Im allgemeinen treten an Gaselektroden Zusatzpotentiale auf, die die der Kette entnehmbare Spannung vermindern. Diese Potentiale, die man unter dem Begriff *Überspannung* zusammenfaßt, bestehen in einer Behinderung einer oder mehrerer Teilreaktionen der Reaktion zwischen dem Gas und der Lösung in der Gaszelle. Soll z. B. in der sog. *Wasserstoff-Elektrode* molekularer Wasserstoff H_2 in die Wasserstoffionen H^+ einer wäßrigen Lösung übergehen, dann muß das Molekül H_2 an der Elektrode adsorbiert, in die Atome zerlegt, in das Kation überführt und dann wieder desorbiert werden; die Gesamtreaktion hat also einen mehrstufigen, im einzelnen experimentell nur schwer zugänglichen Mechanismus. Die Überspannung hängt in charakteristischer Weise vom Elektrodenmaterial ab. Im Falle von Platin-Elektroden ist die Überspannung für viele Gase sehr gering, und im Falle von Wasserstoff verschwindet die Überspannung praktisch ganz, wenn man die Platin-Oberfläche besonders groß macht (*platiniertes Platin*). Die Überspannung kann eine erhebliche praktische Bedeutung haben, wie unten noch erläutert wird.

Bleiakkumulator

Während die EMK des *Daniell*-Elements oder von Elementen, an denen Gaselektroden beteiligt sind, von der Konzentration bzw. vom Druck beteiligter Reduktionsmittel oder Oxidationsmittel abhängt, verschwindet eine solche Abhängigkeit, wenn nur feste Phasen die Redoxpartner sind; eine Trennung der Kette in 2 Zellen ist dann nicht mehr nötig. Ein wichtiges Beispiel hierfür bietet der Bleiakkumulator, dem folgende Redoxgleichung zugrunde liegt:

$$PbO_2 + Pb + 2\,H^+ + 2\,HSO_4^- \;\rightarrow\; 2\,PbSO_4 + 2\,H_2O$$

Hier ist $Ox_1 = PbO_2$, $Ox_2 = Rd_1 = PbSO_4$ und $Rd_2 = Pb$, das sind alles feste Phasen. In die Gleichung für die EMK geht lediglich die Konzentration an Schwefelsäure als Variable ein; mit $n = 2$ und mit c_0 als Symbol für die Gesamtmolarität der Schwefelsäure ergibt sich:

$$E = 1,93 + 0,059 \log[H^+][HSO_4^-] = 1,93 + 0,118 \log c_0 \; \text{V}$$

Theoretisch liefert der Bleiakkumulator — wie der Leser berechnen möge — keine Spannung mehr, wenn die Schwefelsäure so weit verbraucht ist, daß ihre Molarität nur noch $2,3 \cdot 10^{-16}$ mol l^{-1} beträgt; dieser Wert ist aber nicht nur wegen der gleich zu erläuternden Näherungen in der EMK-Gleichung, sondern auch deswegen nicht real, weil man praktisch die maximale EMK schon allein wegen der nur mit endlicher Geschwindigkeit ablaufenden Diffusion der gelösten Ionen nicht ausschöpfen kann, weil also die bei der Definition von E getroffene Bedingung der lokalen Gleichgewichte beim Betrieb des Akkus nie erfüllt ist. In der Praxis lädt man den Bleiakkumulator spätestens wieder auf, wenn seine Säurekonzentration auf etwa $2,4$ mol l^{-1} abgefallen ist. Man beachte, daß es nicht gleichgültig ist, in welcher Form man die Dissoziation der Schwefelsäure bedenkt; die oben implizierte ungefähre Gleichheit $c_0 \approx [H^+] \approx [HSO_4^-]$ gilt näherungsweise, weil H_2SO_4 als starke Säure praktisch vollständig und HSO_4^- als mittelstarke Säure zum überwiegenden

Teil nicht dissoziiert, so daß Moleküle H_2SO_4 praktisch nicht und Ionen SO_4^{2-} nur in geringem Maße vorliegen. Wesentlich gravierender als durch diese Näherung wird die Gültigkeit der EMK-Gleichung für den Bleiakkumulator dadurch eingeschränkt, daß wegen der hohen Konzentration an Säureionen die Gesetze idealer Lösungen nur gut erfüllt sind, wenn man statt der Molaritäten die Aktivitäten verwendet, sofern man die Aktivitätskoeffizienten kennt. Unsere EMK-Gleichung gilt also nur in gröbster Näherung.

Da zwischen c_0 der Schwefelsäure und ihrer Dichte ρ ein eindeutiger Zusammenhang besteht, kann man im Prinzip aufgrund einer Dichtemessung berechnen, wieviel Spannung der Bleiakkumulator ungefähr liefert, obgleich man sicherlich sehr viel genauer verfährt, wenn man sich nicht auf einen Zusammenhang zwischen E und c_0 stützt, den man – wie oben – aus einer allgemeineren Beziehung abgeleitet hat, sondern wenn man einen empirischen Zusammenhang heranzieht etwa der Form:

$$E = 1{,}85 + 0{,}917 \, (\rho\,(\text{Säure}) - \rho\,(\text{Wasser}))\;\text{V}$$

Das Funktionieren des Bleiakkumulators verdankt man der hohen Überspannung, durch die sich die Abscheidung von H_2 an Blei-Elektroden auszeichnet, sonst hätte man eine Redoxreaktion nach der Gleichung

$$H^+ + Pb + HSO_4^- \;\longrightarrow\; PbSO_4 + H_2$$

zu erwarten, deren Standard-EMK 0,302 V beträgt. Diese Reaktion würde dazu führen, daß sich die Bleiplatten des „Akkus" *zersetzen,* d. h. in festes, am Boden des Akkus liegendes Bleisulfat übergehen, ohne daß dem Akku Strom entnommen wird. Der Vorgang wäre *irreversibel,* d. h. man könnte den Akku durch Anschließen eines Generators nicht wieder aufladen, da der Wasserstoff dem Akku entwichen ist. Kleinere Wasserstoffverluste kann man jedoch hinnehmen, wenn man für die Anwesenheit einer ausreichenden Säuremenge sorgt. Glücklicherweise ist die Überspannung von H_2 an Blei so groß, daß die H_2-Entwicklung erst mit merklicher Geschwindigkeit abläuft, wenn die Säurekonzentration c_0 etwa den Wert 4 mol l^{-1} übersteigt. Voraussetzung für die hohe Überspannung und das Funktionieren des Bleiakkus ist es, daß die Bleielektroden frei von metallischen Verunreinigungen sind, an denen sich H_2 ohne große Überspannung abscheiden könnte, also vor allem frei von Platin oder auch von Gold.

Westonsches Normalelement

Die EMK der Redoxreaktion

$$Hg_2^{2+} + Cd \;\longrightarrow\; 2\,Hg + Cd^{2+}$$

macht man dadurch von den Konzentrationen an Metallionen unabhängig, daß man die Lösung in der Hg-Zelle durch Beifügen eines Bodenkörpers von Hg_2SO_4 an Hg_2^{2+}-Ionen sättigt, während man in der Cd-Zelle aus dem gleichen Grunde festes $CdSO_4 \cdot 2{,}7\,H_2O$ zugibt. Die EMK dieser Kette beträgt dann ohne merkliche Temperaturabhängigkeit genau 1,0187 V. Die Kette eignet sich zum Eichen anderer Ketten.

Trockenelemente

In der als Beispiel eines Trockenelements hier behandelten gewöhnlichen Taschenlampenbatterie wirkt ein Zinkblech-Zylinder als Anode und ein von Braunstein MnO_2 umgebener Graphitstab als Kathode; statt MnO_2 kann auch O_2, adsorbiert an Aktivkohle, als Ox_1 eingesetzt werden. Als Medium wirkt eine konzentrierte Ammoniumchlorid-Lösung, die durch den Zusatz von Gelatine so verfestigt worden ist, daß man von der Kette als von einem *Trockenelement* spricht. Die Redoxreaktion lautet:

$$MnO_2 + Zn + 4\,NH_4^+ \longrightarrow Mn^{2+} + Zn^{2+} + 4\,NH_3 + 2\,H_2O$$

Im Gegensatz zum Bleiakkumulator ist diese Redoxreaktion aus verschiedenen Gründen nicht reversibel; die Trockenbatterie muß also nach der Entladung verworfen werden.

Konzentrationsketten

Wir können uns zwei *Daniell*-Elemente so zusammengeschaltet denken, daß sich ihre Potentiale voneinander abziehen. Die Konzentration an Zn^{2+} möge in beiden Ketten die gleiche sein und die Konzentration von Cu^{2+} c_1 bzw. c_2 betragen. Dann kommt eine EMK der Gesamtkette lediglich aufgrund der Unterschiede in der Kupferionen-Konzentration zustande:

$$Zn/Zn^{2+}\cdot aq/Cu^{2+}(c_1)/Cu/Cu^{2+}(c_2)/Zn^{2+}\cdot aq/Zn$$

$$E = E_1 - E_2 = \left(E^0 - 0{,}0296 \log \frac{[Zn^{2+}]}{c_1} \right) - \left(E^0 - 0{,}0296 \log \frac{[Zn^{2+}]}{c_2} \right)$$

$$= 0{,}0296 \log \frac{c_1}{c_2}$$

Eine solche *Doppelkette* nennt man eine *Konzentrationskette ohne Überführung*. Lassen wir die Zinkzellen aus der Gesamtanordnung heraus, schalten wir also zwei Kupferzellen direkt zusammen, so kommen wir zu einem Beispiel für eine *Konzentrationskette mit Überführung*:

$$Cu/Cu^{2+}(c_1)//Cu^{2+}(c_2)/Cu$$

Sieht man von Flüssigkeitspotentialen ab, dann gilt für die EMK die gleiche Beziehung wie für Konzentrationsketten ohne Überführung.

6.2.3. Halbketten

Man kann postulieren, daß es für jede Redox-Halbreaktion und damit für jede Zelle i in Galvanischen Ketten, also für jede *Halbkette i,* eine EMK ϵ_i geben müsse, so daß sich die EMK einer Kette als Summe aller beteiligten Halbketten-EMK darstellt. Für die allgemeine schematische Redoxreaktion von Abschnitt 6.1 gilt daher:

$$E = E^0 - \frac{0{,}059}{n} \log \frac{[\text{Ox}_2][\text{Rd}_1]}{[\text{Ox}_1][\text{Rd}_2]} = \epsilon_1^0 - \frac{0{,}059}{n} \log \frac{[\text{Rd}_1]}{[\text{Ox}_1]} - \epsilon_2^0 - \frac{0{,}059}{n} \log \frac{[\text{Ox}_2]}{[\text{Rd}_2]}$$

Stehen in der Redoxhalbreaktion die Elektronen auf der linken Seite, dann gilt:

$$\epsilon_i = \epsilon_i^0 - \frac{0{,}059}{n} \log \frac{[\text{Rd}_i]}{[\text{Ox}_i]}$$

Geht man von der einfachen schematischen zur allgemeinen Redox-Halbreaktion über, so steht hinter dem Logarithmus — wie üblich — das Produkt der Konzentrationen der beteiligten Reaktanden in der jeweils ν_i-ten Potenz.

Die Größen ϵ sind experimentell nicht zugänglich. Setzt man jedoch den Standardwert ϵ^0 der EMK einer beliebigen, experimentell gut reproduzierbaren Halbkette willkürlich gleich 0, so kann man die EMK aller anderen Halbketten relativ zu der willkürlich festgelegten EMK durch Messen der EMK der entsprechenden Gesamtkette bestimmen. Als Bezugselektrode hat man die *Normal-Wasserstoff-Elektrode* gewählt, deren Standard-EMK (H_2-Partialdruck: 1 atm; Aktivität von H^+: $1\ \text{mol}\,l^{-1}$; Elektrode aus platiniertem Platin) gleich 0 gesetzt wird; diese Vereinbarung soll für alle protischen Lösungsmittel, für jede Temperatur und für jeden Gesamtdruck gelten. Mißt man nunmehr die EMK von Halbketten relativ zur Wasserstoff-Elektrode und bezieht den Meßwert auf die Einheiten der Konzentration (genauer: Aktivität) bzw. des Drucks, so erhält man den *konventionellen Standardwert* ϵ^0 der EMK der betreffenden Halbkette; im Symbol braucht man zwischen dem konventionellen Standardwert und dem fiktiven Standardwert der EMK einer Halbkette nicht unbedingt zu unterscheiden, obgleich das manche Autoren tun; Zahlenangaben für ϵ^0 beziehen sich stets auf den konventionellen Standardwert.

Die in Tabellen notierten ϵ^0-Werte (s. z. B. Bild 31 und Bild 32) gelten, wenn keine besonderen Angaben dabeistehen, für eine Temperatur von 25 °C und für das Lösungsmittel Wasser. In den tabellierten Redox-Halbreaktionen sollen die Elektronen immer bei den Edukten stehen. Will man die EMK einer Gesamtreaktion gewinnen, so notiert man bei einer der beiden Halbreaktionen die Elektronen bei den Produkten; der aus Tabellen entnommene ϵ^0-Wert dieser Halbreaktion muß daher eine Vorzeichenumkehr erfahren, bevor man ihn zum ϵ^0-Wert der zweiten Teilreaktion addiert. Stattdessen in scheinbar größerer Einfachheit zu sagen, der Tabellenwert von ϵ^0 der zweiten Halbreaktion werde von dem der ersten Halbreaktion subtrahiert, wird hier mit Absicht vermieden, da wir mit den ϵ^0-Werten genau so verfahren wollen, wie wir oben mit den zu ihnen proportionalen p_K-Werten bzw. mit den MWG-Konstanten verfahren sind: Der p_K-Wert bzw. der K-Wert einer Gesamtreaktion ergibt sich durch Addition der p_K-Werte bzw. durch Multiplikation der K-Werte der Teilreaktionen. Die hier gegebene Konvention ist auf jene grundlegende Konvention zurückzuführen, die die Vorzeichen der stöchiometrischen Zahlen von Produkten und Edukten regelt. Im übrigen beziehen sich die Tabellenwerte von ϵ^0 grundsätzlich auf den Umsatz von 1 mol Elektronen, auch wenn der in der Halbgleichung notierte kleinste Satz ganzer stöchiometrischer Zahlen mit dem Umsatz von mehr als 1 mol Elektronen verknüpft ist.

Dieser letzte Sachverhalt sei durch ein Beispiel illustriert! Man findet in Bild 31 für die Halbketten Fe^{2+}/Fe und Fe^{3+}/Fe^{2+} die konventionellen Standardwerte der EMK mit $-0,41$ V und $0,77$ V angegeben. Will man hieraus den ϵ^0-Wert der Kette Fe^{3+}/Fe ermitteln, so hat man im Sinne der folgenden Gleichungen die ϵ^0Werte zunächst zu erweitern, so daß sich für die Kette Fe^{3+}/Fe der Wert $-0,02$ V ergibt:

$$
\begin{array}{llr}
Fe^{2+} + 2\,e \; \longrightarrow \; Fe & -0,82\,V \\
Fe^{3+} + \; e \; \longrightarrow \; Fe^{2+} & 0,77\,V \\
\hline
Fe^{3+} + 3\,e \; \longrightarrow \; Fe & -0,05\,V
\end{array}
\qquad
\begin{array}{llr}
\tfrac{1}{2} Fe^{2+} + e \; \longrightarrow \; \tfrac{1}{2} Fe & -0,41\,V \\
Fe^{3+} + e \; \longrightarrow \; Fe^{2+} & 0,77\,V \\
\hline
\tfrac{1}{3} Fe^{3+} + e \; \longrightarrow \; \tfrac{1}{3} Fe & -0,02\,V
\end{array}
$$

Eine Tabelle von ϵ^0-Werten, die nach steigender Größe angeordnet sind, heißt *Spannungsreihe*. Man sagt, die in der Spannungsreihe als Edukte stehenden Oxidationsmittel seien umso *stärker*, je positiver ϵ^0 ist, und umgekehrt verhält es sich bei den Reduktionsmitteln. Die Verhältnisse werden in Abschnitt 6.3 noch einmal systematisch behandelt.

Es ist zweckmäßig, zwischen einfachen und komplizierten Redox-Halbreaktionen zu unterscheiden. An einfachen Redox-Halbreaktionen sind nur 2 Komponenten beteiligt, z. B. ein metallisches Element und das entsprechende Kation oder ein Gas und das entsprechende Ion oder auch zwei Kationen verschiedener Ladung des gleichen Metalls (Bild 31). Komplizierte Redox-Halbreaktionen betreffen mehr als 2 Komponenten (Bild 32).

Von spezieller Bedeutung sind jene Halbreaktionen, an denen feste Phasen beteiligt sind. Ein Beispiel hierfür bietet eine Bleielektrode in einer Sulfatlösung über festem Bleisulfat. Den Wert ϵ_2^0 einer solchen Halbkette ermittelt man aus dem Wert ϵ_1 einer Bleielektrode, die in eine Lösung von Blei(II)-Ionen eintaucht, indem man in den Ansatz für ϵ_1 die dem Löslichkeitsprodukt von $PbSO_4$ entsprechende Konzentration an Pb^{2+} und für die Konzentration an SO_4^{2-} den Wert 1 mol l^{-1} einsetzt:

$$
\epsilon_1 = \epsilon_1^0 - \frac{0,0592}{2} \log \frac{1}{[Pb^{2+}]} = -0,1265 - 0,0296 \log \frac{[SO_4^{2-}]}{L} =
$$

$$
= -0,1265 - 0,0296 \log 10^{7,86} = -0,359\,V = \epsilon_2^0
$$

Die zugrundeliegenden Reaktionsgleichungen lauten:

$$
\begin{array}{lll}
Pb^{2+} + 2\,e \; \longrightarrow \; Pb & \quad \epsilon_1^0 = -0,1265\,V \\
PbSO_4 \; \longrightarrow \; Pb^{2+} + SO_4^{2-} & \\
\hline
PbSO_4 + 2\,e \; \longrightarrow \; Pb + SO_4^{2-} & \quad \epsilon_2^0 = -0,359\,V
\end{array}
$$

Der Auflösung von Bleisulfat kann man formal einen Wert ϵ_3^0 gemäß

$$
\epsilon_3^0 = \epsilon_2^0 - \epsilon_1^0 = -0,2325\,V
$$

zuordnen, aus dem sich – in Umkehrung der Verfahrensweise vom letzten Absatz –
das Löslichkeitsprodukt von $PbSO_4$ berechnen lassen muß:

$$\epsilon_3^0 = \frac{0{,}0592}{2} \log L \qquad \text{und} \qquad L = 10^{-7{,}86}\,\text{mol}^2\,\text{l}^{-2}$$

Praktisch sind EMK-Messungen an Ketten, die Halbketten enthalten von einer Art,
wie sie den genannten Potentialen ϵ_1^0 bzw. ϵ_2^0 zugrundeliegen, ein gutes Mittel,
um Löslichkeitsprodukte zu bestimmen. Die zweite Halbkette, die an einer derartigen EMK-Messung beteiligt ist, muß dabei ein wohlbekanntes Standard-Poten-
tial haben. Handelt es sich bei dieser Elektrode beispielsweise um die Normalwasserstoffelektrode, so pflegen die Elektrochemiker die gesamte Kette – etwa
im Falle von ϵ_2^0 – wie folgt aufzuschreiben ($E = 0{,}359\,\text{V}$):

$$Pb\,/\,PbSO_4\,/\,SO_4^{2-}\,/\!/\,H^+\,/\,H_2,\ Pt$$

Halbketten mit 2 festen Phasen sind im allgemeinen experimentell leichter zu
realisieren als Gaselektroden vom Typ der Normalwasserstoffelektrode. Als Beispiel sei noch die *Kalomel-Elektrode* erwähnt, bei der Quecksilber von festem,
schwerlöslichem Hg_2Cl_2 („Kalomel") und einer wäßrigen Chloridlösung über-
schichtet ist. Die Reaktionsgleichung und der Ansatz für das Potential dieser Halbkette lauten:

$$Hg_2Cl_2 + 2\,e \ \longrightarrow\ 2\,Hg + 2\,Cl^-; \quad \epsilon = 0{,}269 - 0{,}0592 \log [Cl^-]$$

Zum Schluß sei die Kopplung einer Redox-Halbreaktion mit einer Brönstedschen
Säure-Base-Reaktion am Beispiel der Elektrode $PbSO_4\,/\,Pb\,/\,SO_4^{2-}$ erläutert! Das
Problem möge lauten: Man bestimme den Wert ϵ_4^0 der folgenden Gesamtreaktion
aus $\epsilon_2^0 = 0{,}359\,\text{V}$ (s. o.) und der 2. Säurekonstanten der Schwefelsäure ($p_{KA} = 1{,}92$)!

$$
\begin{array}{rcl}
PbSO_4 + 2\,e & \longrightarrow & Pb + SO_4^{2-} \\
SO_4^{2-} + H^+ & \longrightarrow & HSO_4^- \\
\hline
PbSO_4 + H^+ + 2\,e & \longrightarrow & Pb + HSO_4^-
\end{array}
$$

Es ist:

$$\epsilon_4^0 - \epsilon_2^0 = \frac{0{,}0592}{2} \log \frac{1}{K_A} = 0{,}0296\,p_{KA}$$

und hieraus:

$$\epsilon_4^0 = -0{,}302\,\text{V}$$

6.3. Anwendung des Redoxbegriffs

6.3.1. Redoxreaktionen in protischen Systemen

In protischen Systemen kann man von der Konvention über die EMK von Halbketten
Gebrauch machen und zur Beschreibung der Affinität von Redoxreaktionen die elek-

trochemische Begriffswelt heranziehen. In Bild 31 sind die konventionellen Standardwerte der EMK einer beschränkten Auswahl von einfachen Halbketten mit steigenden Werten von ϵ^0 notiert. In dieser *Spannungsreihe* steigt das Oxidationsvermögen von Ox bzw. sinkt das Reduktionsvermögen von Rd in der entsprechenden Halbreaktion von oben nach unten. Die Metalle in der Spannungsreihe, die stärkere Reduktionsmittel sind als der Wasserstoff, nennt man *unedle Metalle;* in der Anordnung von Bild 31 stehen die unedlen Metalle oben, die edlen unten.

Die in Bild 31 angegebenen ϵ^0-Werte beziehen sich auf die in Abschnitt 6.2 angegebenen sehr speziellen Versuchsbedingungen, also auf eine Kette, in deren Phasen und an deren Phasengrenzen – die Phasengrenze zwischen den Elektrolyten beider Halbketten ausgenommen – Gleichgewicht besteht und der man nahezu keinen Strom entnimmt; ferner beziehen sich die ϵ^0-Werte auf wäßrige Lösungen bei 25 °C und auf die Aktivitäten 1 mol l^{-1} aller gelösten Reaktanden. Für die praktische Chemie außerhalb der Elektrochemie hat die Spannungsreihe in quantitativer Hinsicht keine große Bedeutung, da man es mit jenen speziellen Bedingungen in der Praxis selten zu tun hat. Für eine qualitative Abschätzung des Ablaufs einer Redoxreaktion ist die Spannungsreihe dagegen sehr nützlich.

Die qualitative Anwendung der Spannungsreihe sei für die Reaktion der Metalle mit H$^+$-Ionen erläutert! Es ist für den Chemiker wichtig zu wissen, welche Metalle sich in Säuren lösen und wie stark die betreffenden Säuren sein müssen. Bei dieser Fragestellung hat man es also mit der Redoxreaktion

$$n\mathrm{H}^+ + \mathrm{M} \to \frac{n}{2}\,\mathrm{H}_2 + \mathrm{M}^{n+}$$

zu tun. Ohne daß man eine Kette mit einer von Wasserstoffgas umspülten Platinelektrode aufbaut und sie gegen eine Elektrode von M in einer Lösung

Li$^+$	+	e	→ Li	−3,05
K$^+$	+	e	→ K	−2,93
Ca^{2+}	+	2 e	→ Ca	−2,87
Na$^+$	+	e	→ Na	−2,71
Mg^{2+}	+	2 e	→ Mg	−2,37
Al^{3+}	+	3 e	→ Al	−1,66
Mn^{2+}	+	2 e	→ Mn	−1,19
Zn^{2+}	+	2 e	→ Zn	−0,76
Cr^{3+}	+	3 e	→ Cr	−0,74
Cr^{3+}	+	e	→ Cr^{2+}	−0,41
Fe^{2+}	+	2 e	→ Fe	−0,41
Co^{2+}	+	2 e	→ Co	−0,28
Ni^{2+}	+	2 e	→ Ni	−0,23
Sn^{2+}	+	2 e	→ Sn	−0,14
Pb^{2+}	+	2 e	→ Pb	−0,13
2 H$^+$	+	2 e	→ H$_2$	0
Cu^{2+}	+	e	→ Cu$^+$	0,15
S$_4$O$_6^{2-}$	+	2 e	→ 2 S$_2$O$_3^{2-}$	0,29
Cu^{2+}	+	2 e	→ Cu	0,34
I$_2$	+	2 e	→ 2 I$^-$	0,54
Fe^{3+}	+	e	→ Fe^{2+}	0,77
Ag$^+$	+	e	→ Ag	0,80
Hg^{2+}	+	2 e	→ Hg	0,85
2 Hg^{2+}	+	2 e	→ Hg$_2^{2+}$	0,91
Br$_2$	+	2 e	→ 2 Br$^-$	1,07
Pt^{2+}	+	2 e	→ Pt	1,20
Cl$_2$	+	2 e	→ 2 Cl$^-$	1,36
Au^{3+}	+	2 e	→ Au$^+$	1,41
Au^{3+}	+	3 e	→ Au	1,50
Co^{3+}	+	e	→ Co^{2+}	1,82
F$_2$	+	2 e	→ 2 F$^-$	2,85

Bild 31. Konventionelle ϵ^0-Werte einiger einfacher Halbketten in wäßriger Lösung bei 25 °C in Volt (Spannungsreihe)

von M^{n+} schaltet, kann man abschätzen, daß sich alle unedlen Metalle in Säuren unter Wasserstoffentwicklung auflösen, nicht aber die edlen Metalle. Diese Abschätzung stimmt mit der Erfahrung in hervorragendem Maße überein. Daß sich das unedle Blei in verdünnter Säure nicht löst, haben wir oben schon als eine Folge der Überspannung von Wasserstoff an Blei kennengelernt. Die stark reduzierenden Metalle lösen sich bereits in schwachen Säuren. Die Alkalimetalle beispielsweise reagieren heftig mit einer so schwachen Säure wie Wasser, eine Reaktion, die nicht ungefährlich ist, da der bei der Reaktion entstehende Wasserstoff mit dem Sauerstoff der Luft ein explosives Gemisch, das sog. Knallgas, bildet, das im Falle größerer Mengen an umgesetztem Metall durch die bei der Reaktion des Metalls entstehende Wärme gezündet werden kann.

Man beachte, daß die ϵ^0-Werte der Alkalimetalle nicht parallel mit den Ionisierungsenergien I verlaufen. Dies ist auch nicht zu erwarten, da man die einem ϵ^0-Wert zugrundeliegenden Halbreaktion in die Sublimation des Metalls, die Ionisierung zu einem gasförmigen Metallkation und dessen Hydratation zerlegen kann. Wenn auch die Ionisierungsenergie beim Lithium am größten ist, so wird umgekehrt bei der Hydratation im Falle des unter den Alkalimetall-Kationen kleinsten Lithiumkations die meiste Energie gewonnen, und dieser letzte Energiebetrag verhilft dem Lithium zu seiner Spitzenstellung in der Spannungsreihe. Im Falle der Halogene lehrt die Spannungsreihe, daß es sich bei ihnen um Oxidationsmittel handelt, deren Oxidations-Affinität vom Iod zum Fluor hin steigt. Der Gang der ϵ^0-Werte verläuft also vom Chlor zum Iod hin so, wie es die Elektronenaffinitäten erwarten lassen; die Spitzenstellung von Fluor ist u. a. als eine Folge der Wasserstoffbrücken-Bindungen zwischen Wasser und dem Fluorid-Ion, also als eine Folge der relativ großen Hydratations-Energie des Fluorid-Ions anzusehen.

$[Al(OH)_4]^- + 3\,e$	$\longrightarrow Al + 4\,OH^-$	$-2{,}35$
$[Zn(OH)_4]^{2-} + 2\,e$	$\longrightarrow Zn + 4\,OH^-$	$-1{,}22$
$Hg_2Cl_2 + 2\,e$	$\longrightarrow 2\,Hg + 2\,Cl^-$	$0{,}27$
$2\,SO_4^{2-} + 10\,H^+ + 8\,e$	$\longrightarrow S_2O_3^{2-} + 5\,H_2O$	$0{,}29$
$O_2 + 2\,H^+ + 2\,e$	$\longrightarrow H_2O_2$	$0{,}68$
$NO_3^- + 4\,H^+ + 3\,e$	$\longrightarrow NO + 2\,H_2O$	$0{,}96$
$O_2 + 4\,H^+ + 4\,e$	$\longrightarrow 2\,H_2O$	$1{,}23$
$Cr_2O_7^{2-} + 14\,H^+ + 6\,e$	$\longrightarrow 2\,Cr^{3+} + 7\,H_2O$	$1{,}36$
$BrO_3^- + 6\,H^+ + 6\,e$	$\longrightarrow Br^- + 3\,H_2O$	$1{,}44$
$PbO_2 + 4\,H^+ + 2\,e$	$\longrightarrow Pb^{2+} + 2\,H_2O$	$1{,}46$
$MnO_4^- + 8\,H^+ + 5\,e$	$\longrightarrow Mn^{2+} + 4\,H_2O$	$1{,}51$
$H_2O_2 + 2\,H^+ + 2\,e$	$\longrightarrow 2\,H_2O$	$1{,}77$
$O_3 + 2\,H^+ + 2\,e$	$\longrightarrow O_2 + H_2O$	$2{,}07$
$H_4XeO_6 + 2\,H^+ + 2\,e$	$\longrightarrow XeO_3 + 3\,H_2O$	$3{,}00$

Bild 32
Konventionelle ϵ^0-Werte einiger komplizierter Halbketten in wäßriger Lösung bei 25 °C in Volt (Spannungsreihe)

Wenden wir uns jetzt noch den komplizierten Halbreaktionen zu, an denen mehr als 2 Reaktanden beteiligt sind. In Bild 32 findet sich eine Auswahl von ϵ^0-Werten für praktisch wichtige komplizierte Halbreaktionen, wobei — wie in Bild 31 — die Oxidationsaffinität der beteiligten Oxidationsmittel von oben nach unten und die Reduktionsaffinität der beteiligten Reduktionsmittel von unten nach oben steigt.

Die beiden obersten ϵ^0-Werte in Bild 32 beziehen sich definitionsgemäß auf Lösungen vom p_H-Wert 14, der dritte ϵ^0-Wert hängt vom p_H-Wert nicht ab, die übrigen ϵ^0-Werte gelten für den p_H-Wert 0.

Während an Bild 31 abgelesen werden kann, daß sich Metalle wie Al oder Zn in Säuren unter Wasserstoff-Entwicklung auflösen, folgt aus Bild 32, daß sich diese Metalle auch in Basen lösen. Die treibende Kraft hierfür liegt in der sehr günstigen Bildung der Hydroxo-Komplexe begründet, hängt also mit dem amphoteren Charakter der Hydroxide von Zn und Al zusammen. Die Auflösung eines Metalls in Basen läßt sich als eine Verknüpfung einfacher Reaktionen in der folgenden Weise verstehen, wie für Al gezeigt sei:

$$Al^{3+} + 3\,e \longrightarrow Al \qquad\qquad \epsilon_1^0 = -1{,}66\,V$$

$$[Al(OH)_4]^- \longrightarrow Al^{3+} + 4\,OH^-$$

$$\overline{[Al(OH)_4]^- + 3\,e \longrightarrow Al + 4\,OH^-} \qquad \epsilon_2^0 = -2{,}35\,V$$

Die Komplexbildungskonstante K_K für die Bildung von $[Al(OH)_4]^-$ berechnet sich wie folgt:

$$\epsilon_1 = \epsilon_1^0 - \frac{0{,}0592}{3}\log\frac{1}{[Al^{3+}]} = \epsilon_1^0 - \frac{0{,}0592}{3}\log\frac{K_K[OH^-]^4}{[[Al(OH)_4]^-]}$$

Mit $[OH^-] = [[Al(OH)_4]^{2-}] = 1\;mol\;l^{-1}$ wird ϵ_1 zu ϵ_2^0, und es folgt:

$$-2{,}35 = -1{,}66 - \frac{0{,}0592}{3}\log K_K \qquad und \qquad K_K \approx 10^{35}\;mol^{-4}\,l^4$$

Im Gegensatz zum Tetrahydroxoaluminat existieren Ionen wie NO_3^-, BrO_3^- oder MnO_4^- oder Moleküle wie O_2 oder O_3 in saurer und in alkalischer Lösung, so daß sich die Frage erhebt, ob diese Stoffe in saurer oder in alkalischer Lösung stärkere Oxidationsmittel sind. Diese Frage kann man so lösen, daß man in den Ausdruck für die Konzentrationsabhängigkeit von ϵ_i alle Konzentrationen mit $1\;mol\;l^{-1}$ einsetzt außer die Konzentration an H^+, die $10^{-14}\;mol\;l^{-1}$ betragen möge; z. B. ergibt sich für das Oxidationspotential von O_2:

$$O_2 + 4\,H^+ + 4\,e \longrightarrow 2\,H_2O \qquad\qquad \epsilon_3^0 = 1{,}23\,V$$

$$4\,H_2O \longrightarrow 4\,H^+ + 4\,OH^-$$

$$\overline{O_2 + 2\,H_2O + 4\,e \longrightarrow 4\,OH^-} \qquad\qquad \epsilon_4^0$$

$$\epsilon_3 = \epsilon_3^0 - \frac{0{,}0592}{4}\log\frac{1}{[H^+]^4 \cdot p_{O_2}} = 1{,}23 - 0{,}0592 \cdot \log 10^{14} = 0{,}40\,V = \epsilon_4^0$$

Sauerstoff ist also in saurer Lösung ein erheblich stärkeres Oxidationsmittel als in alkalischer Lösung und das gleiche gilt für alle Oxidationsmittel in Redox-Halbreaktionen, bei denen Protonen auf der Seite von Ox oder Hydroxid-Ionen auf der Seite von Rd stehen. (Trotz der Richtigkeit dieser thermodynamischen Aussage führt man Oxidationen mit Sauerstoff vielfach in alkalischen Lösungen durch, falls die Triebkraft ausreicht; denn in alkalischen Lösungen reagiert der Sauerstoff trotz geringerer Triebkraft schneller als in Säuren.)

Statt des Operierens mit den Halbketten-EMK kann man unter Heranziehen des MWG auch wie folgt argumentieren: Gehören die Protonen bei einer Reaktion zu den Edukten, so führt die Erhöhung ihrer Gleichgewichtskonzentration zu einer Vergrößerung des Nenners im MWG-Ausdruck, der nur konstant bleiben kann, wenn die Gleichgewichtskonzentrationen der Produkte entsprechend zunehmen. Man sagt bei derartigen Reaktionen auch, die Erhöhung der Protonenkonzentration *verschiebe* das Gleichgewicht nach rechts. Gehören die Protonen zu den Produkten, dann argumentiert man umgekehrt. Man sagt dann auch, das Gleichgewicht verschiebe sich nach rechts, wenn man die Protonen durch den Zusatz von Hydroxylionen *abfängt.*

Anionen wie NO_3^- oder MnO_4^- sind so schwache Basen, daß sie auch im stark sauren p_H-Bereich kaum mit Protonen zusammentreten. Umgekehrt kann man auch sagen, HNO_3 und $HMnO_4$ sind so starke Säuren, daß sie in Wasser vollständig dissoziieren. Offenbar besteht zwischen der oxidierenden Wirkung der Salzsäure und der der Salpetersäure ein prinzipieller Unterschied: Das oxidierende Prinzip beider Säuren sind die H^+-Ionen, die – wie oben ausgeführt – zur Auflösung der unedlen Metalle Anlaß geben. In der Salpetersäure wirkt darüberhinaus noch das Nitrat-Ion oxidierend und zwar stärker als das Proton. Eine derartige Säure heißt *oxidierende Säure.* Ein Vergleich von Bild 31 und Bild 32 lehrt in Übereinstimmung mit der Erfahrung, daß sich das in Salzsäure nicht lösende Kupfer in Salpetersäure löst. Auch Silber löst sich in konzentrierter Salpetersäure, nicht aber Gold, so daß sich HNO_3 zur Trennung von Ag und Au eignet; aus diesem Grunde hieß die Salpetersäure früher *Scheidewasser.*

Während in der Salpetersäure zwei oxidierende Atome, nämlich $H(+1)$ und $N(+5)$, vereinigt sind, enthalten Stoffe wie das Wasser H_2O nebeneinander oxidierende und reduzierende Atome, nämlich $H(+1)$ und $O(-2)$; beispielsweise wird Wasser von Natrium reduziert, dagegen von Fluor oxidiert.

Atome in Molekülen oder freie Ionen, die sich durch eine mittlere Oxidationszahl auszeichnen, können sowohl zur Reduktion als auch zur Oxidation Veranlassung geben. Ein Beispiel stellt das H_2O_2 mit Sauerstoff der Oxidationszahl -1 dar: Mn^{2+} wird von H_2O_2 bis zum MnO_2 oxidiert (allerdings – wie sich der Leser selbst klar machen möge – nur in alkalischer Lösung!), während Co^{3+} von H_2O_2 zu Co^{2+} reduziert wird.

Wenn Ionen mit einer mittleren Oxidationszahl in freier oder gebundener Form zum einen Teil oxidierend und zum äquivalenten anderen Teil reduzierend auf-

einander einwirken, spricht man von *Disproportionierung;* in umgekehrter Richtung
nennt man die Reaktion *Komproportionierung.* Hierzu folgende Beispiele:

$$\begin{array}{lr}
Hg_2^{2+} + 2\,e \longrightarrow 2\,Hg & 0{,}79\ V \\
Hg_2^{2+} \longrightarrow 2\,Hg^{2+} + 2\,e & -0{,}91\ V \\
\hline
Hg_2^{2+} \longrightarrow Hg + Hg^{2+} & -0{,}12\ V
\end{array}$$

$$\begin{array}{lr}
Cl_2 + 2\,e \longrightarrow 2\,Cl^- & 1{,}36\ V \\
Cl_2 + 6\,H_2O \longrightarrow 2\,ClO_3^- + 12\,H^+ + 10\,e & -1{,}46\ V \\
\hline
3\,Cl_2 + 3\,H_2O \longrightarrow 5\,Cl^- + ClO_3^- + 6\,H^+ & -0{,}10\ V
\end{array}$$

$$\begin{array}{l}
3\,S_2F_2 + 6\,e \longrightarrow \frac{6}{8}\,S_8 + 6\,F^- \\
S_2F_2 + 6\,F^- \longrightarrow 2\,SF_4 + 6\,e \\
\hline
2\,S_2F_2 \longrightarrow \frac{3}{8}\,S_8 + SF_4
\end{array}$$

Die zuletzt aufgeführte Disproportionierung zeigt jene Grenzen auf, die der Anwendung der Spannungsreihe gesetzt sind: Das Gas SF_4 ist empfindlich gegen
protische Lösungsmittel, mit Wasser erleidet es rasch eine *Verseifung,* das ist hier
die Substitution von F gegen O zu SO_2; daher läßt sich mit SF_4 keine Halbkette
in einem protischen Mittel aufbauen und daher auch kein konventioneller Standardwert für diese Halbkette ermitteln. Die Zerlegung der Disproportionierung von
Stoffen wie S_2F_2 in Halbreaktionen hat mithin keine praktische Bedeutung!

Bevor wir zu aprotischen Systemen übergehen, sei noch angedeutet, wie sich die
Anwendung elektrochemischer Begriffe gestaltet, wenn man ein anderes Lösungsmittel als Wasser heranzieht, z. B. flüssiges Ammoniak! Hier ist die Standard-EMK
der Halbkette

$$2\,NH_4^+ + 2\,e \longrightarrow H_2 + 2\,NH_3$$

für jede Temperatur zu 0 V definiert. Zur Illustration der Verhältnisse sei die Aufgabe behandelt, die Standard-EMK dieser Halbkette für alkalische Lösungen bei
$-50\ ^\circ C$ auszurechnen, wenn der p_K-Wert der Eigendissoziation von Ammoniak
bei $-50\ ^\circ C$ mit $p_K = 30$ gegeben ist! Die der Aufgabe zugrundeliegende Reaktionsgleichung lautet:

$$2\,NH_3 + 2\,e \longrightarrow H_2 + 2\,NH_2^-$$

Der Wert ϵ_2^0 für diese Reaktion ist gleich dem Wert ϵ_1 der ersten Reaktion für den
Fall, daß die Amid-Ionen-Konzentration $1\ mol\ l^{-1}$ vorliegt. Bedenkt man, daß in
der EMK-Gleichung im Faktor vor dem Logarithmus die Temperatur enthalten ist,
so ergibt sich:

$$\epsilon_1 = \epsilon_1^0 - \frac{0{,}044}{2}\log\frac{p_{H_2}}{[NH_4^+]^2} = 0 - \frac{0{,}044}{2}\log\frac{p_{H_2}\cdot[NH_2^-]^2}{K^2} =$$

$$= 0{,}044\log K = -1{,}32\ V = \epsilon_2^0$$

In der Praxis verfährt man umgekehrt: man ermittelt den p_K-Wert von Ammoniak, indem man EMK-Messungen an Ketten des folgenden Typs durchführt (im Stromschlüssel zwischen den Potential-liefernden Phasengrenzen befindet sich eine KNO_3-Lösung):

$$Pt, \ H_2/NH_2^-(am)//KNO_3(am)//NH_4^+/H_2, \ Pt$$

Die Analogie zwischen Wasser und Ammoniak erstreckt sich auch auf Erscheinungen wie den Einfluß der Amphoterie auf Redoxpotentiale. Beispielsweise löst sich Zink als Reduktionsmittel in sauren Ammoniak-Lösungen unter H_2-Entwicklung auf. In Analogie zur wäßrigen Lösung sinkt die Affinität dieser Reaktion mit dem p_H-Wert (das ist in Ammoniak der negative Logarithmus der Konzentration an NH_4^+). In stark alkalischen Ammoniak-Lösungen steigt die Löslichkeit von Zink jedoch deswegen wieder an, weil durch die Vereinigung von Zn^{2+} mit NH_2^- zum Tetramidozinkat $[Zn(NH_2)_4]^{2-}$ zusätzlich zum eigentlichen Redoxprozeß Triebkraft gewonnen wird.

Eine weitere Analogie zwischen Ammoniak und Wasser besteht darin, daß Ammoniak gegenüber starken Oxidationsmitteln reduzierend wirkt, wobei Stickstoff der Oxidationszahl -3 in elementaren Stickstoff übergeht. Beispielsweise kann man Ammoniak in stark alkalischen Lösungen mit Nitrat oxidieren (KOH ist in Ammoniak schwer löslich):

$$5 \ NH_3 + 3 \ NO_3^- + 3 \ K^+ \longrightarrow N_2 + 3 \ NH_4^- + 3 \ NO_2^- + 3 \ KOH$$

6.3.2. Redoxreaktionen in aprotischen Systemen

Zu den Reaktionen in aprotischen Systemen gehören die vielen wichtigen Redoxreaktionen, an denen außer festen Phasen nur die Gasphase beteiligt ist, also beispielsweise die Zersetzung fester Halogenide, Chalkogenide usw. in die Elemente. Derartige Reaktionen lassen sich quantitativ mittels elektrochemischer Daten der Spannungsreihe nicht erfassen. Vielmehr greift man zu ihrer Beschreibung auf allgemeine thermodynamische Größen wie die Affinität bzw. die Gleichgewichtskonstante oder wie die Funktionen F, U und S bzw. G, H und S zurück.

Dies sei zunächst für das Beispiel der Zersetzung von Ag_2O in die Elemente bei 25 °C erläutert!

$$2 \ Ag_2O \longrightarrow 4 \ Ag + O_2$$

Die Affinität A^0 dieser Reaktion beträgt $-22 \ kJ \ mol^{-1}$ und die Gleichgewichtskonstante demnach:

$$K_p = \bar{p}_{O_2} = 1,3 \cdot 10^{-4} \ bar = 13 \ Pa$$

Das bedeutet, daß über festem Ag_2O in einem geschlossenen System bei 25 °C der Sauerstoff-Partialdruck 13 Pa ausmacht.

Redoxreaktionen, bei denen Metalloxide durch Reduktion mit Kohlenstoff in Metalle übergeführt werden, haben eine große technische Bedeutung. Der Kohlenstoff geht dabei – je nach der Temperatur – in CO oder CO_2 über. Folgende Reaktionsgleichungen sind – für die Oxide MO zweiwertiger Metalle als Beispiele – im Spiel:

$$MO + C \longrightarrow M + CO$$
$$2\,MO + C \longrightarrow 2\,M + CO_2$$
$$MO + CO \longrightarrow M + CO_2$$

Diese Reaktionsgleichungen lassen sich in experimentell realisierbare Teilgleichungen zerlegen:

$$2\,MO \longrightarrow 2\,M + O_2 \qquad -2\,A^0_{MO}$$
$$2\,C + O_2 \longrightarrow 2\,CO \qquad A^0_1$$
$$2\,CO + O_2 \longrightarrow 2\,CO_2 \qquad A^0_2$$
$$C + O_2 \longrightarrow CO_2 \qquad A^0_3$$

Dabei ergibt sich die Affinität A^0 einer der obigen Gesamtreaktionen als Summe der Affinitäten entsprechender Teilreaktionen; man beachte, daß A^0_3 das arithmetische Mittel von A^0_1 und A^0_2 sein muß!

Aus thermodynamischen Erwägungen folgt der von der Erfahrung bestätigte wichtige Satz, daß die A^0-Werte derartiger Reaktionen weitgehend linear von der Tem-

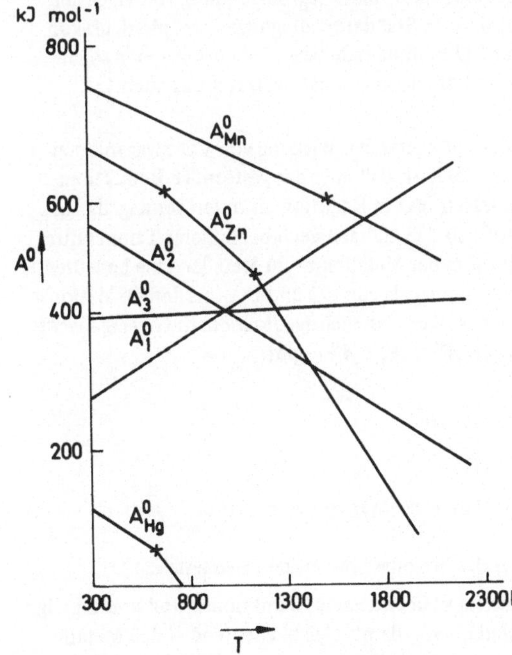

Bild 33

Bildungsaffinitäten A^0 für die Bildung von $CO\,(A^0_1)$, CO_2 (aus CO: A^0_2; aus C: A^0_3), $HgO\,(A^0_{Hg})$, $MnO\,(A^0_{Mn})$ und $ZnO\,(A^0_{Zn})$ aus den Elementen in Abhängigkeit von der Temperatur

peratur abhängen. In Bild 33 sind die Affinitäten A_1^0, A_2^0 und A_3^0 gegen die Temperatur aufgetragen und dem Temperaturverlauf der sich auf die Bildung von MO beziehenden Affinitäten A_M^0 für die Metalle Hg, Mn und Zn gegenübergestellt.

Die verschiedene Neigung von A_M^0 und A_2^0 einerseits und A_1^0 andererseits erklärt sich daraus, daß die Bildung von CO_2 aus CO und die Bildung von MO exotherme und exotrope Reaktionen sind, deren Affinität sich mit steigender Temperatur verringert, während die Bildung von CO eine exotherme und endotrope Reaktion ist, die mit steigender Temperatur günstiger wird; man beachte dabei, daß die Affinität im allgemeinen der negativen Freien Enthalpie proportional ist. Das aus der Summe der stöchiometrischen Zahlen der Gas-Reaktanden ableitbare Vorzeichen der Reaktionsentropie ergibt für die Bildung von CO_2 aus C, daß für diese exotherme Reaktion ein starker Entropieeinfluß und daher eine Temperaturabhängigkeit von A_3^0 kaum zu erwarten ist. Die Knicke in den Kurven für A_M^0 entsprechen übrigens den Schmelz- bzw. Siedepunkten der Metalle; die besondere Steilheit der Hochtemperaturbereiche von A_{Hg}^0 und A_{Zn}^0 sind ein Indiz für die starke Entropieänderung, wenn neben O_2 auch M der Gasphase angehört.

Eine Reduktion von MO zu M mit C oder CO hat dann eine positive Affinität und tritt unter Standardbedingungen bei jener Temperatur ein, bei der die betreffende Funktion A_M^0 kleiner wird als eine der Funktionen A_1^0, A_2^0 oder A_3^0. Wie man sieht, wird HgO von C und noch besser von CO reduziert, beidemal unter CO_2-Bildung; bei ca. 750 K erreicht die Gleichgewichtskonstante K_p der Bildung von HgO den Wert $1 \, bar^{-3}$ ($A_{Hg}^0 = 0$). MnO wird unter Standardbedingungen erst oberhalb von ca. 1700 K von Kohlenstoff unter CO-Bildung reduziert. ZnO erfährt eine solche Reduktion schon bei ca. 1200 K und oberhalb von ca. 1400 K wirkt auch CO reduzierend auf ZnO ein.

Man bedenke, daß die Affinität der reduzierenden Wirkung von CO zwar mit steigender Temperatur immer mehr zurücktritt, daß aber das gasförmige Reduktionsmittel CO viel schneller mit dem festen MO in Reaktion zu treten vermag als das feste Reduktionsmittel Kohlenstoff, so daß vielfach auch bei höherer Temperatur das Kohlenmonoxid bei der Reduktion der Metalloxide zu Metallen eine bedeutende Rolle spielt. Zur Diskussion des Wechselspiels von CO und CO_2 als den Oxidationsprodukten von Kohlenstoff kann man auch das wichtige *Boudouard-Gleichgewicht* heranziehen, dessen Affinität sich zu $A_4^0 = A_1^0 - A_3^0$ ergibt:

$$
\begin{array}{lll}
2\,C + O_2 & \longrightarrow\ 2\,CO & A_1^0 \\
\ CO_2 & \longrightarrow\ C + O_2 & -A_3^0 \\
\hline
C + CO_2 & \longrightarrow\ 2\,CO & A_4^0
\end{array}
$$

Die Disproportionierung von CO ist eine exotherme und exotrope Reaktion.

6.3.3. Redoxreaktionen im Lichte des Periodensystems der Elemente

Es gilt der Grundsatz, daß metallische Elemente stets Reduktionsmittel und im allgemeinen keine Oxidationsmittel sind oder — damit gleichbedeutend — daß Metalle keine negativen Oxidationszahlen haben können, wenn man von einigen weiter unten erläuterten Ausnahmen bei den Komplexverbindungen von Übergangsmetallen absieht. Die Umkehrung dieses Satzes, nämlich daß Nichtmetalle ausschließlich oder auch nur vorzugsweise Oxidationsmittel seien, trifft nicht zu außer für das elektronegativste Element Fluor, das prinzipiell nicht in positiven Oxidationsstufen auftreten kann. Der formale Unterschied zwischen Metallen und Nichtmetallen rührt daher, daß für die intermetallischen Verbindungen Oxidationszahlen nicht definiert sind, wohl aber für Verbindungen zwischen Nichtmetallen.

Die Oxidationsaffinität der nichtmetallischen Elemente sinkt relativ zum PSE von oben nach unten und von rechts nach links. Als Beispiel hierfür seien die Standard-Affinitäten in $kJ\ mol^{-1}$ für die Oxidation von Wasserstoff zu 1 mol der entsprechenden gasförmigen Element-Wasserstoff-Verbindung bei 25 °C, ausgehend von den jeweiligen Elementen in ihrem bei Normalbedingungen stabilen Zustand, angegeben:

2. Periode:	CH_4	35,5	NH_3	16,5	H_2O	238,2	HF	274,3
Gruppe 7B:	HI	– 1,6	HBr	53,7	HCl	95,7	HF	274,3
Gruppe 6B:	H_2Se	– 10,3	H_2S	33,5	H_2O	238,2		

Nur der Gang von CH_4 zu NH_3 stimmt mit der allgemeinen Regel nicht überein.

Die Reduktionsaffinität der nichtmetallischen Elemente steigt im allgemeinen relativ zum PSE von oben nach unten und von rechts nach links.

Bei den Hauptgruppenelementen gilt die wichtige Regel, daß sich ihre Oxidationszahlen in allen Verbindungen, die keine Verknüpfungen des betreffenden Elements mit sich selbst enthalten, von der Gruppennummer nur um ganze Vielfache der Zahl 2 unterscheiden können. Die maximale Oxidationszahl ist dabei die Gruppennummer außer bei Fluor, dessen maximale Oxidationszahl 0 beträgt, und außer bei Sauerstoff, für den Verbindungen mit einer höheren Oxidationszahl als + 2 (OF_2!) nicht bekannt sind. Die kleinste Oxidationszahl beträgt für die Hauptgruppenmetalle sowie für die Edelgase 0 und für die übrigen Hauptgruppenelemente N-8 (N: Gruppennummer).

Die Oxidationszahlregel bedeutet, daß in den einzelnen Gruppen außer null folgende Oxidationszahlen vorherrschen (die negativen Zahlen gelten nicht für die Metalle in der betreffenden Gruppe):

Gruppe:	1A	2A	3B	4B	5B
Oxidationszahl:	+ 1	+ 2	+ 3, + 1	+ 4, + 2, – 2, – 4	+ 5, + 3, + 1, – 1, – 3

Gruppe:	6B	7B	8B
Oxidationszahl:	+ 6, + 4, + 2, – 2	+ 7, + 5, + 3, + 1, – 1	+ 8, + 6, + 4, + 2

Außer bei den Element-Element-Verknüpfungen können Ausnahmen von der Oxidationszahlregel nur bei Verbindungen mit einer ungeraden Elektronenzahl vorliegen, also bei den bei Hauptgruppenelement-Verbindungen recht selten Radikalen; als besonders bekannte Beispiele für binäre Radikale seien die Verbindungen NF_2, NO, NO_2 und ClO_2 genannt.

Eine ganz besonders wichtige Regel sagt aus, daß die Stabilität von Verbindungen eines Elements in der höchsten Oxidationszahl innerhalb einer Gruppe von oben nach unten abnimmt oder — anders ausgedrückt — daß die genannten Verbindungen umso stärkere Oxidationsmittel sind, je tiefer das betreffende Element in seiner Gruppe steht. So sind beispielsweise die Verbindungen des dreiwertigen Thalliums (z. B. TlF_3, $TlCl_3$, $Tl_2(SO_4)_3 \cdot 7\,H_2O$), des vierwertigen Bleis (z. B. PbF_4, $PbCl_4$, PbO_2), des fünfwertigen Wismuts (z. B. BiF_5), des sechswertigen Tellurs (z. B. $Te(OH)_6$), des siebenwertigen Iods (z. B. IF_7, H_5IO_6, IO_3F) und des achtwertigen Xenons (z. B. XeO_4, $Na_4XeO_6 \cdot 8\,H_2O$) starke, z. T. extrem starke Oxidationsmittel, und die Oxidationszahlen, die für die genannten Elemente vorzugsweise infrage kommen, sind die entsprechend niedrigeren.

Die Umkehrung der eben zitierten Regel, nämlich daß die Oxidationszahl N-2 umso ungünstiger wird, je weiter oben das betreffende Element in der N-ten Gruppe steht, trifft nur in beschränktem Maße zu. So sind einkernige stabile Derivate des einwertigen Bors und Aluminiums und des zweiwertigen Siliciums in bei Raumtemperatur isolierbarer Form unbekannt. Dagegen gibt es zahlreiche bei Raumtemperatur haltbare Verbindungen des zweiwertigen Kohlenstoffs (z. B. CO, $HCCl_3$, $HCOOH$), des dreiwertigen Stickstoffs und Phosphors (z. B. NF_3, $NaNO_2$, PH_3, $PHal_3$), des vierwertigen Schwefels (z. B. SF_4, SO_2, SOF_2, $NaHSO_3$) und des fünfwertigen Chlors (z. B. $NaClO_3$), nicht aber des sechswertigen Neons, von dem stabile Verbindungen überhaupt nicht existieren. Die genannten Beispiele mit Oxidationszahlen N-2 sind zum Teil ausgeprägte Reduktionsmittel (z. B. CO, SO_2, $NaHSO_3$), zum Teil lassen sie sich nur durch die stärksten Oxidationsmittel in Verbindungen der Oxidationszahl N des betreffenden Elements überführen (z. B. NF_3).

Zieht man Element-Element-Verknüpfungen mit in Betracht, so werden beliebige, auch gebrochene Oxidationszahlen innerhalb des durch die Valenzelektronenzahl vorgegebenen Bereichs möglich; als Beispiele seien einige Verbindungen zitiert, deren Oxydationszahlen der Leser selbst analysieren möge: B_2F_4, C_2H_6, Si_2F_6, N_2H_4, HN_3, P_2I_4, H_2O_2, $O_2[BF_4]$, S_2Cl_2, $Na_2S_4O_6$! Eine allgemeine Redoxregel läßt sich in diesem Bereich nur für Verbindungen aufstellen, in denen Halbmetalle oder gar Metalle miteinander verknüpft sind: solche Verbindungen sind ausgeprägte Reduktionsmittel, die betreffende Element-Element-Bindung läßt sich also leicht oxidativ spalten.

Bei den d-Elementen liegen die Verhältnisse in vieler Beziehung anders als bei den Hauptgruppenelementen. Insbesondere ist bei den d-Elementen eine ungerade Zahl an d-Elektronen des betreffenden Elements in seinen Verbindungen keine Ausnahme, so daß keine an die Zahl 2 gebundene Oxidationszahlregel existiert.

Die maximale Oxidationszahl ist bis zur Gruppe 7A hin gleich der Gruppennummer. Bei den d^8-Elementen der Gruppe 8A sind nur Ru und Os in der Lage, alle 8 Valenzelektronen zu betätigen (nämlich in den Verbindungen RuO_4 und OsO_4);

Fe hat die maximale Oxidationszahl 6 (z. B. in Ferraten wie $BaFeO_4$). Die Elemente der Co-Gruppe weisen eine maximale Oxidationszahl von 5 (K_3CoO_4) bzw. 6 (RhF_6, IrF_6) und die der Ni-Gruppe von 4 (K_2NiF_6, K_2PdCl_6) bzw. 6 auf (PtF_6). Die 1B-Elemente haben schließlich maximal die Oxidationszahl 3 (Cs_2KAgF_6) bzw. 4 (Cs_2CuF_6) bzw. 5 ($CsAuF_6$), und die 2B-Elemente endlich können ihre d-Elektronen überhaupt nicht, sondern nur ihre s-Valenzelektronen in Bindungen einbringen, treten daher maximal zweiwertig auf und verhalten sich in mancherlei Hinsicht den Erdalkali-Elementen ähnlich. Bei Elementen der Gruppen 8A (außer Ru und Os) und 1B ist nicht sicher, ob man nicht durch weitere Syntheseversuche Verbindungen höherer Oxidationszahl wird auffinden können.

Für die Verbindungen von d-Elementen in deren maximaler Oxidationszahl gilt — in Umkehrung zu den Verhältnissen bei den Hauptgruppenelementen — die Regel, daß die Oxidationsaktivität innerhalb einer Gruppe von oben nach unten sinkt oder — anders ausgedrückt — daß die Stabilität gegenüber Reduktionsmitteln von oben nach unten steigt. So ist beispielsweise CrO_3 ein stärkeres Oxidationsmittel als WO_3, und ähnliche Unterschiede gelten für die Vergleichspaare $KMnO_4$ und $KReO_4$, RuO_4 und OsO_4. Im übrigen sind auch die im letzten Absatz in Klammern genannten Beispiele für die Derivate von d-Elementen mit der experimentell maximal erreichbaren, aber noch nicht maximal denkbaren Oxidationszahl samt und sonders starke Oxidationsmittel. Andererseits üben Verbindungen mit Elementen der Gruppen 3A, 4A und 5A in der Oxidationszahl 3, 4 bzw. 5 und mit Elementen der Gruppe 2B in der Oxidationszahl 2 keine stark oxidierende Wirkung aus.

Für die Stabilität gegenüber Redox-Reagentien in Verbindungen der d-Elemente in mittleren Oxidationszahlen gibt es kaum systematische Regeln außer der in Abschnitt 2 erläuterten Regel von der Edelgas-Elektronenkonfiguration. Beim Arbeiten in gewöhnlichen Lösungsmitteln bei normalem Luftzutritt sind die folgenden Oxidationszahlen besonders verbreitet:

Sc	3	Ti	4	V	3, 4, 5	Cr	3, 6	Mn	2, 4, 7
Y	3	Zr	4	Nb	5	Mo	3, 6	Tc	4, 7
La	3	Hf	4	Ta	5	W	3, 6	Re	4, 7
Ac	3								

Fe	2, 3	Co	2, 3	Ni	2	Cu	1, 2	Zn	2
Ru	2, 3	Rh	1, 3	Pd	2, 4	Ag	1	Cd	2
Os	3, 4	Ir	1, 3, 4	Pt	2, 4	Au	1, 3	Hg	1, 2

Bemerkenswert ist für die d-Elemente das Auftreten der Oxidationszahl 0 oder negativer Oxidationszahlen in Komplexverbindungen mit neutralen oder kationischen Liganden, die zur Ausbildung koordinativer Rückbindungen bereit sind, also mit Liganden wie CO, bipy, NO^+ usw. Als Beispiele aus dem Bereich der 1. Übergangsperiode seien für die Oxidationszahl 0 die Carbonylverbindungen $Cr(CO)_6$, $Mn_2(CO)_{10}$, $Fe(CO)_5$, $Co_2(CO)_8$ und $Ni(CO)_4$, für die Oxidationszahl -1 die Anionen $[Ti(bipy)_3]^-$, $[V(CO)_6]^-$, $[Mn(CO)_5]^-$ und $[Co(CO)_4]^-$, für die Oxidationszahl -2 die Verbindungen $[Cr(CO)_5]^{2-}$, $[Fe(CO)_4]^{2-}$ und $Fe(CO)_2(NO)_2$, für die Oxidationszahl -3 das Molekül $Mn(CO)(NO)_3$ und für die Oxidationszahl -4 das Molekül $Cr(NO)_4$ genannt.

Die Lanthanoiden treten bevorzugt dreiwertig auf. Die mit der Regel von der Stabilität der Edelgas-Elektronenkonfiguration übereinstimmenden Abweichungen von der Dreiwertigkeit sind vor allem bei Ce(4) und Tb(4) (beides Oxidationsmittel!) und bei Eu(2) und Yb(2) (beides Reduktionsmittel!) zu suchen. Bei den Actionoiden tritt das erste Glied, Thorium, vorzugsweise vierwertig auf, für die höheren Actionoiden werden mehrere Oxidationszahlen beobachtet; zahlreiche Redox-reaktionen sind bekannt, jedoch ist ein systematischer Trend für Redox-Affinitäten noch nicht erkennbar.

6.3.4. Redoxreaktionen in der Analytischen Chemie

Oxidimetrie

Die oxidimetrische Titration genügt denselben allgemeinen Titrationsgesetzen wie die acidimetrische und die komplexometrische Titration. Die Titrationsgleichung ist dabei naturgemäß eine Redoxreaktion. Zur Indikation des Umschlags dient vielfach das Titriermittel selbst, wenn es stark gefärbt ist und seine Farbe bei der Titration verliert; andernfalls bedient man sich von Fall zu Fall verschiedener Indikatoren.

Die Redox-Titrationsgleichung und die zugehörige Titrationsfunktion haben im allgemeinen nicht dieselbe Gestalt wie die im Abschnitt 5.5 diskutierte Titrationsgleichung und -funktion. Die Prinzipien der Titration bleiben davon aber unberührt, wie anhand eines einfachen Beispiels gezeigt sei! Fassen wir die quantitative Bestimmung von Fe^{2+}-Ionen in wäßriger Lösung mit Cer(IV)-sulfat-Lösung der Molarität c_{T0} ins Auge! Die Redox-Gleichungen, die dazugehörigen Potentiale ϵ_X^0, ϵ_T^0 und E_{XT}^0 sowie die aus dem E_{XT}^0-Wert errechenbare, dimensionslose Gleichgewichtskonstante K_T lauten:

$$
\begin{array}{rclcrcl}
Fe^{2+} &\rightleftarrows& Fe^{3+} + e & \qquad & -\epsilon_X^0 &=& -0{,}77\ \text{V} \\
Ce^{4+} + e &\rightleftarrows& Ce^{3+} & \qquad & \epsilon_T^0 &=& 1{,}61\ \text{V} \\
\hline
Fe^{2+} + Ce^{4+} &\rightleftarrows& Fe^{3+} + Ce^{3+} & \qquad & E_{XT}^0 &=& 0{,}84\ \text{V}
\end{array}
$$

$$
K_T = \frac{\bar{n}_3 \cdot \bar{n}_4}{\bar{n}_1 \cdot \bar{n}_2} \approx 10^{14}
$$

Mit $\bar{n}_X = \bar{n}_1$ als Funktion von V_T und mit n_{X0} als der zu bestimmenden Gesamtmenge an Fe^{2+}-Ionen ergeben sich folgende Stoffbilanzgleichungen:

$$
\bar{n}_3 = \bar{n}_4; \quad n_{X0} = \bar{n}_X + \bar{n}_3; \quad c_{T0} V_T = \bar{n}_2 + \bar{n}_4
$$

Nach der Eliminierung von $\bar{n}_2$, $\bar{n}_3$ und $\bar{n}_4$ erhält man für $\bar{n}_X$, wenn man 1 gegenüber K_T vernachlässigt:

$$
\bar{n}_X \approx \frac{1}{2}(n_{X0} - c_{T0} V_T) + \frac{1}{2}\sqrt{(n_{X0} - c_{T0} V_T)^2 + \frac{4 n_{X0}^2}{K_T}}
$$

das ist eine Funktion, die bei $n_{X0} > c_{T0} V_T$ wegen der Größe von K_T praktisch linear mit V_T fällt und die sich bei $n_{X0} < c_{T0} V_T$ dem Wert $\bar{n}_X = 0$ asymptotisch nähert. Nahe beim Äquivalenzpunkt ($n_{X0} = c_{T0} V_{T0}$), also um den Funktionswert $\bar{n}_X = n_{X0} \cdot K_T^{-1/2}$ (der mit $\bar{n}_X = \bar{n}_1 = \bar{n}_2$ und $\bar{n}_3 = \bar{n}_4 = n_{X0}$ auch aus dem MWG-Ansatz direkt errechenbar ist), beschreibt die Funktion jene enge Krümmung, die für Titrationsfunktionen typisch ist (s. Kurve a von Bild 29!).

In der Titrimetrie ist noch ein veralteter Wertigkeitsbegriff im Schwange: die Äquivalentwertigkeit Z. Bei einem Brönstedschen Säure/Base-Paar versteht man darunter die Zahl der ausgetauschten Protonen und bei einem Redoxpaar die Zahl der ausgetauschten Elektronen. Zur Illustration seien einige Beispiele angegeben:

$$H_2SO_4/SO_4^{2-}: \qquad Z = 2 \qquad\qquad MnO_4^-/Mn^{2+}: \qquad Z = 5$$
$$Ba^{2+} \cdot aq/Ba(OH)_2: \quad Z = 2 \qquad\qquad I_2/I^-: \qquad Z = 2$$

Aus diesem Wertigkeitsbegriff leitet sich ein Mengenbegriff, die *Äquivalentmenge* n_z, aus der Stoffmenge n vermöge der Beziehung

$$n_z = Z \cdot n \ [\text{val}]$$

ab. Der molaren Konzentration oder Molarität (Einheit: $\text{mol } l^{-1}$) steht die *Äquivalent-Konzentration* oder *Normalität* (Einheit: $\text{val } l^{-1}$) gegenüber. 1 normale Schwefelsäure ist 0,5 molar, 1 normale Permanganat-Lösung 0,2 molar usw. Die labor- und handelsüblichen Titriermittel liegen in der Regel in 0,1 normaler Form vor; dies hat zur Folge, daß bei der Acidimetrie oder bei der Oxidimetrie jeweils gleiche Volumina an 0,1 normaler Säure- und Base-Lösung bzw. an 0,1 normalen Lösungen eines Oxidations- und eines Reduktionsmittels einander äquivalent sind und demgemäß beim Zusammengeben den Titrationsendpunkt definieren. Die überflüssigen Begriffe der Äquivalentwertigkeit, Äquivalentmenge und Äquivalentkonzentration werden in der Praxis allgemein gebraucht.

Die wichtigsten oxidimetrischen Verfahren sind nach dem Titriermittel benannt. Im folgenden werden für einige Verfahren das dem Titriermittel zugrundeliegende Redoxpaar („T"), sodann ein charakteristisches Beispiel für eine durch die betreffende Titration bestimmbare Substanz X und den dazugehörigen Redoxpartner und schließlich eine Notiz über die Indikation des Äquivalenzpunkts („I") angegeben!

Manganometrie. T: MnO_4^-/Mn^{2+}. X: $H_2C_2O_4/CO_2$. I: Bestehenbleiben der violetten Permanganat-Farbe.

Bromatometrie. T: BrO_3^-/Br^-. X: N_3^-/N_2. I: Am Endpunkt komproportioniert überschüssiges BrO_3^- mit Br^- in saurer Lösung zu elementarem Brom; gewisse organische Farbstoffe, die in geringer Menge als Indikatoren anwesend sind, werden durch Brom unter Entfärbung oxidativ zerstört.

Chromatometrie. T: $Cr_2O_7^{2-}/Cr^{3+}$. X: Fe^{2+}/Fe^{3+}. I: Orangefarbenes Dichromat geht in grünes Cr(3)-Ion über; auch gewisse organische Stoffe können als Indikatoren fungieren.

Cerimetrie. T: Ce^{4+}/Ce^{3+}. X: $[Fe(CN)_6]^{4-}/[Fe(CN)_6]^{3-}$. I: Intensiv rotes Tris-(o,o'-phenanthrolin)-eisen(II)-Kation wird durch überschüssiges Ce^{4+} zum entsprechenden blauen Eisen(III)-Kation oxydiert.

Direkte Iodometrie. T: I_3^-/I^-. X: $H_2AsO_3^-/H_2AsO_4^-$. I: Bestehenbleiben der braunen Farbe von I_3^- oder Bestehenbleiben der intensiven blauen Farbe einer Verbindung von überschüssigem Iod mit Stärke.

Indirekte Iodometrie. T: $S_2O_3^{2-}/S_4O_6^{2-}$. X': I_2/I^-. I: Entfärbung der hellbraunen Iodlösung. Der Titration voraus geht die Reduktion des eigentlich zu bestimmenden Stoffs X durch den Zusatz eines Überschusses an I^-; das hierbei freigesetzte I_2 wird dann als X' mit T titriert. Beispiel für X: Cu^{2+}/CuI.

Potentiometrie

Bei der Potentiometrie handelt es sich um eine genaue und recht allgemeine anwendbare elektrochemische Methode, den Endpunkt einer acidimetrischen, komplexometrischen, oxidimetrischen oder sonstigen Titration zu bestimmen. Dabei geht man so vor, daß man eine oder mehrere der an der Titrationsreaktion beteiligten Komponenten durch Einführen einer geeigneten Elektrode in die Titrierlösung zu Komponenten einer Halbkette, der sog. *Indikatorelektrode,* macht und diese über einen Stromschlüssel und ein Potentiometer mit einer zweiten Halbkette vom Typ der Kalomelelektrode, der sog. *Bezugselektrode,* zusammenschließt. Da das Potentiometer so geschaltet ist, daß die EMK der Kette ohne jeden Stromfluß gemessen werden kann, verändern sich die Konzentrationen der Komponenten der Titrationsgleichung als Folge ihrer Zugehörigkeit zu einer Redoxkette nicht. Diese Konzentrationen sind hinsichtlich der Titrationsreaktion Gleichgewichts-Konzentrationen, hinsichtlich der Redoxkette jedoch variable, die EMK determinierende Konzentrationen. So wie die Titrationsfunktion, das ist die Konzentration einer der an der Titrationsreaktion beteiligten Komponenten, in Abhängigkeit vom Zulauf V_T an Titriermittel an der Stelle $V_T = V_{T0}$ einen Knick und ihr Logarithmus einen steilen Anstieg mit Wendepunkt aufweist, wird bei der potentiometrischen EMK-Messung der Titrations-Endpunkt ebenfalls durch einen Steilanstieg und einen Wendepunkt der EMK sichtbar. Die handelsüblichen Potentiometer sind soweit automatisiert, daß sie nicht nur die Funktion $E(V_T)$, sondern auch deren 1. Ableitung selbstregelnd aufzutragen vermögen; den Titrationsendpunkt erkennt man dann am Maximum der gezeichneten Kurve.

Bei der potentiometrischen Endpunkt-Bestimmung in der Acidimetrie zieht man als Indikator-Halbkette das Redoxpaar H^+/H_2 heran. Anstatt einer Platinelektrode kann man hier die sog. *Glaselektrode* einsetzen, die zwar apparativ einfach anzuwenden ist, deren Wirkungsweise zu beschreiben aber Umstände macht und hier unterbleibt.

Mit Vorteil wird die Potentiometrie zur Endpunkt-Bestimmung bei der *argentometrischen* Bestimmung der nebeneinander in wäßriger Lösung vorliegenden Halogenid-Ionen Cl^-, Br^- und I^- herangezogen, wobei als Titriermittel eine Silbernitrat-Lösung zum Einsatz kommt.

Die MWG-Konstante K_T der Titrationsgleichung

$$Hal^- + Ag^+ \rightleftarrows AgHal$$

ist das reziproke Löslichkeitsprodukt; man spricht von einer *Fällungstitration*. Als Indikatorelektrode dient ein Silberdraht, an dem das Potential der Halbkette Ag^+/Ag abgegriffen wird. Am Äquivalenzpunkt werden die Ag^+-Ionen nicht mehr durch Hal^--Ionen verbraucht und das Potential steigt mit weiterem Zulauf an Titriermittel stark an.

Als Beispiel einer oxidimetrischen Titration sei die cerimetrische Bestimmung von Fe^{2+} erwähnt. Die Indikator-Halbkette umfaßt einen Platindraht und vor dem Äquivalenzpunkt das Redoxpaar Fe^{3+}/Fe^{2+}, während nach Durchlaufen des Endpunkts, wenn praktisch keine Fe^{2+}-Ionen mehr vorhanden sind und daher Ce^{4+}-Ionen nicht mehr verbraucht werden, das Redoxpaar Ce^{4+}/Ce^{3+} die EMK bestimmt; am Äquivalenzpunkt sind — wie man leicht zeigen kann — die Halbkettenpotentiale der beiden Indikator-Redoxpaare gleich groß.

Während bei der potentiometrischen Titration nicht der Absolutwert der Konzentration von X sondern nur die Änderung des Logarithmus von c_X oder c_T bestimmt wird, kann die Potentiometeranordnung bei geeigneter Eichung auch zur Absolutbestimmung unbekannter Konzentrationen Verwendung finden. Besonders verbreitet ist die potentiometrische p_H-Messung.

Elektrolyse

Taucht man 2 elektrische Leiter (*Elektroden*), zwischen denen ein elektrisches Potential besteht, in eine Ionenlösung, so besteht eine Tendenz der Kationen der Lösung, sich an der elektronenliefernden Elektrode (*Kathode*), und eine Tendenz der Anionen der Lösung, sich an der elektronenaufnehmenden Elektrode (*Anode*) abzuscheiden. Die Abscheidung von Kationen und Anionen setzt im Idealfall bei jenem Elektroden-Potential ein, das der EMK der der Abscheidung zugrundeliegenden Redoxreaktion entspricht; praktisch muß man aber wegen vieler Hemmungen im System eine höhere Spannung anlegen. Eine derartige *Elektrolyse* liegt auch vor, wenn man Galvanische Ketten auflädt; eine Trennung von Anoden- und Kathodenraum ist für den Ablauf der Elektrolyse jedoch nicht nötig — ganz im Gegensatz zu Galvanischen Ketten wie dem *Daniell*-Element.

Legt man eine genügend große Spannung an den Elektroden an, dann wird die Abscheidung einer bestimmten Ionensorte im analytischen Sinne *vollständig*. Die *Vollständigkeit* ist im analytischen Normalfall gewährleistet, wenn die Menge der abzuscheidenden Ionensorte um etwa 4 Zehnerpotenzen abgenommen hat (also z. B. von 10^{-2} mol l^{-1} auf 10^{-6} mol l^{-1}). Bei der analytischen Nutzung der Elektrolyse zielt man meist auf die kathodische Abscheidung von Metall-Kationen ab. Voraussetzung ist dabei, daß das Metall an der Elektrode haftet und daß außer dem betreffenden Metall kein anderer Stoff kathodisch abgeschieden wird. Die eigentliche Bestimmung erfolgt dann durch die Wägung der mobilen Kathode vor und nach der Abscheidung.

Bei der elektrolytischen Bestimmung von Cu^{2+} aus schwefelsaurer Lösung beispielsweise scheidet sich an der Anode O_2 ab, und die Reaktionsgleichung lautet:

$$2\,Cu^{2+} + 2\,H_2O \longrightarrow 2\,Cu + O_2 + 4\,H^+$$

Aus Bild 31 und Bild 32 entnimmt man, daß die Standard-EMK dieser Reaktion $E^0 = -0,89$ V beträgt. Am Ende der quantitativen Abscheidung von Cu möge der Partialdruck von O_2 an der Anode ca. 1 bar, die Konzentration an H^+ ca. 1 mol l^{-1} und die Restkonzentration an Cu^{2+} ca. 10^{-6} mol l^{-1} betragen. Dann muß an den Platinelektroden mindestens eine Spannung anliegen, die sich gemäß

$$E = E^0 - \frac{0,059}{4} \log \frac{p_{O_2}[H^+]^4}{[Cu^{2+}]^2} = -0,89 - 0,0148 \log 10^{12}\ V$$

zu 1,07 V berechnet. In der Praxis wendet man als Spannungsquelle einen Bleiakku an, der rund 2 V Spannung liefert und dabei die hohe Überspannung von O_2 an Pt überwindet.

Will man nacheinander aus einer Lösung Kupfer und Nickel zum Zwecke der gravimetrischen Bestimmung abscheiden, so sollte die zur Abscheidung von Kupfer zunächst anliegende Spannung allerdings den Wert 2 V nicht übersteigen, da zur Abscheidung von Nickel unter Standardbedingungen im Idealfall 1,46 V, im Realfall mehr als 2 V nötig sind. Würde man eine zu hohe Spannung anlegen, dann würden sich beide Metalle abscheiden.

Die apparative Verfeinerung elektrolytischer Analysenmethoden ist heute schon sehr weit gediehen. Als besonders wirkungsvoll hat sich die *Polarographie* erwiesen, eine Methode, bei der die Strom-Spannungskurve einer Elektrolyse aufgezeichnet wird. Diese Elektrolyse macht sich die besonderen Eigenschaften einer Quecksilber-Tropfkathode zunutze, die hier nicht weiter behandelt werden soll. In der polarographischen Strom-Spannungskurve macht sich die beginnende Abscheidung eines Kations in einem starken Ansteigen der Stromstärke bei einer für das abgeschiedene Kation charakteristischen Spannung bemerkbar. Aus dem Bereich vom Beginn bis zum Ende des steilen Stromanstiegs läßt sich ableiten, in welcher Menge das betreffende Kation vorhanden ist, aus der charakteristischen Abscheidungsspannung läßt sich ableiten, um welche Kationsorte es sich handelt, so daß die Polarographie gleichzeitig eine quantitativ- und eine qualitativ-analytische Funktion wahrnimmt. Die Polarographie ist auch wirksam, wenn ein Gemisch mehrerer Kationen und Anionen vorliegt; gerade hierin besteht ihr besonderer Wert.

6.3.5. Redoxreaktionen bei der Darstellung der Elemente

Ein Großteil der in Labor und Technik hergestellten Produkte geht aus Redoxreaktionen hervor. Die systematische Abhandlung dieser Redoxreaktionen würde bei weitem den Rahmen einer Einführung in die Allgemeine Chemie übersteigen. Wir wollen hier nur beispielhaft für alle Redoxreaktionen einen Überblick über die Darstellung der Elemente geben. Die dabei abzuhandelnden Oxidations- und Reduktionsmittel sind auch für eine Fülle jener Redoxreaktionen von Bedeutung, die nicht zu den Elementen als Produkten führen.

Nur wenige Elemente treten in der Natur in freier Form auf, nämlich unter den Nichtmetallen die Elemente Sauerstoff, Stickstoff, Kohlenstoff, Schwefel sowie die Edelgase und unter den Metallen nur die edlen, schwach reduzierenden Elemente aus der Gruppe 8A (Ru, Rh, Pd, Os, Ir, Pt), der Gruppe 1B (Cu, Ag, Au) sowie der Gruppe 2B (Hg). Die übrigen Elemente gewinnt man aus ihren Verbindungen durch Reduktion bzw. durch Oxidation.

Darstellung der Elemente durch Reduktion

Die Alkali- und die Erdalkalimetalle kommen in der Natur vorwiegend inform ihrer Salze vor: Halogenide, Sulfate, Nitrate, Phosphate, Carbonate, Silikate u. a. Die übrigen Hauptgruppenmetalle und -halbmetalle sowie die Übergangselemente treten vorwiegend in oxidischen oder sulfidischen Mineralien auf. Um diese Elemente durch Reduktion zu gewinnen, kommen mehrere Reduktionsmittel in Betracht.

Das billigste Reduktionsmittel der Technik ist der *Kohlenstoff* inform von Koks, den man technisch aus der Steinkohle beim Kokereiprozeß gewinnt. Die Anwendung von Kohlenstoff als Reduktionsmittel war eine der folgenreichsten Kulturtaten der Menschheit, denn mithilfe von Kohlenstoff kann man eine Reihe jener Metalle, die als Werkstoffe besonders wichtig sind, aus ihren Oxiden gewinnen. Die dabei obwaltenden thermodynamischen Prinzipien wurden im Abschnitt 6.3.3 erläutert; bei hoher Temperatur entsteht vorwiegend CO, bei niedrigerer Temperatur dagegen CO_2 als Oxidationsprodukt von Kohlenstoff. Auf die Rolle von CO als Reduktionsmittel wurde oben hingewiesen. Die notwendige Temperatur kann durch Verbrennen von Koks mit Sauerstoff zu CO bzw. CO_2 oder durch Anwendung einer elektrischen Widerstandsheizung erzeugt werden. Die folgenden Oxide werden u. a. auf diesem Wege zu den Elementen reduziert:

$$H_2O, \ MgO, \ SiO_2, \ GeO_2, \ SnO_2, \ PbO, \ Sb_2O_4, \ Bi_2O_3, \ SO_2, \ Nb_2O_5,$$
$$Ta_2O_5, \ Fe_2O_3, \ Fe_3O_4, \ Co_3O_4, \ NiO, \ ZnO, \ CdO.$$

Bei einigen Oxiden versagt die Reduktion mit Kohlenstoff, weil die reduzierten Elemente mit Kohlenstoff bei höherer Temperatur Carbide bilden. Beim SiO_2 kann man die Reduktion durch eine geeignete Temperaturwahl so lenken, daß entweder Si oder SiC entsteht, aber bei anderen Oxiden wie beispielsweise TiO_2 gelingt diese Steuerung nicht. Die Carbidbildung kann auch ein erwünschter Effekt sein, beispielsweise bei der Bildung von CaC_2 aus CaO.

Neben Kohlenstoff spielen *Wasserstoff, unedle Metalle* oder Stoffe wie SO_2 eine wichtige Rolle als Reduktionsmittel. Im folgenden werden einige in Labor und Technik angewendete Reduktionsmittel und die von ihnen zu den Elementen reduzierten Verbindungen aufgezählt:

H_2 : GeO_2, MoO_3, WO_3, Re_2O_7, ReS_2, CuO

Na: $CaCl_2$, $TiCl_4$, $ZrCl_4$

Mg: RbOH, CsOH, FrOH, BeF_2, B_2O_3, SiO_2, $TiCl_4$, $ZrCl_4$, YF_3, LaF_3

Ca: RbOH, CsOH, FrOH, TiCl$_4$, HfCl$_4$, HfO$_2$, V$_2$O$_5$, Cr$_2$O$_3$, YF$_3$, LnF$_3$
         (Ln = Lanthanoid), ThF$_4$, UF$_4$

Al: BaO, RaO, SiO$_2$, TiO$_2$, Nb$_2$O$_5$, Ta$_2$O$_5$, Cr$_2$O$_3$, Mn$_3$O$_4$, Co$_3$O$_4$

Fe: Sb$_2$S$_3$, Cu$^{2+}\cdot$ aq

Zn: [Ag(CN)$_2$]$^-$, [Au(CN)$_2$]$^-$

SO$_2$:   SeO$_2$, HTeO$_3^-$, IO$_3^-$.

Eine ganz bedeutende Rolle spielt auch die *kathodische Reduktion*, das ist die Elektrolyse entweder einer Salzschmelze oder einer wäßrigen Salzlösung, bei der sich das darzustellende Element an der Kathode abscheidet. Man kann immer dann in wäßriger Lösung arbeiten, wenn das Kathodenmaterial gegenüber Wasserstoff eine genügend große Überspannung aufweist; so kann man z. B. die Metalle Tl, Mn, Zn, Cd, Ga oder In durch eine *Elektrolyse von Salzlösungen* der 1-, 2- bzw. 3-wertigen Metalle darstellen; an der Anode scheidet sich in allen Fällen Sauerstoff ab. Zur *Schmelzelektrolyse* greift man bei den besonders unedlen Metallen zurück; zur Erniedrigung der Schmelztemperatur gibt man dem zu elektrolysierenden Salz als „Flußmittel" andere Salze bei, deren Kationen unter den entsprechenden Bedingungen nicht kathodisch abgeschieden werden können. Verfahren zur Darstellung von Metallen durch Elektrolyse der Metallsalz-Schmelzen sind beispielsweise für die Salze LiCl, NaCl, NaOH, KOH, BeCl$_2$, 2 BeO $\cdot$ 5 BeF$_2$, MgCl$_2$, CaCl$_2$, SrCl$_2$, Al$_2$O$_3$, ScCl$_3$ u. a. bekannt. Bei der Schmelzelektrolyse von Oxiden kann zusätzliche Triebkraft dadurch gewonnen werden, daß man Anoden aus Kohlenstoff verwendet, die mit dem sich abscheidenden Sauerstoff zu CO abreagieren.

Die Elektrolyse kann im Rahmen der sog. *elektrolytischen Raffination* auch zur Reinigung von Metallen Verwendung finden, wie es z. B. im Falle von Cu und Ag technisch geschieht. Platten aus unreinem Metall werden in einer wäßrigen Lösung als Anoden geschaltet, und dann wird eine Spannung angelegt, die bewirkt, daß das zu reinigende Metall in Lösung geht und sich gleich wieder kathodisch abscheidet, während die unedleren Metalle in Lösung bleiben und die edleren gar nicht in Lösung gehen, sondern als *Anodenschlamm* zu Boden sinken.

Zur Darstellung von Metallen in sehr reiner Form kann man vielfach eine besonders einfache Reduktion, nämlich die *thermische Zersetzung* geeigneter Metallverbindungen wählen, bei der der anionische Bestandteil der Verbindung als Reduktionsmittel dient. Als Beispiele solcher Metallverbindungen seien die Azide NaN$_3$ und Ba(N$_3$)$_2$ (neben Metall entsteht Distickstoff N$_2$) sowie die Iodide BI$_3$, TiI$_4$, VI$_2$ und ThI$_4$ zitiert.

Die Durchführung des zur Metalldarstellung angewendeten Redoxprozesses ist vielfach einfacher als die Überführung der in der Natur abgebauten Salze oder Erze in die reinen Edukte des abschließenden Redoxprozesses. Unter den zahlreichen Möglichkeiten der *Aufbereitung* natürlicher Materialien seien hier nur 3 lehrreiche Beispiele zitiert!

Da die Schwermetalle häufiger inform ihrer Sulfide in der Natur vorkommen als inform ihrer Oxide, besteht ein überaus wichtiger technischer Prozeß in der oxida-

tiven Überführung der Sulfide in die Oxide, indem der sulfidische Schwefel mit Luftsauerstoff zu SO_2 oxidiert wird (*Rösten*). Manchmal lenkt man den Röstvorgang so, daß er nach der Überführung eines Teils des Sulfids in das Oxid zum Stillstand kommt; erhitzt man dann das Gemisch aus Sulfid und Oxid, dann kann man neben SO_2 direkt das Metall erhalten ($2\,MO + MS \rightarrow 3\,M + SO_2$).
Ein anderes Aufbereitungsverfahren wendet man beispielsweise im Falle von Titan an, nämlich die Überführung von TiO_2 in $TiCl_4$, da sich $TiCl_4$ mit Ca bequemer reduzieren läßt als TiO_2 mit Al. Diese Überführung geschieht mithilfe von Chlor und Koks, die bei hoher Temperatur TiO_2 in $TiCl_4$ und CO verwandeln.

Ein letztes wichtiges Beispiel einer Aufbereitung beruht auf Säure-Base-Reaktionen: Zur Abtrennung des Al_2O_3 von den Oxiden SiO_2 und Fe_2O_3, mit denen zusammen es in der Natur auftritt, schmilzt man das gesamte Gemenge mit Soda Na_2CO_3, wobei man neben CO_2 ein Gemisch der Salze $NaAlO_2$, Na_2SiO_3 und $NaFeO_2$ erhält. Jetzt macht man sich zunutze, daß in wäßriger Lösung $Fe(+3)$ kaum saure, $Si(+4)$ keine basischen, aber $Al(+3)$ amphotere Eigenschaften aufweist: aus der wäßrigen Lösung der 3 Na-Salze fällt $Fe(OH)_3$ aus, beim Ansäuern der stark alkalischen Lösung mit dem beim Schmelzprozeß freigesetzten CO_2 fällt $Al(OH)_3$ aus, während Silicat in Lösung bleibt; das so abgetrennte $Al(OH)_3$ wird thermisch zu Al_2O_3 dehydratisiert und dann der Schmelzelektrolyse unterworfen.

Darstellung der Elemente durch Oxidation

Die Nichtmetalle kommen z. T. in der Natur in freier Form vor. Die in der Luft vorhandenen Elemente Stickstoff, Sauerstoff und die Edelgase trennt man voneinander durch fraktionierte Destillation. Der feste Schwefel wird aus seinen natürlichen Lagerstätten *herausgeschmolzen,* während der elementare Kohlenstoff sowohl inform des Graphits als auch inform des Diamants aus seinen Lagerstätten direkt abgebaut werden kann. Neben den physikalischen Methoden zur Gewinnung der genannten Elemente stehen auch noch Redoxreaktionen zur Verfügung. Beispielsweise kann man besonders reinen Sauerstoff durch die thermische Zersetzung von Stoffen wie BaO_2 ($\rightarrow BaO$), $KClO_3$ ($\rightarrow KCl$), KNO_3 ($\rightarrow KNO_2$), Ag_2O ($\rightarrow Ag$), HgO ($\rightarrow Hg$), oder $CaCl(OCl)$ ($\rightarrow CaCl_2$) gewinnen, während man reinen Stickstoff außer durch die Zersetzung von Aziden wie NaN_3 auch durch die Oxidation von NH_3 mit Cl_2, $CaCl(OCl)$ oder NO_2^- herstellen kann. Schwefel kann man außer durch Abbau seiner natürlichen Lagerstätten auch durch die Oxidation von H_2S mit O_2, aber auch durch die Reduktion von SO_2 mit C (s. o.) erhalten.

Von den nicht in freier Form auftretenden Nichtmetallen gewinnt man die Halogene Fluor, Chlor und Brom, gelegentlich auch Iod, durch die Oxidation der entsprechenden Halogenide. Im Falle von Fluor kann man geeignete chemische Oxidationsmittel kaum auffinden, da Fluor selbst ein überaus starkes Oxidationsmittel ist. Der thermische Zerfall von Elementfluoriden kann bei experimentell zweckmäßigen Temperaturen nur mit solchen Fluoriden durchgeführt werden, zu deren Darstellung bei tieferer Temperatur man Fluor braucht, also z. B. mit XeF_6, PtF_6, AgF_2 u. a. Die Darstellung von Fluor erfolgt daher durch anodische Oxidation von wasserfreier Flußsäure oder von Lösungen von KHF_2 in HF oder von Schmelzen von KHF_2, wobei sich kathodisch H_2 abscheidet.

Chlor stellt man ebenfalls durch anodische Oxidation her. Die bei der Schmelzelektrolyse von Chloriden zum Zwecke der Metalldarstellung anfallende Chlormenge befriedigt den technischen Bedarf nicht, so daß man die größte Menge an Chlor aus der *Chloralkali-Elektrolyse* bezieht, das ist die elektrolytische Zerlegung wäßriger NaCl-Lösungen in H_2 und Cl_2; bei einer geeigneten Führung der Chloralkali-Elektrolyse hinterbleibt als Elektrolytlösung die technisch ebenfalls wichtige Natronlauge in weitgehend chloridfreier Form. Im Labormaßstab kann man Chlor aus konzentrierter Salzsäure und $KMnO_4$ gewinnen. Brom stellt man aus KBr und $MgBr_2$ durch Oxidation mit Chlor dar.

Peter Paetzold wurde 1935 geboren. Er studierte an der Universität München und wurde dort 1961 promoviert und 1966 habilitiert. Im Jahre 1968 wurde er auf den Lehrstuhl für Anorganische Chemie und Elektrochemie der Rheinisch-Westfälischen Technischen Hochschule in Aachen berufen. Seine wissenschaftlichen Arbeiten konzentrieren sich auf Grenzgebiete zwischen der anorganischen und der organischen Molekülchemie und hier besonders auf mechanistische Fragestellungen. In der Lehre bemüht sich *Peter Paetzold* seit Jahren vor allem um die Anfängerausbildung.

Ergänzende Lehrbücher

Campbell, J. A., Chemical Systems, Energetics, Dynamics, Structure.
1095 Seiten, W. M. Freeman and Company, San Francisco 1970
(demnächst in deutscher Übersetzung im Verlag Chemie).

Fachstudium Chemie, 7 Lehrbücher von Autorenkollektiven.
VEB Deutscher Verlag für Grundstoffindustrie, Leipzig 1973.
Lizensausgabe des Verlags Chemie, Weinheim/Bergstraße, in der
Reihe „chemie paperback".

Mortimer, Ch. E., Chemie. Das Basiswissen der Chemie in Schwerpunkten.
Übersetzt von P. Jacobi und J. Schweizer.
713 Seiten, Georg Thieme Verlag, Stuttgart 1973.

Pauling, L., Grundlagen der Chemie.
Übersetzt und bearbeitet von F. Helfferich.
843 Seiten, Verlag Chemie, Weinheim/Bergstraße 1973.

Sachregister

Das große Lehrbuch und Nachschlagewerk

Lubert Stryer

Biochemie

1978. VIII, 592 Seiten mit 636 zum größten Teil mehrfarbigen Abbildungen. 22 X 24 cm. Gebunden 68,– DM

Die „Biochemie" von Lubert Stryer hat sich in Deutschland bereits in der englischen Originalfassung einen Namen gemacht. Mit der deutschen Ausgabe, erarbeitet von drei Biochemikern der Universität Tübingen, möchte der Verlag dieses hervorragende Lehrbuch einem breiteren Leserkreis erschließen vor allem den Studenten der Biochemie, Biologie und Medizin, denen das Fachenglisch noch nicht so geläufig ist wie die Muttersprache.

Die molekulare Grundlage des Lebens und die Beziehung zwischen der Struktur der Proteine und ihrer biologischen Aktivität sind ohne Zweifel Hauptanliegen der Biochemie. Sie stehen auch in der Darstellung von Lubert Stryer im Vordergrund. Durch die herausragende Stellung des Kapitels über Konformation und durch die Wiedergabe vieler Molekülmodelle unterstreicht der Autor die Dynamik seines Faches. Gleichzeitig ist der Stoff so aufbereitet, daß der Leser mit den experimentellen Konzepten und Arbeitsmethoden vertraut wird und die Resultate in bezug zur lebendigen Wirklichkeit zu setzen vermag.

Für Medizinstudenten ist dem Lehrbuch eine Synopse beigefügt, die den Inhalt in bezug auf die Anforderungen des Gegenstandskatalogs aufschlüsselt. Es besticht durch den geschickten didaktischen Aufbau und die über 600 mehrfarbigen Illustrationen.

Gordon M. Barrow

Physikalische Chemie

(Physical Chemistry, dt.) (Aus d. Engl. übers. u. bearb. von G. W. Herzog.)

Physikalische Chemie ist heute das Studium der molekularen Bausteine makroskopisch in Erscheinung tretender Materie. Deshalb steht auch in diesem dreibändigen Lehrbuch die molekulare Deutung der Materie im Vordergrund. Es ist ein einführendes Lehrbuch, gedacht für den Gebrauch neben Vorlesungen zur Physikalischen Chemie. Vorausgesetzt werden Grundbegriffe der Chemie, Physik und Mathematik. Darüber hinausgehende Grundlagen aus diesen Gebieten werden elementar und leicht verständlich erklärt.

Band I: Einführung in die Gastheorie, Quantentheorie, Thermodynamik. Mit 67 Abb. u. 35 Tabellen. 4., durchges. Aufl. 1978. VIII, 271 S. DIN C 5 (uni-text) Pb.

Band II: Aufbau und Eigenschaften der Kerne, Atome und Moleküle. Mit 114 Abb. u. 21 Tabellen. 3., neubearb. Aufl. 1977. VII, 292 S. DIN C 5 (uni-text) Pb.

Band III: Mischphasenthermodynamik, Elektrochemie, Reaktionskinetik. Mit 147 Abb. u. 63 Tafeln. 3., neubearb. Aufl. 1977. VIII, 378 S. DIN C 5 (uni-text) Pb.

Gesamtausgabe. Mit 328 Abb. u. 119 Tabellen. 3., Aufl. 1979. 948 S. DIN C 5. Gbd.